台灣自然圖鑑 044

寶石圖鑑

瞭解寶石的鑑賞、價值、挑選方法。
詳介163種寶石及82種礦物種類、有機物。

諏訪恭一——著
何姵儀——譯

晨星出版

前言

裝扮可說是人類的一種本能。數萬年前，人們就已經開始穿戴首飾了。在這段時間裡，偶然發現世上有堅硬及多彩，如紅藍等色彩繽紛的珍貴寶石，而且呈現的清澈透明與亮麗色彩令人讚賞不已，進而成為皇室、貴族以及神職人員珍惜的特別之物，最後連一般市民也有能力擁有寶石。但是站在礦物學的立場將寶石分門別類，卻是這近 200 多年的事。

此書是根據摩氏硬度排列寶石的順序，再依照礦物種加以整理的圖鑑。不僅如此，筆者還親自將手中的寶石與礦物以圖片的形式清楚列出寶石是否經過優化處理，同時還彙整出產地、歷史與寶石名由來。

尺寸如同成人指甲般大小的寶石，價值從數億日圓到數百萬日圓都有，差距甚大，不過這是有理由的。寶石種類與品質天差地別，而價格不貲的，是大自然中產量極少的美麗之物。因此本書將目標放在主要寶石上，透過圖片來展現不同寶石之美，並且標示一個參考價值，好讓讀者能夠確認這些寶石的差異。

20 世紀後半，寶石需求高漲，礦山不斷開發，人們可以得到的寶石也隨之增加。然而，不可否認的是人們對於寶石的認知缺乏一個得當的觀點，因此具備一個適切的寶石知識勢在必行。為此，我們希望這本書能夠釐清讀者對寶石的迷思，讓大家深入了解寶石的美與價值，並且由衷期望大家都能夠為自己找到一顆適合寄託幸福的寶石。

何謂寶石

現在世上的寶石主要有五十種。寶石長久以來深受人們讚賞、接受，而且還擁有各自的歷史。為此，本書要先為大家彙整寶石的定義、品質的七大要素、品質與市場價值參考標準，以及奠定價值的方法。

1. 寶石的定義

寶石是來自大自然的產物，璀璨亮麗，可以穿戴在身上，永保價值。大多數的寶石是在地底深處結晶成形，在地殼變動之下運送到人們伸手可及之處，進而為人所發現，是經過重重偶然，存於世上的。

然而，當今呈現在我們眼前的寶石，大多都是透過近代技術琢磨雕塑、鑲嵌在貴金屬上的閃爍耀眼之物。硬度極高的寶石只要做成美麗的珠寶，就會成為可以長久配戴的服飾配件，使其價值永恆不滅。

「能夠配戴在身的，唯有寶石」。為此，本書不打算將「寶石」局限在「石頭」這個定位上，而是要透過「寶石配飾（首飾）」這個廣泛定義，詳加考察。

鑽石自古以來便以其無可取代的地位，為人讚頌。18 世紀，人們發明了讓鑽石形狀更加完美、閃耀動人的明亮形切工法。其所展現的燦爛火光讓人為之著迷。直至今日，依舊不變。

長久以來，有色寶石（彩寶）都會切成如同照片的凸圓面（蛋面），完美地將其色彩展現出來。綠碧璽（Verdelite）在現代通常會採用明亮形或階梯形這兩種切磨方法，讓人得以欣賞到有色寶石優雅的鑲嵌模樣。（關於切工詳情，請參照 P.204）。

寶石的硬度

寶石的硬度決定了等級。因此，本書列出的寶石會依照摩氏硬度（Mohs Hardness）來整理，以更淺顯易懂的方式來了解德國礦物學家腓特烈・摩斯（Friedrich Mohs）博士所提出的這個刻劃硬度標準。

摩氏硬度指的是「用某種物質刻劃寶石時，形成劃痕的容易程度」。劃痕的深度分為十個等級，因此摩式硬度所代表的並不是「會不會敲壞」的堅硬程度，而是判斷寶石硬度的基準。順帶一提，人類的指甲硬度是 2 ½，玻璃則是 5。

十個硬度基準的寶石與礦物種

硬度	寶石	礦物種
10	鑽石	金剛石
9	紅寶石、藍寶石	剛玉
8	拓帕石	黃玉
7	紫水晶	石英
6	月長石	正長石
5	磷灰石	磷灰石
4	冷翡翠	螢石
3	方解石	方解石
2	透石膏	石膏
1	滑石 *	滑石

* 滑石不是寶石

2. 品質的七大要素

世界上沒有一模一樣的寶石。因此我們必須根據下列這七大要素來鑑定寶石品質，以利判斷其價值。

①色調與礦物種

先判斷是何種礦物。地球上約有 5000 種礦物，不過當中只有 30 ～ 120 種礦物可以琢磨成寶石。例如發現一顆紅色透明石頭時，先判斷這是剛玉（紅寶石）、尖晶石、玫瑰榴石、紅色玻璃還是合成紅寶石。玻璃仿品與合成石不是寶石，那麼就不需要再從其他要素來區分判斷。

②產地

紅寶石、藍寶石與祖母綠這些寶石的價值會隨著產地不同而相距甚遠，因為各個產地的寶石都擁有獨特晶體外觀，產量更是天差地別。

形成晶體外觀的主因，在於結晶形成時所處環境會對寶石微量成分（元素）的吸收與透明度造成影響。

雖然我們可以透過肉眼判斷產地至某個程度，但有時還是需要經過分析才能確定。像鑽石如果是原石型態，就能夠一眼看出產地，但如果切磨好的話，那就無從定義了。

③是否經過優化處理

以剛玉這個礦物種為例，如果是將美麗透明的紅色剛玉直接切磨的話，那就是寶石中的「紅寶石〔無處理〕」（右圖 A）。如果是將擁有潛在美的紅色剛玉加熱處理的話，那就是寶石中的「紅寶石〔加熱〕」（同 B）。本質不是那麼美麗的剛玉無法成為 A 或 B，但是卻可以利用現在的技術，透過人工著色的方式將其處理成美麗的寶石（同 C）。因為 C 是人為加工形成的，而且還可以量產，就寶石來講並沒有什麼價值，故不需要再透過其他要素來區分。

品質的七大要素

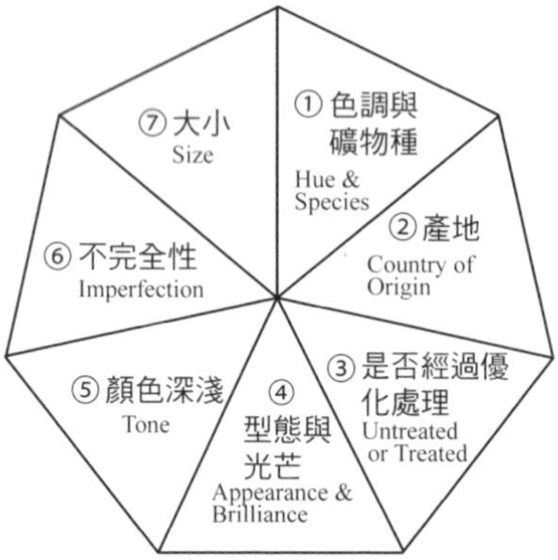

不同礦物種的紅色寶石

從左依序為紅寶石、玫瑰榴石、紅色尖晶石。雖然同為紅色系列寶石，但是礦物種不同，其所呈現的美、傳統特色與產量也會有所不同，價值也會受到影響。

不同產地的藍寶石

從左依序為斯里蘭卡產、緬甸產與喀什米爾產。同樣都是藍寶石，但是產地不同，色澤也會有所差異。

可以成為寶石的礦物種

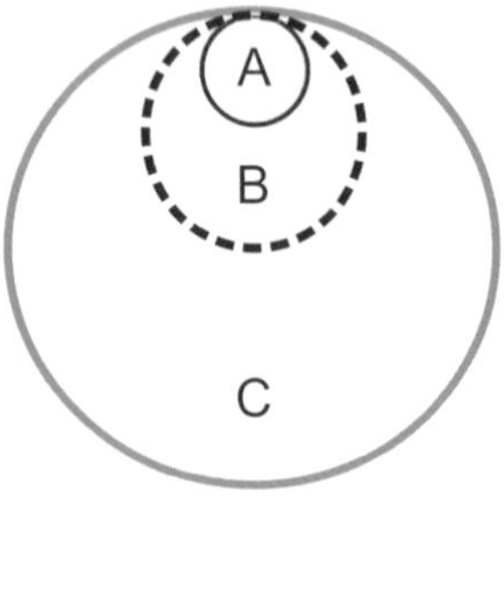

A 維持自然狀態的美麗礦物可以切磨出「寶石（無處理）」

B 擁有潛在美的礦物切磨而成的「寶石〔加熱、輕微的油脂．樹脂含浸〕」（市場上承認其寶石價值的加工處理）*

C 不是那麼美麗的「寶石礦物種」利用放射線照射的方式，使其看起來更加美麗（市場上不承認其寶石價值的加工處理）

* 關於寶石的加工處理可參考 P.251 的詳細解說

藍寶石 5.21ct，
上面：明亮形切工，
下面：階梯形切工，
形狀：墊形，
緬甸產〔無處理〕

④型態與光芒

現在市場上有90%採用的是有亭部（pavilion）與冠部（crown）這兩個部位的切工方式。明亮形切工／階梯形切工可以塑造出珠寶完成時的「型態」，並且捕捉火光（fire），將「刻面閃爍」完美地展現出來。

從這個寶石的立體圖片可以看出寶石的閃耀與火光，也能夠看出有色寶石的各種深淺色彩。從上述的緬甸產藍寶石就可以看到深藍色、淺藍色、帶灰的藍色、透明以及反射面協調形成刻面閃爍的立體寶石。而配戴在身上時，一舉一動牽動著刻面閃爍的寶石便成了美麗關鍵。

如果是採用凸圓面切工（蛋面切工），那麼形狀、純色程度與透明度是否出色就是這顆寶石的美麗關鍵。

⑤顏色深淺

寶石顏色深淺的最佳狀態必須配合大小才能決定。小顆寶石淡一些，大顆寶石深一點，這樣就能夠將美毫無保留地展現出來。像是大顆色深的寶石如果採用透明度較高的明亮形／階梯形這兩種切割方式，就能夠在深邃的色彩之中捕捉到火光，展現出深邃悠遠的光彩之美。

⑥不完全性

世上沒有完美的寶石，因為這是來自大自然的產物。像是鑽石的 VS_2 這個淨度等級（→ P.45）就代表這顆大鑽石裡頭有肉眼可見的內含物，但如果是小鑽石的話，肉眼則不可見。這對於寶石的美並不會造成影響，只要沒有解理（→ P.37），這點瑕疵其實是不算缺點。因此判斷不完全性是來自大自然的證明還是缺點，就成了專家的一項重要工作。

⑦大小

大小會影響寶石的美，同時也是判定品質的關鍵。不僅如此，珠寶的大小也需要配合款式。以單顆寶石戒指為例，切割成圓形、尺寸超過3ct的鑽石看起來固然深邃悠遠，卻無法展現典雅之美。另一方面，存在感非常薄弱的小顆寶石只要多聚集幾顆，將其串連或者是排列在一起，照樣能夠散發出燦爛耀眼的光芒。因此尺寸不僅與其他六個因素有所關聯，同時也是決定珠寶造型的要素。

3. 品質與市場價值參考標準

本書將種類、原產地、有無優化處理寶石，分成美麗且稀少的珍寶級（GQ）、可廣泛應用在首飾上的首飾級（JQ），以及雖然美麗不足，但還是能做成配飾的裝飾級（AQ）這三種品質（請參照右表）。

這三種品質的價值是以居中的品質為參考標準，同時也是筆者針對當今市場情況推算而來的。GQ 等級的寶石品質若是特別出色，就會標上價格；而 AQ 等級的寶石如果幾乎都是多瑕（rejection）之物，那麼價值就會降到好幾分之一，可見光是品質，就可以產生極大差異。

此外，時期的不同與特別的需要也會影響到寶石的價值，故此處列出的價值，就請大家以掌握大局為目的來參考。

市場價值參考標準（摩洛哥紅寶石〔無處理〕）

品質與市場價值參考標準（1 克拉）		
GQ	JQ	AQ

200 萬日圓	80 萬日圓	20 萬日圓

如何確定品質

世界上沒有一模一樣的寶石。為了確定品質，我們將橫軸的「型態與光芒」（美麗程度）分成五個等級，縱軸則是顏色深淺的七個等級，設計出共三十五格的質量量表（品質標準）。我們可以先利用美麗與顏色深淺的這兩種等級來判斷寶石是屬於 GQ（藍框區）、JQ（灰框區）與 AQ（黃框區）的哪一個等級，之後再根據不完全性、原石大小有最佳顏色深淺之分，以及價值會隨著地區與時代而改變等情況來判斷寶石的價值。若是難以判斷，那麼就會以大多數人的決定來判斷。

質量量表

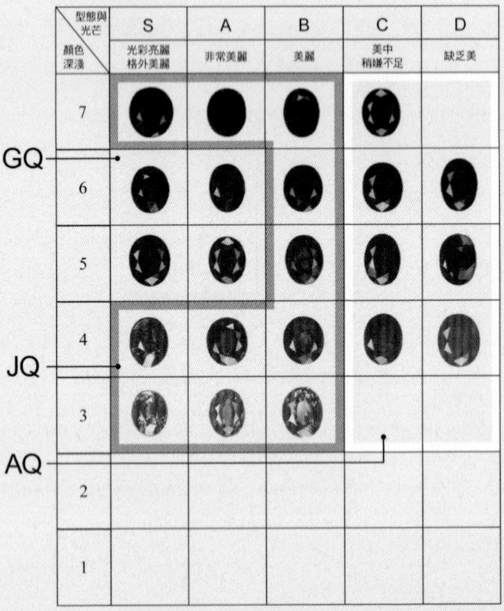

每種寶石的品質三區域各有不同

在切磨成 1ct 的寶石當中所占個數比例

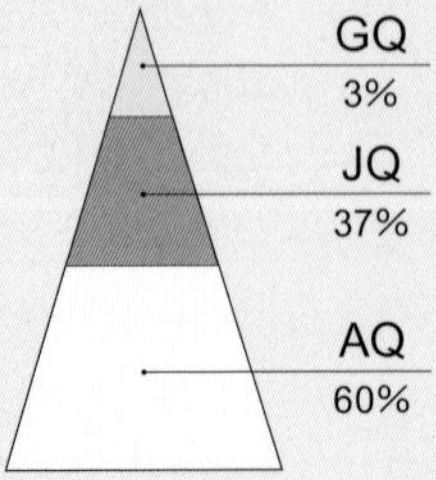

品種、原產地、優化處理之有無與種類的不同，會影響到這三種品質的比例。

需求多時，多瑕等級（品質不及 AQ）的寶石也會當作 AQ 等級的寶石來販賣。這種等級的寶石一旦變多，GQ 與 JQ 寶石的比例就會下降；變少的話，這兩種等級的寶石比例就會上升。因此這個比例只不過是個參考。

4. 奠定價值的方法

寶石既非價值連城，亦非半絲半縷，一文不值。因此接下來我們要彙整出一些資料，告訴大家「寶石的價值該如何判定」，以及「明明是同一種寶石，為何有高低價格之區別」。

美麗、硬度高、持久性佳的寶石通常會掀起流行風潮。而將寶石的美配戴在身上，也會影響到周遭的人。正因如此，配戴寶石的習慣才會越來越普遍。這種情況在社會上漸漸被視為是一種習慣，因而代代相傳，形成傳統，在堅定的需求上為寶石奠定價值，可見繼承傳統的寶石所擁有的價值是經年累月而來。

緬甸莫谷生產的 10ct〔無處理〕紅寶石價值之所以可達數億日圓，其因如下。世界 70 億人口當中喜歡寶石的有 1 億人，但是各個都非常渴望在寶石市場上一年頂多出現一顆的紅寶石。過去這幾百年來人們從地底挖掘到數十個紅寶石其實在當時就早已匿藏於某人手中，根本鮮少出現在市場上。

倘若一年內某種寶石出現在市場上的數量有 1000 顆的話稀有性降低，價值約 100 萬日圓。若有 1 萬顆出現在市場上，那麼價值就是 10 萬日圓。萬一出現了 100 萬顆，那麼渴求這種寶石的人就會減少 100 萬人，如此一來，寶石的稀有價值就會減低。

商品的價格通常決定在賣方，而想要成為賣方，勢必要具備掌握寶石市場價格的能力，這樣才能為寶石定出一個實至名歸的價格。

$$\text{【寶石的稀有性】} = \frac{\text{1 個（一年內出現在市場的寶石）}}{\text{1 億人（喜歡寶石也想要得到手的人）}}$$

影響價值的重要因素

右邊有兩顆藍寶石戒指，上面這一顆是 2ct 的喀什米爾藍寶石〔無處理〕，價值 2500 萬日圓，下面這一刻是 1ct 的斯里蘭卡藍寶石〔加熱〕，價值 25 萬日圓。為何這兩者的價值相差 100 倍呢？其價值計算的根據，是尺寸 5 倍，產地 10 倍，而無處理與加熱又差了 2 倍，所以是 5×10×2=100 倍。

藍寶石戒指，
喀什米爾產〔無處理〕
2.54ct，¥25,000,000

喀什米爾生產的藍寶石帶有一種宛如天鵝絨的色彩，這樣的色調在藍寶石當中非常特別，因而深受人們喜愛。再加上現在這種寶石已經沒有產出了，所以當今的寶石市場上是以回流的方式在提供。正因如此，喀什米爾產藍寶石的價值才會變成斯里蘭卡藍寶石的 10 倍。下方的斯里蘭卡藍寶石是利用加熱方式讓顏色變得更加鮮豔，而且每年市面上都會提供新的藍寶石。雖然外觀優美的藍寶石數量有限，但還是有機會買到手。

藍寶石戒指，斯里蘭卡產〔加熱〕
0.99ct，¥250,000

由此可見，寶石的價值並不是胡亂喊價。只要明白這一切都是有原由，在挑選價值實至名歸的寶石時，就能更安心了。

目次 Contents

寶石綜覽（摩氏硬度順序）

鑽戒（→ P.42）

未切割鑽戒（→ P.54）

硬度 10

莫谷紅寶石戒指（→ P.66）

硬度 9

硬度 8

貓眼石戒指（→ P.87）

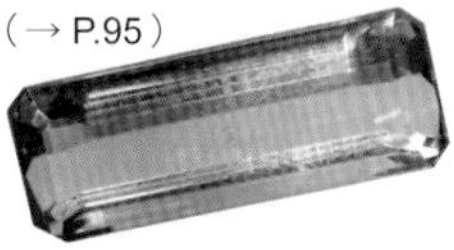

粉紅拓帕石（→ P.95）

硬度 7

哥倫比亞祖母綠戒指（→ P.99）

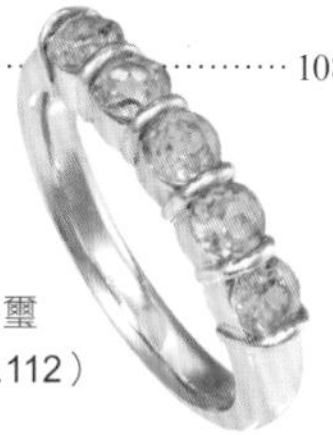

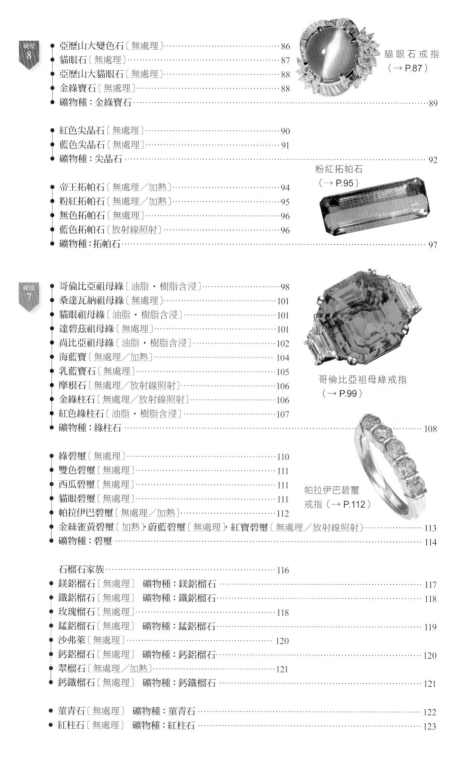

帕拉伊巴碧璽戒指（→ P.112）

硬度 7

黃水晶戒指（橙）
紫水晶戒指（紫）
貴橄欖石戒指（綠）
（→ P.83）

硬度 6

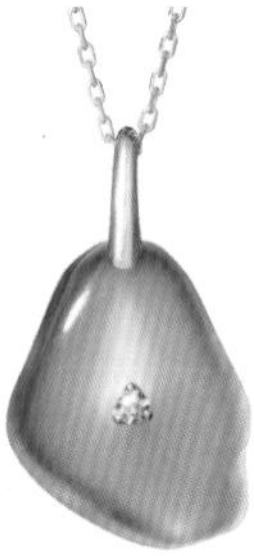

藍玉髓墜飾
（→P.132）

黑蛋白石
（→ P.163）

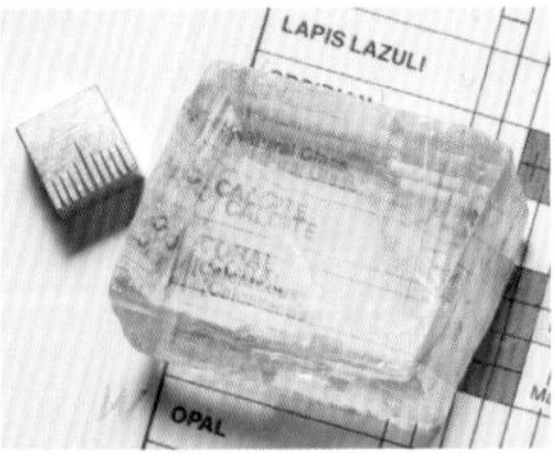

方解石（→ P.180）

貝殼浮雕（→ P.191）

附錄

專欄 Column

（打上 * 的項目是經過人工加工處理、合成與仿造，但是市面上並不承認其價值的寶石）

關於生日石

生日石是一年 12 個月每個月的代表寶石，常作為生日禮物或訂婚戒指的選項。挑選的寶石以 1912 年 AGS（美國寶石協會。American Gem Society）根據《舊約聖經》與《新約聖經》提出的版本在世界上最為普遍。右邊是 AGS 提出的生日一覽表，當中還包含了翡翠與珊瑚等寶石。

每個月的生日石

1月	石榴石
2月	紫水晶
3月	海藍寶、珊瑚
4月	鑽石
5月	祖母綠、翡翠
6月	月長石、珍珠
7月	紅寶石
8月	貴橄欖石
9月	藍寶石
10月	蛋白石、碧璽
11月	拓帕石、黃水晶
12月	土耳其石、青金岩

生日石之旅

1月

January

Garnet 石榴石

橙黃的石榴石。
而深紅的石榴石更是古羅馬時代
人人珍愛之寶。時至今日，依舊不變

2月

February

Amethyst 紫水晶

色調深淺均勻協調的紫水晶。
早在四千年前的古埃及
便是人們心中色彩尊貴的寶石。

3月

March

Aquamarine

海藍寶

與祖母綠
同屬綠柱石的礦物。
宛如大海的清澈水藍，
讓人馳思遐想，傾心不已。

4月

April

Diamond

鑽石

從清澈透明的石頭當中
釋放出紅、橙、黃、綠、藍、靛、紫
七種火光，
一舉一動，璀璨奪目。

5月

May

Emerald

祖母綠

祖母綠獨有的
青翠瀲灩，
明亮透澈，深邃奧妙。

6月

June

Pearl 珍珠

珍珠光澤，典雅優美；
古今中外，誰能不愛？

照片為阿古屋珍珠

Moonstone 月長石

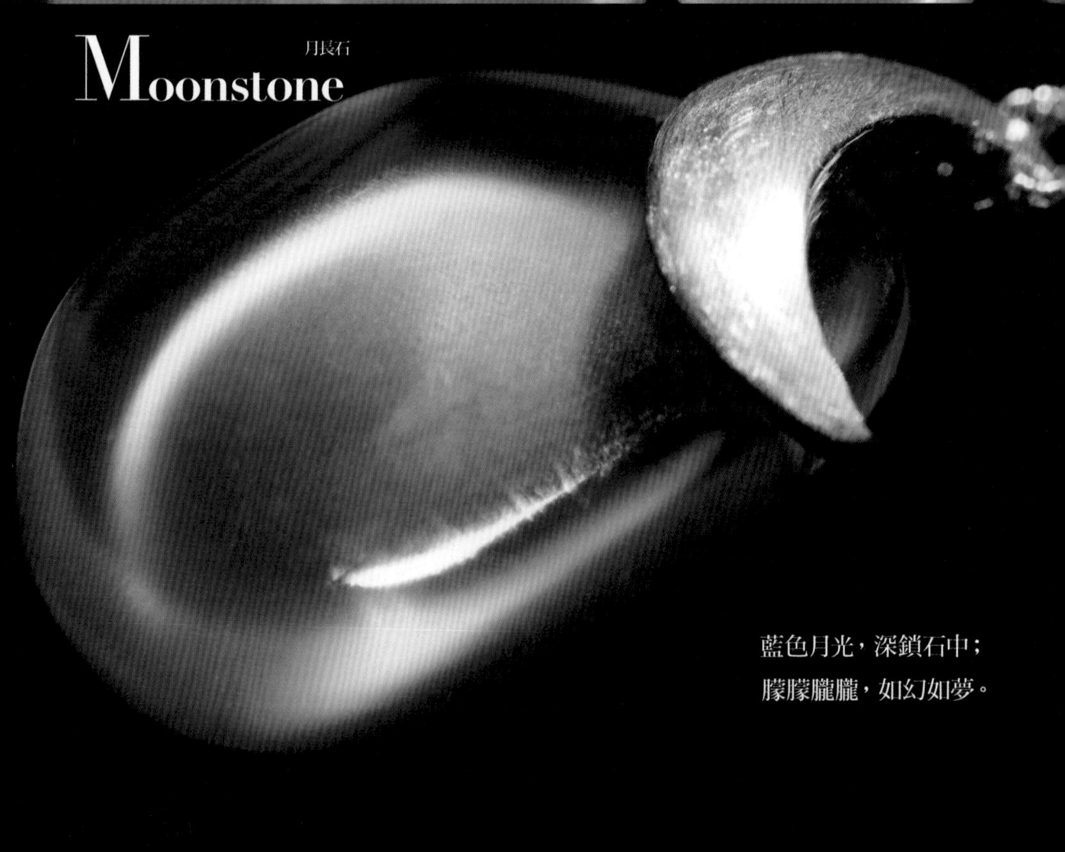

藍色月光，深鎖石中；
朦朦朧朧，如幻如夢。

7月
July
Ruby
紅寶石
僅有切磨，毫無任何加工的
緬甸莫谷紅寶石。
明亮式切割呈現的色澤貴氣典雅，豔紅瑰麗。

8月

August

Peridot 貴橄欖石

黃綠、深綠與將近黑色色調編織而成的
刻面閃爍均衡協調，
讓貴橄欖石那分獨特之美，在刻面上表露無遺。

9月
September
Sapphire 藍寶石

鑽石璀璨的光芒宛如烘雲托月，
將如同天鵝絨的光澤與矢車菊藍
襯托出來，相映成趣。

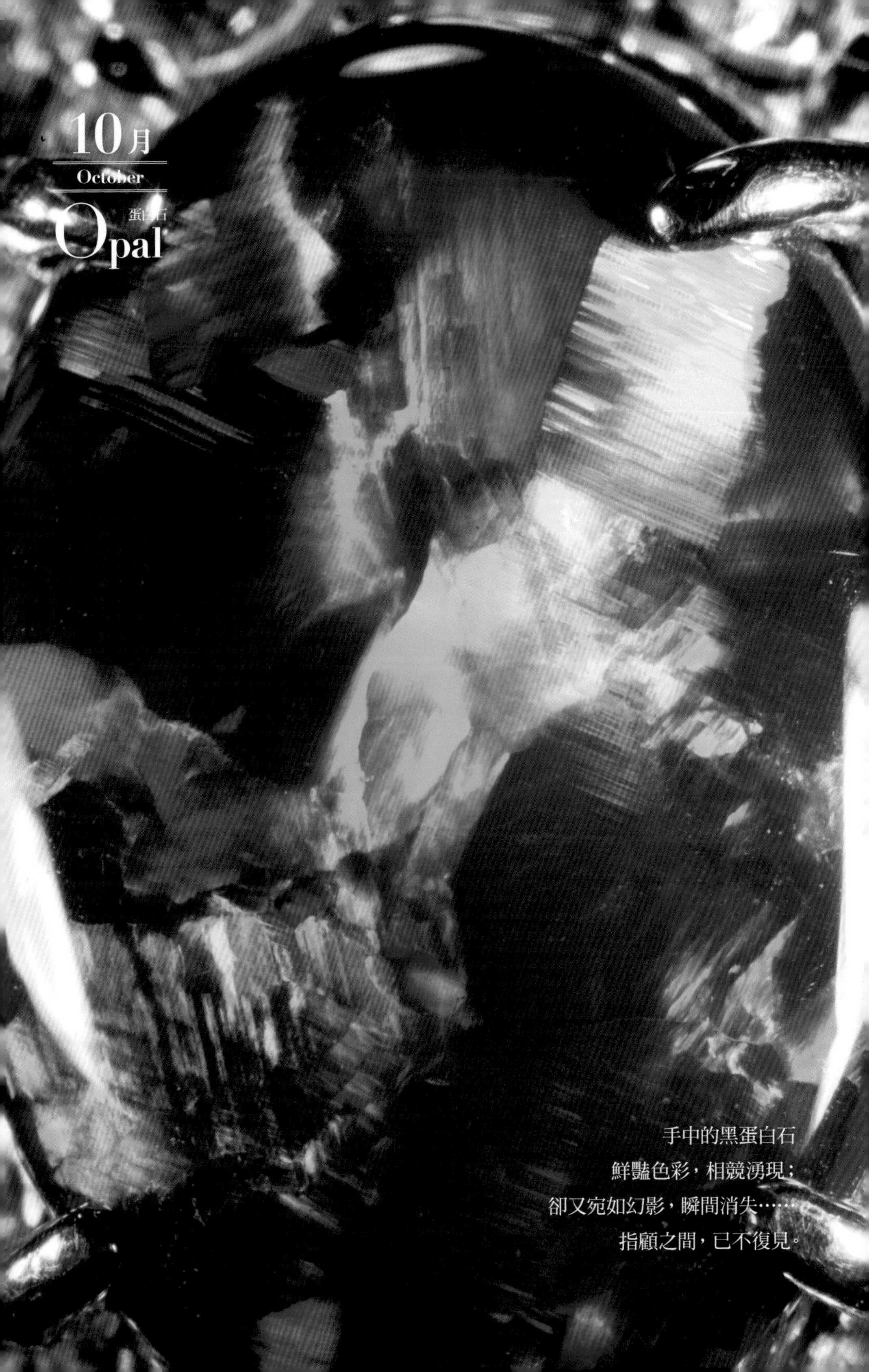

10月

October

蛋白石

Opal

手中的黑蛋白石

鮮豔色彩，相競湧現；

卻又宛如幻影，瞬間消失……

指顧之間，已不復見。

11月

November

Topaz 拓帕石

紅色色彩出色非凡的
帝王拓帕石。
透明清澈，嬌豔絢麗，
稀世之寶，難得一見。

12月

December

Turquoise
土耳其石

波斯土耳其石氣勢非凡，
拿風躍雲之間，
隱藏著一份靜謐之美。

寶石色別索引

這個部分是將刊載於本書的主要寶石與合成石分成五個顏色系統，比對手中寶石時可以派上用場。

範例

※〔油脂・樹脂含浸〕處理以「油脂」簡略記載

代表的寶石照片

產地

寶石名

處理之有無及種類／品質

刊載頁碼

摩氏硬度（此處取整數刊載）

莫谷
紅寶石
9 無處理／GQ
→ P.66

紅色・紫紅色寶石

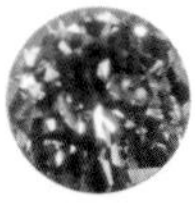

粉紅色彩鑽
10 無處理／GQ
→ P.58

粉紅色彩鑽
10 無處理／JQ
→ P.58

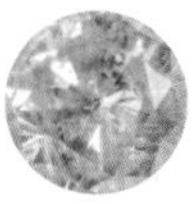

粉紅色彩鑽
10 無處理／AQ
→ P.58

粉紅色彩鑽
10 無處理
→ P.58

莫谷紅寶石
9 無處理／GQ
→ P.66

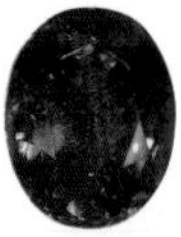

莫谷紅寶石
9 無處理／JQ
→ P.66

莫谷紅寶石
9 無處理／AQ
→ P.66

莫谷紅寶石
9 無處理
→ P.67

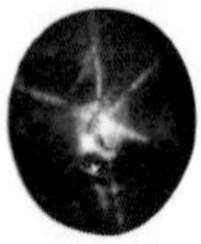

星光紅寶
9 無處理／GQ
→ P.71

星光紅寶
9 無處理／JQ
→ P.71

星光紅寶
9 無處理／AQ
→ P.71

泰國紅寶石
9 加熱／GQ
→ P.68

泰國紅寶石
9 加熱／JQ
→ P.68

泰國紅寶石
9 加熱／AQ
→ P.68

孟蘇紅寶石
9 加熱／GQ
→ P.69

孟蘇紅寶石
9 加熱／JQ
→ P.69

孟蘇紅寶石
9 加熱／AQ
→ P.69

合成紅寶石
Chatham
9
→ P.72

合成星光紅寶
9
→ P.72

夾層紅寶石
9
→ P.72

填充紅寶石
9
→ P.72

粉紅藍寶石
9 無處理
→ P.79

紫色藍寶石
9 無處理
→ P.79

亞歷山大變色石
（鎢絲燈）
8 無處理／GQ
→ P.86

亞歷山大變色石
（鎢絲燈）
8 無處理／JQ
→ P.86

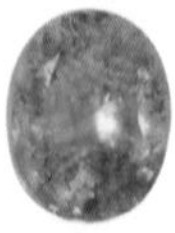

亞歷山大變色石
（鎢絲燈）
8 無處理／AQ
→ P.86

亞歷山大貓眼石
（鎢絲燈）
8 無處理
→ P.88

紅色尖晶石
8 無處理／GQ
→ P.90

紅色尖晶石
8 無處理／JQ
→ P.90

紅色尖晶石
8 無處理／AQ
→ P.90

紫色尖晶石
8 無處理
→ P.91

粉紅拓帕石
8 加熱／GQ
→ P.95

粉紅拓帕石
8 加熱／JQ
→ P.95

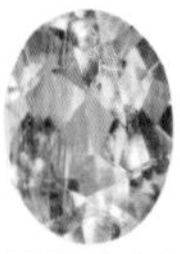

粉紅拓帕石
8 加熱／AQ
→ P.95

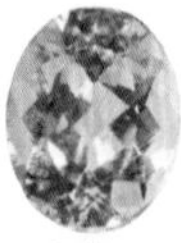

摩根石
7 無處理
→ P.106

紅色綠柱石
7 油脂
→ P.107

雙色碧璽
7 無處理／GQ
→ P.111

雙色碧璽
7 無處理／JQ
→ P.111

雙色碧璽
7 無處理／AQ
→ P.111

西瓜碧璽
7 無處理
→ P.111

紅寶碧璽
7 無處理
→ P.113

鐵鋁榴石
7 無處理
→ P.118

玫瑰榴石
7 無處理／GQ
→ P.118

玫瑰榴石
7 無處理／JQ
→ P.118

玫瑰榴石
7 無處理／AQ
→ P.118

紫水晶
7 無處理／GQ
→ P.126

紫水晶
7 無處理／JQ
→ P.126

紫水晶
7 無處理／AQ
→ P.126

粉晶
7 無處理
→ P.129

碧玉
7 無處理
→ P.134

瑪瑙
6 染色
→ P.135

紅翡
6 無處理
→ P.141

紫鋰輝石
6 無處理
→ P.144

水鋁石
（鎢絲燈）
6 無處理
→ P.145

日長石
（拉長石）
6 無處理
→ P.151

方柱石貓眼
6 無處理
→ P.152

舒俱徠石
5 無處理
→ P.157

玫瑰石
5 無處理
→ P.160

紫螢石
4 無處理
→ P.173

菱錳礦
3 無處理
→ P.177

菱錳礦
3 無處理
→ P.177

紅珊瑚
3 無處理／GQ
→ P.178

紅珊瑚
3 無處理／JQ
→ P.178

紅珊瑚
3 無處理／AQ
→ P.178

粉紅珊瑚
3 無處理／GQ
→ P.178

粉紅珊瑚
3 無處理／JQ
→ P.178

粉紅珊瑚
3 無處理／AQ
→ P.178

海螺珍珠
2 無處理
→ P.186

橙・黃・棕色寶石

黃色彩鑽
10 無處理／GQ
→ P.57

黃色彩鑽
10 無處理／JQ
→ P.57

黃色彩鑽
10 無處理／AQ
→ P.57

橘色藍寶石
9 加熱
→ P.79

黃色藍寶石
9 加熱
→ P.79

黃色藍寶石
9 加熱
→ P.79

蓮花剛玉
9 加熱
→ P.80

- 蓮花剛玉　9 加熱　→ P.80
- 斯里蘭卡亞歷山大變色石（鎢絲燈）　8 無處理→ P.86
- 貓眼石　8 無處理／GQ　→ P.87
- 貓眼石　8 無處理／JQ　→ P.87
- 貓眼石　8 無處理／AQ　→ P.87
- 金綠寶石　8 無處理　→ P.88
- 橘色尖晶石　8 無處理　→ P.91

- 帝王拓帕石　8 無處理／GQ　→ P.94
- 帝王拓帕石　8 無處理／JQ　→ P.94
- 帝王拓帕石　8 無處理／AQ　→ P.94
- 橙碧璽　7 無處理　→ P.113
- 金絲雀黃碧璽　7 加熱　→ P.113
- 金絲雀黃碧璽　7 加熱　→ P.113
- 馬拉亞石榴石　7 無處理　→ P.118

- 錳鋁榴石　7 無處理　→ P.119
- 肉桂石　7 無處理　→ P.120
- 馬里石榴石　7 無處理　→ P.121
- 紅柱石　7 無處理　→ P.123
- 賽黃晶　7 無處理　→ P.124
- 黃水晶　7 加熱／GQ　→ P.127
- 黃水晶　7 加熱／JQ　→ P.127

- 黃水晶　7 加熱／AQ　→ P.127
- 石英貓眼石　7 無處理　→ P.128
- 虎眼石　7 無處理　→ P.129
- 紅玉髓　6 無處理　→ P.133
- 山水瑪瑙　6 無處理　→ P.133
- 紅縞瑪瑙　6 無處理　→ P.134
- 纏絲瑪瑙　6 染色　→ P.135

- 橙玉　6 無處理　→ P.141
- 黃翡　6 無處理　→ P.141
- 斧石　6 無處理　→ P.145
- 水鋁石（日光燈）　6 無處理　→ P.145
- 硼鋁鎂石　6 無處理　→ P.146
- 符山石　6 無處理　→P.146
- 黝簾石　6 無處理　→ P.147

- 日長石（鈣鈉長石）　6 無處理　→ P.150
- 日長石（拉長石）　6 無處理　→ P.151
- 矽線貓眼石　6 無處理　→ P.154
- 橙鋯石　5 無處理　→ P.156
- 黃鋯石　5 無處理　→ P.156
- 褐鋯石　5 無處理　→ P.156
- 黑曜岩　5 無處理　→ P.161

墨西哥蛋白石
5 無處理／JQ
→ P.162

火蛋白石
5 無處理
→ P.164

火蛋白石
5 無處理
→ P.164

坎特拉蛋白石
5 無處理
→ P.164

白鎢礦
4 無處理
→ P.171

文石
3 無處理
→ P.180

白蝶養殖珍珠
2 → P.183

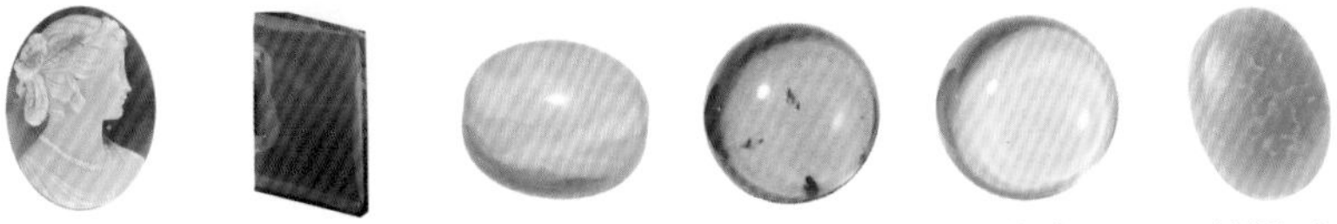

貝殼
2 無處理
→P.205

玳瑁
2 無處理
→P.191

琥珀
2 無處理
→P.192

琥珀
2 加熱
→ P.192

琥珀
2 加熱
→ P.192

蛇紋石
2 無處理
→ P.194

黃綠・綠色寶石

綠鑽
10 無處理
→ P.60

綠色藍寶石
9 無處理
→ P.79

綠色藍寶石
9 加熱
→ P.79

金綠寶石
8 無處理
→ P.88

綠色尖晶石
8 無處理
→ P.91

哥倫比亞祖母綠
7 油脂／GQ
→ P.98

哥倫比亞祖母綠
7 油脂／JQ
→ P.98

哥倫比亞祖母綠
7 油脂／AQ
→ P.98

桑達瓦納祖母綠
7 無處理／GQ
→ P.101

桑達瓦納祖母綠
7 無處理／JQ
→ P.101

桑達瓦納祖母綠
7 無處理／AQ
→ P.101

貓眼祖母綠
7 油脂
→ P.101

達碧茲祖母綠
7 無處理
→ P.101

尚比亞祖母綠
7 油脂／GQ
→ P.102

尚比亞祖母綠
7 油脂／JQ
→ P.102

尚比亞祖母綠
7 油脂／AQ
→ P.102

合成祖母綠
查騰公司
7
→ P.103

仿造祖母綠
（彩色玻璃）
7
→ P.103

金綠柱石
7 無處理
→ P.106

綠碧璽
7 無處理／GQ
→ P.110

綠碧璽
7 無處理／JQ
→ P.110

綠碧璽
7 無處理／AQ
→ P.110

綠碧璽
7 無處理
→ P.110

沙弗萊
7 無處理／GQ
→ P.120

沙弗萊
7 無處理／JQ
→ P.120

沙弗萊
7 無處理／AQ
→ P.120

黃榴石
6 無處理
→ P.121

翠榴石
6 無處理／GQ
→ P.121

翠榴石
6 無處理／JQ
→ P.121

翠榴石
6 無處理／AQ
→ P.121

灑金石
7 無處理
→ P.129

綠玉髓
6 無處理
→ P.132

苔蘚瑪瑙
6 無處理
→ P.134

綠瑪瑙
6 染色
→ P.135

貴橄欖石
6 無處理／GQ
→ P.137

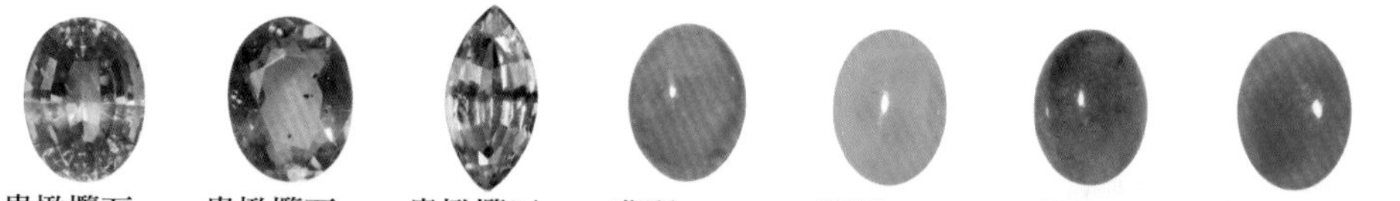

貴橄欖石
6 無處理／JQ
→ P.137

貴橄欖石
6 無處理／AQ
→ P.137

貴橄欖石
6 無處理
→ P.137

翡翠
6 無處理／GQ
→ P.140

翡翠
6 無處理／JQ
→ P.140

翡翠
6 無處理／AQ
→ P.140

樹脂含浸翡翠
6 → P.142

石英石
7 人工著色
→ P.142

黝簾石
6 無處理
→ P.147

葡萄石
6 無處理
→ P.153

軟玉
6 無處理
→ P.153

矽線石
6 無處理
→ P.154

綠鋯石
5 無處理
→ P.156

鉻透輝石
5 無處理
→ P.158

莫爾道玻隕石
5 無處理
→ P.159

磷灰石
5 無處理
→ P.160

榍石
5 無處理
→ P.161

黑蛋白石
5 無處理／GQ
→ P.163

黑蛋白石
5 無處理／JQ
→ P.163

礫背蛋白石
5 無處理／GQ
→ P.163

礫背蛋白石
5 無處理／JQ
→ P.163

陽起石
5 無處理
→ P.169

透視石
5 無處理
→ P.170

藍晶石
4 無處理
→ P.172

螢石
4 放射線照射
→ P.173

孔雀石
3 無處理
→ P.176

矽孔雀石
2 無處理
→ P.194

蛇紋石
2 無處理
→ P.194

藍・藍紫色寶石

藍色彩鑽
10 無處理／GQ
→ P.59

藍色彩鑽
10 無處理／JQ
→ P.59

藍色彩鑽
10 無處理／AQ
→ P.59

斯里蘭卡藍寶石
9 無處理／GQ
→ P.73

斯里蘭卡藍寶石
9 無處理／JQ
→ P.73

斯里蘭卡藍寶石
9 無處理／AQ
→ P.73

斯里蘭卡藍寶石
9 無處理
→ P.73

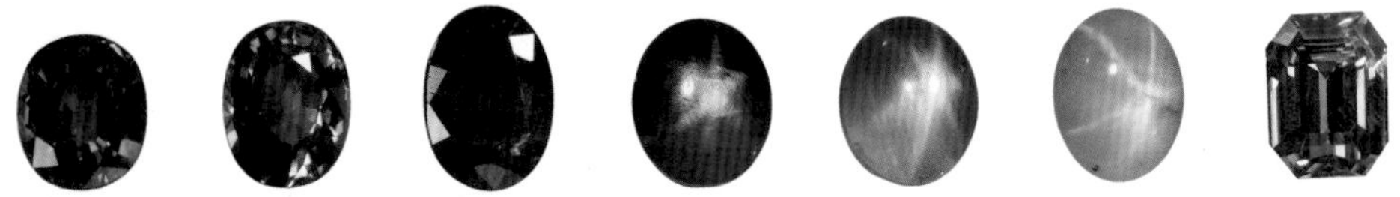

斯里蘭卡藍寶石
9 加熱／GQ
→ P.74

斯里蘭卡藍寶石
9 加熱／JQ
→ P.74

斯里蘭卡藍寶石
9 加熱／AQ
→ P.74

星光藍寶
9 無處理／GQ
→ P.74

星光藍寶
9 無處理／JQ
→ P.74

星光藍寶
9 無處理／AQ
→ P.74

馬達加斯加藍寶石
9 無處理
→ P.75

喀什米爾藍寶石
9 無處理／GQ
→ P.76

喀什米爾藍寶石
9 無處理／JQ
→ P.76

喀什米爾藍寶石
9 無處理／AQ
→ P.76

拜林藍寶石
9 加熱／GQ
→ P.78

拜林藍寶石
9 加熱／JQ
→ P.78

拜林藍寶石
9 加熱／AQ
→ P.78

澳洲藍寶石
9 加熱
→ P.78

蒙大拿州藍寶石
9 加熱
→ P.78

紫羅蘭藍寶石
9 無處理
→ P.81

夾層藍寶石
9
→ P.82

合成藍寶石
9
→ P.82

合成星光藍寶石
9
→ P.82

合成藍寶石
9
→ P.82

合成紫羅蘭藍寶石
9
→ P.82

亞歷山大變色石（日光燈）
8 無處理／GQ
→ P.86

亞歷山大變色石（日光燈）
8 無處理／JQ
→ P.86

亞歷山大變色石（日光燈）
8 無處理／AQ
→ P.86

亞歷山大貓眼石（日光燈）
8 無處理
→ P.88

藍色尖晶石
8 無處理
→ P.91

紫羅蘭尖晶石
8 無處理
→ P.91

藍色拓帕石
8 放射線照射
→ P.96

海藍寶
7 加熱／GQ
→ P.104

海藍寶
7 加熱／JQ
→ P.104

海藍寶
7 加熱／AQ
→ P.104

乳藍寶石
7 無處理
→ P.105

帕拉伊巴碧璽
7 無處理／GQ
→ P.112

帕拉伊巴碧璽
7 無處理／JQ
→ P.112

帕拉伊巴碧璽
7 無處理／AQ
→ P.112

蔚藍碧璽
7 無處理
→ P.113

堇青石
7 無處理／GQ
→ P.122

堇青石
7 無處理／JQ
→ P.122

堇青石
7 無處理／AQ
→ P.122

藍柱石
7 有無放射線照射不明確
→ P.124

藍玉髓
6 無處理
→ P.132

瑪瑙
6 染色
→ P.135

藍・藍紫色寶石

藍玉
6 無處理
→ P.141

丹泉石
6 加熱／GQ
→ P.147

丹泉石
6 加熱／JQ
→ P.147

丹泉石
6 加熱／AQ
→ P.147

微斜長石
6 無處理
→ P.150

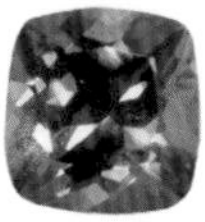
藍錐礦
6 無處理
→ P.154

藍鋯石
5 加熱
→ P.156

藍方石
5 無處理
→ P.158

磷灰石
5 無處理
→ P.160

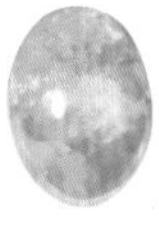
光蛋白石
5 無處理／GQ
→ P.162

黑蛋白石
5 無處理／AQ
→ P.163

礫背蛋白石
5 無處理／AQ
→ P.163

波斯土耳其石
5 無處理／GQ
→ P.166

波斯土耳其石
5 無處理／JQ
→ P.166

波斯土耳其石
5 無處理／AQ
→ P.166

亞利桑那土耳其石
5 樹脂含浸
→ P.166

青金石
5 無處理／GQ
→ P.168

青金石
5 無處理／JQ
→ P.168

青金石
5 無處理／AQ
→ P.168

方鈉石
5 無處理
→ P.169

天藍石
5 無處理
→ P.170

拉利瑪石
4 無處理
→ P.171

藍晶石
4 無處理
→ P.172

菱鋅礦
4 無處理
→ P.173

藍銅礦
3 無處理
→ P.176

無色・白・灰・黑色寶石

圓明亮形鑽石
10 無處理／GQ
→ P.42

圓明亮形鑽石
10 無處理／JQ
→ P.42

圓明亮形鑽石
10 無處理／AQ
→ P.42

圓明亮形鑽石（小鑽）
10 無處理／GQ
→ P.44

圓明亮形鑽石（小鑽）
10 無處理／JQ
→ P.44

圓明亮形鑽石（小鑽）
10 無處理／AQ
→ P.44

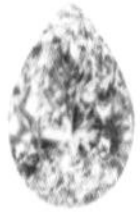
梨形鑽石
10 無處理／GQ
→ P.46

梨形鑽石
10 無處理／JQ
→ P.46

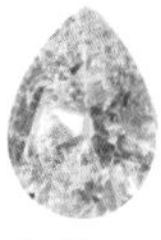
梨形鑽石
10 無處理／AQ
→ P.46

馬眼形鑽石
10 無處理／GQ
→ P.48

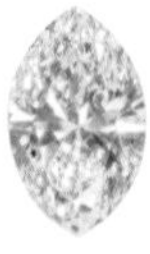
馬眼形鑽石
10 無處理／JQ
→ P.48

馬眼形鑽石
10 無處理／AQ
→ P.48

心形鑽石
10 無處理／GQ
→ P.49

心形鑽石
10 無處理／JQ
→ P.49

心形鑽石
10 無處理／AQ
→ P.49

祖母綠形鑽石
10 無處理／GQ
→ P.50

祖母綠形鑽石
10 無處理／JQ
→ P.50

長方形鑽石
10 無處理／GQ
→ P.51

長方形鑽石
10 無處理／JQ
→ P.51

公主方形鑽石
10 無處理／GQ
→ P.51

公主方形鑽石
10 無處理／JQ
→ P.51

玫瑰形鑽石
10 無處理
→ P.52

滿天星形鑽石
10 無處理
→ P.53

未切割鑽石
10 無處理／GQ
→ P.54

未切割鑽石
10 無處理／JQ
→ P.54

未切割鑽石
10 無處理／AQ
→ P.54

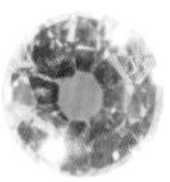
無色尖晶石
8 無處理
→ P.91

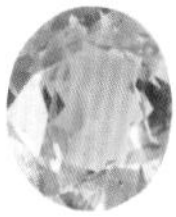
灰色尖晶石
8 無處理
→ P.91

黑色尖晶石
8 無處理
→ P.91

無色拓帕石
8 無處理
→ P.96

藍柱石
7 無處理
→ P.124

賽黃晶
7 無處理
→ P.124

白水晶
7 無處理
→ P.128

煙水晶
7 放射線照射
→ P.128

無色白翡翠
6 無處理
→ P.141

墨翠
6 無處理
→ P.141

月長石
6 無處理／GQ
→ P.148

月長石
6 無處理／JQ
→ P.148

月長石
6 無處理／AQ
→ P.148

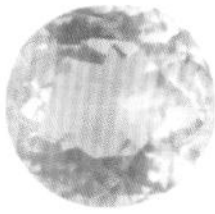
矽線石
6 無處理
→ P.154

無色鋯石
5 加熱
→ P.156

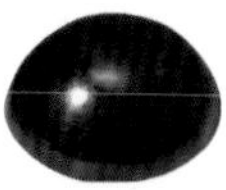
赤鐵礦
5 無處理
→ P.157

莫爾道玻隕石
5 無處理
→ P.159

黑曜岩
5 無處理
→ P.161

光蛋白石
5 無處理／AQ
→ P.162

墨西哥蛋白石
5 無處理／GQ
→ P.162

墨西哥蛋白石
5 無處理／AQ
→ P.162

普通蛋白石
5 無處理
→ P.164

異極礦
4 無處理
→ P.172

白珊瑚
3 漂白
→ P.178

阿古屋養殖珍珠
2 → P.182

黑玉
2 無處理
→ P.190

象牙
2 無處理
→ P.190

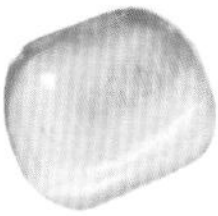
透石膏
2 無處理
→ P.195

如何參考本書

本書的「寶石綜覽」是依照摩氏硬度的順序以及礦物的種類來介紹寶石。各項目的前半部是解說寶石的外觀、價值與挑選方法，最後再簡潔說明該寶石所屬的礦物結晶與岩石。

寶石頁

寶石頁除了寶石與首飾的解說以及照片，還刊登了主要的品質與市場價值的參考標準。

寶石名／優化處理／原產地

這個部分記載了市面上流通的一般寶石名／優化處理之有無及內容／產出該寶石的代表原產地。像紅寶石、藍寶石與祖母綠這些市場價值會受到原產地影響的寶石，則會在寶石名之前標示原產地。

硬度

寶石的摩氏硬度參考值。如果是硬度範圍比較廣泛的寶石，則是列出硬度較低的數值。

礦物種

該寶石隸屬的礦物種與解說頁

解說寶石名的由來、原產地、外觀呈現、價值與挑選方法。

人為加工處理

經過加工處理的寶石。如果是市場不承認其價值的寶石，則會在底部標上黃色，以示區別。

品質與市場價值參考標準

該寶石常見的尺寸大致分為三個品質，並且標示參考價值。

利用圖片展示可以襯托出該寶石美麗之處的首飾與寶石的特徵。

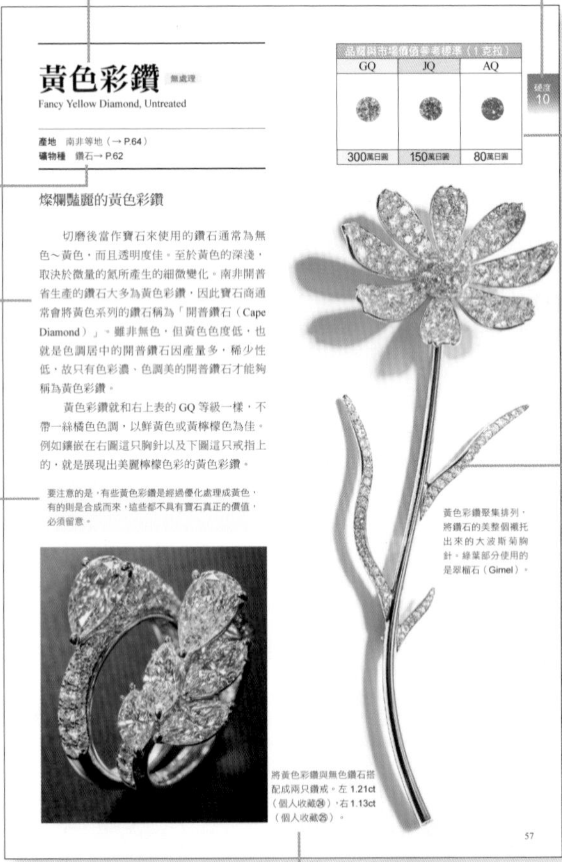

黃色彩鑽 無處理

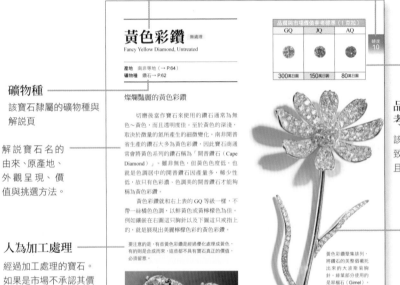

Fancy Yellow Diamond, Untreated

產地　南非等地（→ P.64）
礦物種　鑽石→ P.62

燦爛豔麗的黃色彩鑽

切磨後當作寶石來使用的鑽石通常為無色～黃色，而且透明度佳。至於黃色的深淺，取決於微量的氮所產生的細微變化。南非開普省生產的鑽石大多為黃色彩鑽，因此寶石商通常會將黃色系列的鑽石稱為「開普鑽石（Cape Diamond）」。雖非無色，但黃色色度低，也就是色調居中的開普鑽石因產量多，稀少性低，故只有色彩濃、色調美的開普鑽石才能夠稱為黃色彩鑽。

黃色彩鑽就和右上表的 GQ 等級一樣，不帶一絲橘色色調，以鮮黃色或黃檸檬色為佳。例如鑲嵌在右圖這只胸針以及下圖這只戒指上的，就是展現出美麗檸檬色彩的黃色彩鑽。

要注意的是，有些黃色彩鑽是經過優化處理成黃色，有的則是合成而來，這些都不具有寶石真正的價值，必須留意。

品質與市場價值參考標準（1 克拉）		
GQ	JQ	AQ
300萬日圓	150萬日圓	80萬日圓

硬度 10

黃色彩鑽聚集排列，將鑽石的美整個襯托出來的大波斯菊胸針。綠葉部分使用的是翠榴石（Gimel）。

將黃色彩鑽與無色鑽石搭配成兩只鑽戒。左 1.21ct（個人收藏㉔），右 1.13ct（個人收藏㉕）。

57

圖片相關解說、首飾細節、品牌名與收藏等資訊。除非特別記載，否則用來製作首飾的白色系列貴金屬通常為白金。文末的數字是刊載於卷末的「依價格帶分類 122 件實物大小珠寶」的編號。

如何看「品質與市場價值參考標準」

本書將寶石大致分成三種，
並且將其價值標示出來（截至 2015 年），
在判斷品質與市場價值時可以多加參考利用。

〈價值參考標準〉
標示的是各個寶石品質中等的市場價值參考標準。就實際而言，各個品質的上等與下等也會影響到寶石價值。

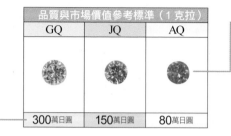

品質與市場價值參考標準（1 克拉）		
GQ	JQ	AQ
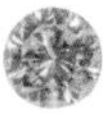	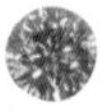	
300萬日圓	150萬日圓	80萬日圓

〈尺寸〉
以實際尺寸刊登市場上該寶石常見的尺寸（1ct 為 0.2g）

10克拉
（18×13mm）

3克拉
（10×8mm）

1克拉
（8×6mm）

註：這個尺寸僅供參考，因為每一種寶石的比重不同，大小也會有所差異。另外，個體的重量（ct）也會隨著形狀、切割的深度以及亭部大小而大幅改變。

〈品質參考標準〉 本書將品質大致分為三種

GQ
珍寶級
（gem quality）
非常美麗且稀少的寶石。

JQ
首飾級
（jewelry quality）
可廣泛應用在首飾上的寶石。

AQ
裝飾級
（accessories quality）
雖然美麗不足，但還是能做成配飾的寶石。

關於這三種品質請參照 P.6

如何看專欄

「寶石綜覽」這個部分有兩個專欄，分別用灰色底以及米色底來標示。記載的內容如下。

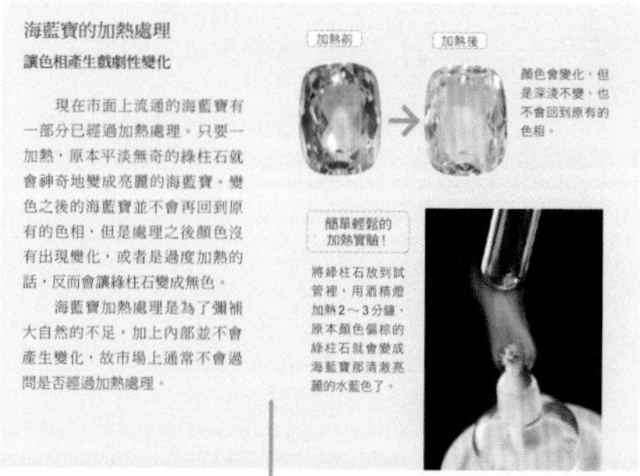
海藍寶的加熱處理
讓色相產生戲劇性變化
現在市面上流通的海藍寶有一部分已經過加熱處理。只要一加熱，原本平淡無奇的綠柱石就會神奇地變成亮麗的海藍寶。變色之後的海藍寶並不會再回到原有的色相，但是處理之後顏色沒有出現變化，或者是過度加熱的話，反而會讓綠柱石變成無色。
海藍寶加熱處理是為了彌補大自然的不足，加上內部並不會產生變化，故市場上通常不會過問是否經過加熱處理。
加熱前
加熱後
顏色會變化，但是深淺不變，也不會回到原有的色相。
簡單輕鬆的加熱實驗！
將綠柱石放到試管裡，用酒精燈加熱2～3分鐘，原本顏色偏棕的綠柱石就會變成海藍寶那清澈亮麗的水藍色了。

灰色底裡記載的是市場上承認其寶石價值的優化處理方式，以及有助於理解寶石的資訊。

擴散加熱（二度燒）藍寶石
創造繽紛色彩的擴散處理（二度燒）
擴散加熱處理所指的是將礦物加熱，讓散量的元素在裡頭擴散滲透，以使改變寶石的顏色。如此作法雖然只是單純讓礦物的色彩更加美麗，但這無疑是一種透過人工來著色的方法，其實是無法提高寶石價值的。然而從十幾年前開始，表面經過擴散處理的藍色藍寶石以及添加鈹元素之後再擴散加熱的蓮花剛玉開始在市面上流通。儘管寶石鑑定所可以利用機器檢驗，但是市面上還是會混入回流品，必須多加小心留意才行。
左邊這三顆寶石為加鈹之後經過擴散加熱處理的[illegible]玉，右邊則是表面經過擴散處理的剛玉。

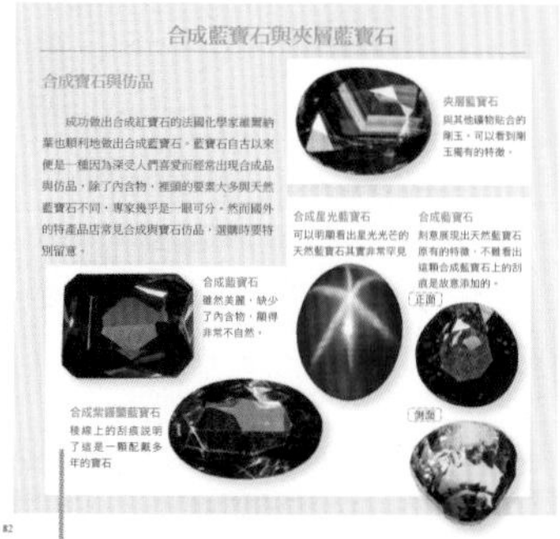
合成藍寶石與夾層藍寶石
合成寶石與仿品
成功做出合成紅寶石的法國化學家維爾納葉也順利地做出合成藍寶石。藍寶石自古以來便是一種因為深受人們喜愛而經常出現合成品與仿品，除了內含物，裡頭的要素大多與天然藍寶石不同，專家幾乎是一眼可分。然而國外的特產品店常見合成與寶石仿品，選購時要特別留意。
夾層藍寶石
與其他礦物貼合的剛玉，可以看到剛玉獨有的特徵。
合成星光藍寶石
可以明顯看出星光光芒的天然藍寶石其實非常罕見
合成藍寶石
刻意展現出天然藍寶石原有的特徵，不難看出這顆合成藍寶石上的刮痕是故意添加的。
正面
側面
合成藍寶石
雖然美麗，缺少了內含物，顯得非常不自然。
合成紫羅蘭藍寶石
稜線上的刮痕說明了這是一顆配戴多年的寶石

米色底裡記載的是市場上並不承認其寶石價值的人工加工處理方式，以及合成石相關資訊。

礦物頁

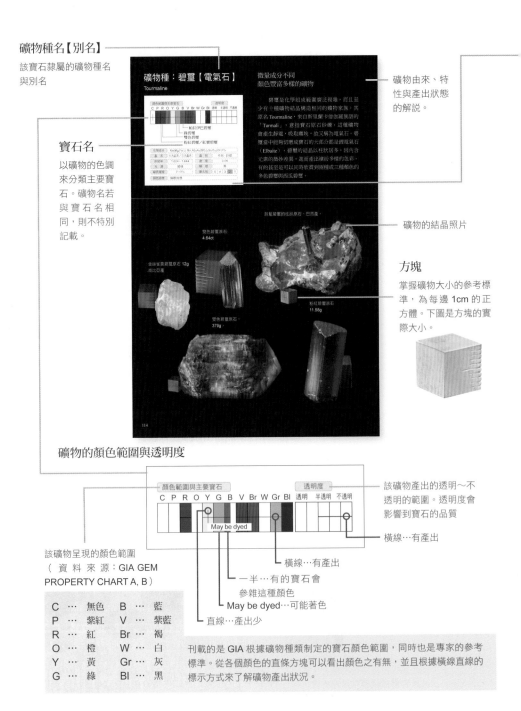

每一種礦物底下都會有好幾種寶石。這個部分除了站在寶石分類的觀點來彙整基本礦物資訊，同時也會記載寶石切磨之前的狀態，也就是礦物結晶的照片與解說。

礦物種名【別名】

該寶石隸屬的礦物種名與別名

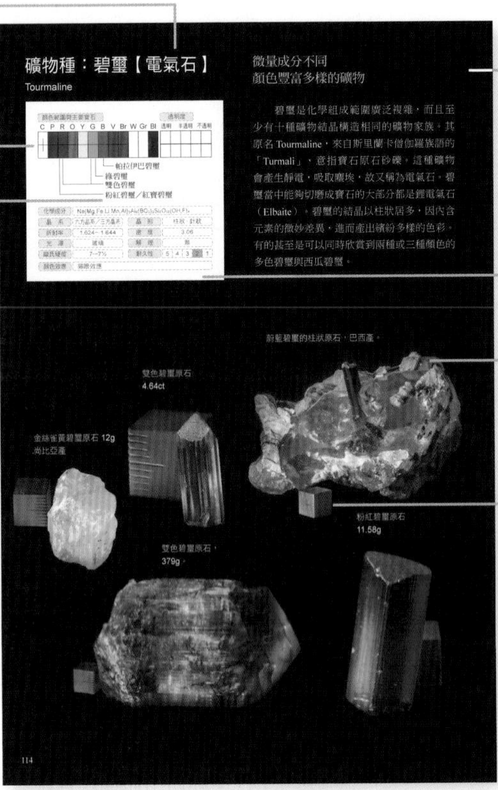

礦物種：碧璽【電氣石】
Tourmaline
微量成分不同
顏色豐富多樣的礦物
碧璽是化學組成範圍廣泛複雜，而且至少有十種礦物結晶構造相同的礦物家族。其原名 Tourmaline，來自斯里蘭卡僧伽羅族語的「Turmali」，意指寶石原石砂礫，這種礦物會產生靜電，吸取塵埃，故又稱為電氣石。碧璽當中能夠切磨成寶石的大部分都是鋰電氣石（Elbaite）。碧璽的結晶以柱狀居多，因內含元素的微妙差異，進而產出繽紛多樣的色彩。有的甚至是可以同時欣賞到兩種或三種顏色的多色碧璽與西瓜碧璽。
帕拉伊巴碧璽
綠碧璽
雙色碧璽
粉紅碧璽／紅寶碧璽
蔚藍碧璽的柱狀原石，巴西產。
雙色碧璽原石
4.64ct
金絲雀黃碧璽原石 12g
尚比亞產
粉紅碧璽原石
11.58g
雙色碧璽原石，
379g。
114

礦物由來、特性與產出狀態的解說。

寶石名

以礦物的色調來分類主要寶石。礦物名若與寶石名相同，則不特別記載。

礦物的結晶照片

方塊

掌握礦物大小的參考標準，為每邊 1cm 的正方體。下圖是方塊的實際大小。

礦物的顏色範圍與透明度

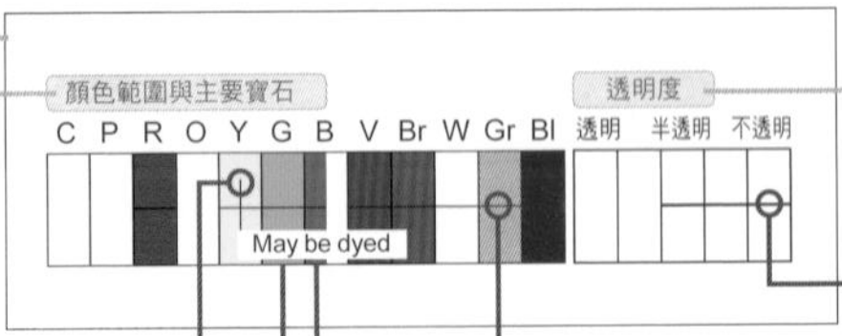

顏色範圍與主要寶石
C P R O Y G B V Br W Gr Bl
May be dyed
透明度
透明 半透明 不透明

該礦物產出的透明～不透明的範圍。透明度會影響到寶石的品質

橫線…有產出

橫線…有產出

一半…有的寶石會參雜這種顏色

May be dyed…可能著色

直線…產出少

該礦物呈現的顏色範圍（資料來源：GIA GEM PROPERTY CHART A, B）

C	…	無色	B	…	藍
P	…	紫紅	V	…	紫藍
R	…	紅	Br	…	褐
O	…	橙	W	…	白
Y	…	黃	Gr	…	灰
G	…	綠	Bl	…	黑

刊載的是 GIA 根據礦物種類制定的寶石顏色範圍，同時也是專家的參考標準。從各個顏色的直條方塊可以看出顏色之有無，並且根據橫線直線的標示方式來了解礦物產出狀況。

關於礦物的資訊　簡約彙整寶石分類時的必要礦物資訊。

① 化學成分	$Na(Mg,Fe,Li,Mn,Al)_3Al_6(BO_3)_3Si_6O_{18}(OH,F)_4$			
② 晶系	六方晶系／三方晶系	晶形	柱狀、針狀	③
④ 折射率	1.624～1.644	密度	3.06	⑤
⑥ 光澤	玻璃	解理	無	⑦
⑧ 摩氏硬度	7—7½	耐久性	5 4 3 **2** 1	⑨
⑩ 顏色效應	貓眼效應			

※ 礦物種的別名、化學成分、晶系、晶形資料來源為《岩石與寶石大圖鑑》（誠文堂新光社），其他則是參考《GEM REFERENCE GUIDE》（GIA）並加以彙整。

① 化學成分

構成礦物的元素與化合物等化學成分之含有比例。譬如剛玉是「Al_2O_3」，亦即鋁與氧構成的化合物。

{ 主要的元素符號 }

Ag	銀	H	氫	Pd	鈀
Al	鋁	Hg	汞	Pt	鉑
Au	金	Ir	銥	Rh	銠
B	硼	K	鉀	Ru	釕
Ba	鋇	Li	鋰	S	硫
Be	鈹	Mg	鎂	Si	硅（矽）
C	碳	Mn	錳	Sn	錫
Ca	鈣	N	氮	Sr	鍶
Cl	氯	Na	鈉	Ti	鈦
Co	鈷	Ni	鎳	V	釩
Cr	鉻	O	氧	W	鎢
Cu	銅	Os	鋨	Zn	鋅
F	氟	P	磷	Zr	鋯
Fe	鐵	Pb	鉛		

地殼中的八大元素是 O、Si、Al、Fe、Ca、Na、K、Mg，而且所占的比例超過 98%。

② 晶系

根據晶軸的數量、長度、晶軸相交的角度可將礦物分成六種結晶（立方、正方、四方、單斜、六方／三方、三斜）。

③ 晶形

晶形指的是礦物結晶時顯現的外觀特徵。有塊狀、正八面體、柱狀與片狀。

④ 折射率

光線投射在礦物上時折射的速度。

⑤ 密度

礦物重量與體積相同的水之密度比，也就是比重。寶石密度會隨著礦物種類而改變，就算大小相同，重量卻未必會一樣。

⑥ 光澤

寶石透過反射光所呈現的整體質感。有金屬、玻璃、金剛、樹脂、珍珠、油脂、絲絹、半金屬、蠟狀等光澤。

⑦ 解理

礦物沿著某個結晶方向裂開的性質稱為解理。本書以「完全」（容易裂開）、「不完全」（不容易裂開）與「無」來表示。

⑧ 摩氏硬度

礦物抵抗尖銳物刻劃的硬度（請參照 P.250）。

⑨ 耐久性

礦物不易損壞的性質，又稱為韌性，本書分為五個階段。5 是「非常強」，4 是「強」，3 是「普通」，2 是「稍弱」，1 是「非常弱」。

⑩ 顏色效應

因為礦物內部的微量內含物與構造形成的光彩現象。有星光效應（Asterism）、貓眼效應（Chatoyancy）、青白光彩（Adularescence）、灑金效應（Aventurescence）、鈉石光彩（Labradorescence）、遊彩效應（Play-of-Color）、變色效應（Color Change），以及珍珠暈彩（Orient）。本書僅針對會出現顏色效應的礦物增欄標示（請參照 P.245～250）。

寶石與裝飾配件的唯一接點

想要將寶石配戴在身上，勢必要藉助貴金屬的力量。而寶石與貴金屬的唯一關聯性，就是鑲嵌。用哪種方式鑲嵌？方法是否妥當？這些都會影響到寶石配件的好壞。寶石放在貴金屬的溝槽上，利用白金與黃K金的彈性與附著力來鑲嵌或者是環繞，就能夠牢牢固定寶石了。

寶石之所以會搭配白金與黃K金來製作裝飾配件，原因在於這兩種貴金屬擁有可媲美寶石的價值，而另外一點，則是考量到日後的修復。接下來我們要介紹五種基本的鑲嵌方式。不僅是本書提到的首飾，大部分的寶石通常也都是採用下列這五種方式來鑲嵌。

〔五種基本鑲嵌方式〕

爪鑲（Prong Setting）

用底座或溝槽上的金屬爪扣住寶石的鑲嵌方式。爪子的造型與數量形形色色，各有千秋。

包鑲（Bezel Setting）

用金屬邊將寶石整個圍住，加以固定的鑲嵌方式。

珠式鑲（Bead Setting）

在金屬上鑽出凹下的孔洞，嵌入寶石之後再將旁邊的金屬推起固定的鑲嵌方式。珠式鑲當中還有一種將寶石宛如鋪石整齊排列的鑲嵌手法，稱為密釘鑲（Pave Setting）。

圈環鑲（Loop Setting）

用環狀貴金屬扣住寶石的鑲嵌方式。

棒鑲（Bar Setting）

寶石左右兩側用板狀金屬棒固定的鑲嵌方式。主要用來扣住如同B右側的長方形鑽石，也就是切割成四方形的寶石。至於A與C則是將用棒鑲固定的寶石整個串連起來的軌道鑲（Channel Setting）。

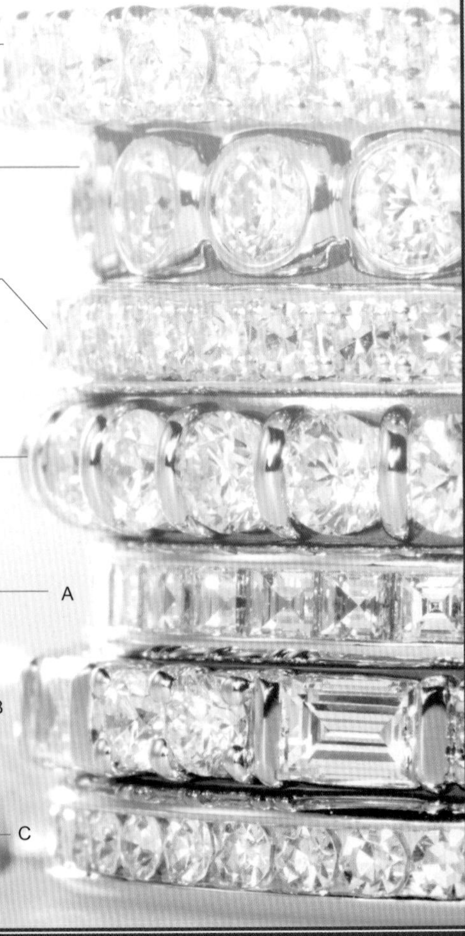

寶石綜覽

本章要介紹市場上交易的 25 種主要寶石。
同時也讓大家欣賞寶石的璀璨光彩。

鑽石 無色到黃色 無處理

Diamond,Untreated（Colorless-Yellowish）

產地 南非等地（→ P.64）
礦物種 鑽石→ P.62

馬眼形鑽戒
（個人收藏①）

鑽石通常是無色或淡黃色

用來製作首飾，而且經過切磨、拋光的鑽石大多呈無色（colorless）或者是淡黃色。雖是無色石頭，卻能夠散發出各種光彩，這就是鑽石的本質。正因無色，切磨過後反而會展現出不同的迷人表情，宛如另一種寶石。只要明白這一點，就能夠更加深入了解鑽石。

長久以來寶石因為質地堅硬而難以切磨，一直要到 14 世紀才出現表面由三角形刻面所組成的玫瑰形切工法，至於擁有亭部與冠部的明亮形切工法則是要到 18 世紀初才完成。

明亮形切工法能夠捕捉到光線，將鑽石的光芒毫無保留地釋放出來，堪稱劃時代的切工方法。而 18 ～ 19 世紀的老式墊形明亮形切工（Old Cushion-Shaped Brilliant Cut）到了 20 世紀又進化成現代明亮形切工（Modern Brilliant Cut），並且延續到今日。

據推測， 鑽石現在在寶石市場上的占有率應該有 70%。

明亮形切工與階梯形切工的側面

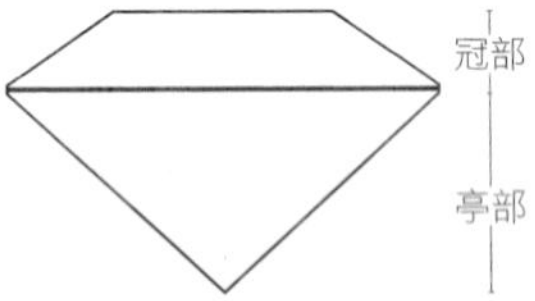

亭部與冠部所產生的相互作用可將鑽石的美襯托出來。

玫瑰形切工的側面

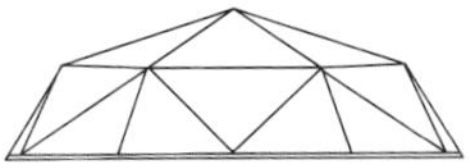

沒有亭部與冠部，僅利用三角刻面來折射光線。高度應有盡有。

金伯利國際鑽石原石認證標準機制（KPCS）

KPCS（Kimberley Process Certification Scheme）是鑽石生產國政府攜手成立的「世界鑽石委員會（World Diamond Council）」針對鑽石原石原產地提出進出口認證標準，以便在國際市場上箝制衝突鑽石（※）交易的諮商機制。為了整合這個制度，2000 年各國於南非金伯利（Kimberley）召開會議協商，這就是此機制之名的由來，並於 2003 年 1 月實施。凡是進口鑽石原石的國家，不論用途為何（寶石首飾品或者是工業用），都必須附上金伯利進程證書（Kimberley Process Certificate）。

截至 2013 年 11 月，除了日本，全球共有 54 個國家及地區加入，同時也有報告指出這個認證機制現在已經成功地讓總生產原本為 15% 的衝突鑽石比例低於 1%。

※ 在內戰不斷的紛爭地中會成為紛爭當事者資金來源的鑽石

鑽石主要切工方式

大致可以分為明亮形切工與階梯形切工

鑽石呈現的樣貌會隨著切磨方式的不同而改變。例如明亮形切工是藉由交錯的稜線與腰圍（腰圍線。girdle）來呈現「展露於外的閃耀光芒」，而階梯形切工則是讓稜線呈階梯狀，進而發揮出「隱藏於內的閃耀光芒」。透明無色的原石價格不貲。在切磨的世界裡，外型略為渾圓的原石通常會切割成圓形或梨形，如果是外圍呈直線的原石，則是會切割成階梯形，以便將耗損率控制在最低限。至於玫瑰形切工與滿天星形切工則是沒有亭部與冠部且流傳已久的切割方法。

賦予無色透明的鑽石閃耀光芒，將蘊藏的火光釋放出來，成功地使其更加璀璨亮眼的切工方式是明亮形與階梯形（請參照左頁圖片）。底下這個項目是按照明亮形、階梯形、玫瑰形與滿天星形等不同的切割方式，列舉出幾種寶石的切工形狀。

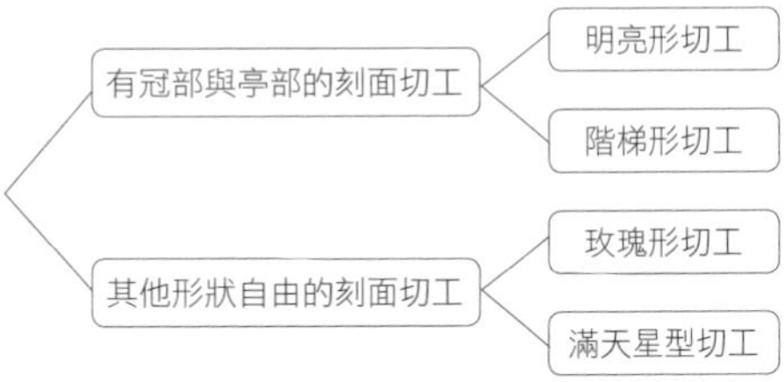

明亮形切工

圓形

→ P.42

梨形

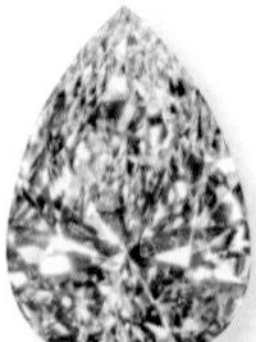

→ P.46

馬眼形

→ P.48

橢圓形

心形

公主方形

→ P.51

階梯形切工

祖母綠形

→ P.50

長方形

方形

梯形

其他切工方式

玫瑰形

→ P.52

滿天星形

→ P.53

明亮形切工

圓明亮形鑽石 無處理

Round Brilliant Diamond, Untreated

品質與市場價值參考標準（1 克拉）		
GQ	JQ	AQ

200萬日圓	100萬日圓	40萬日圓

當下最受歡迎
光彩最為明亮的基本切割方法

明亮形切割法出現於 18 世紀初。這種切割方法可以捕捉到寶石光彩，將鑽石的美毫無保留地展現出來。這個劃時代的切割方式將鑽石切磨成 32 面冠部、24 面亭部，另外還有桌面（table）與尖底小面（culet），共 58 面。到了 20 世紀，切割技術進步到可以將鑽石切磨成圓形，並且將折射率數字化，進而算出每個刻面的最佳角度，這就是今日明亮形鑽石的形狀。根據筆者經驗，鑽石越大顆，散發出來的七色火彩就會越鮮豔，但是就與光彩度的協調來講，圓明亮形鑽石的最佳尺寸是 2ct。故在挑選鑽石時與其堅持等級，不如重視尺寸。

下圖原石切磨成鑽石之後做成的鑽戒 3.39ct（SUWA ②）

可鋸開與可製形

鑽石原石顆粒小，價格昂貴，切磨時通常會以減少原石耗損為原則。主要的切磨方式有將原石鋸成兩塊之後再來切磨的「可鋸開（Sawable）」，以及只切磨出一顆鑽石晶形的「可製形（Makeable）」。例如下圖就是將鑽石從 14.55ct 用可製形這個方式磨成 3.39ct。圓明亮形是可以讓寶石呈現最閃耀狀態的切割方式，不少品質較低的原石都會切磨成這種形狀，以便將光芒整個釋放出來。

2007 年在南非採掘到的原石（左）是有缺陷的三角薄片雙晶（macle），有 14.55ct。但因內含物多，所以切磨原石時耗損了 77%，完成這一顆大小為 3.39ct 的圓明亮形鑽石（右）。

剛果原產的 10.19ct 原石（鋸齒狀的正八面體），用雷射割鋸之後切磨成 3.16ct（上）與 1.01ct（下）這兩顆圓明亮形鑽石。

將原石割鋸成正八面體之後，用明亮形切工切磨的過程

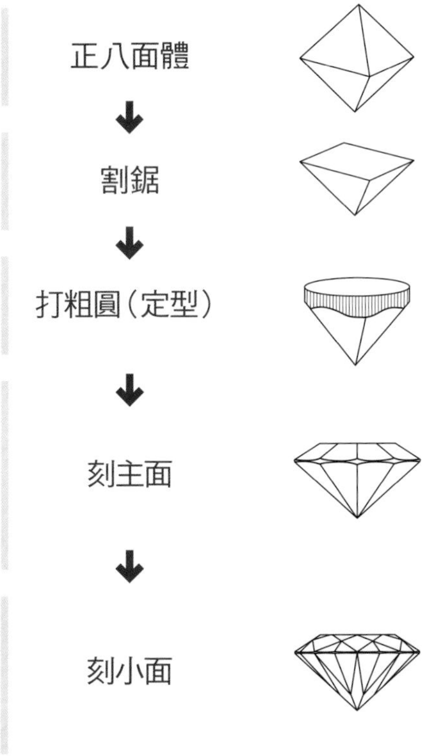

正八面體
在原石上開個窗，觀察內部，判斷內含物的位置與大小。

割鋸（sawing）
將原石割鋸成兩塊。通常切割的那一面會當作桌面。「saw」意指鋸刃。

打粗圓（定型。bruting）
割鋸的鑽石固定好之後一邊旋轉，一邊用另一個鑽石打磨，將尖角磨掉並打圓。

刻主面（blocking）
將鑽石粉與潤滑油塗抹在圓盤上，精準地切磨出各有 8 面的冠部與亭部以作為基本刻面。也就是說，包含桌面在內單車工（single cut）鑽石共有 17 面。這個部分決定了腰圍的厚度與尖底小面之有無以及大小。

刻小面（Brillianteering）
加上小面之後，最後切磨出一顆共 58 面的鑽石。現在大多數的步驟都是採用電腦自動化的方式來進行，但是不管技術有多進步，鑽石還是必須靠鑽石來切磨。

圓明亮形鑽石 小鑽

明亮形切工

Round Brilliant Diamond（Melee）, Untreated

無處理

品質與市場價值參考標準（1克拉）		
GQ	JQ	AQ
		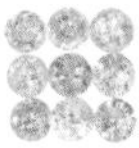
50萬日圓	25萬日圓	5萬日圓

「顆粒大小一致」是美的關鍵

顆粒較小的鑽石稱為「小鑽（米粒鑽。Melee Diamond」），通常是大小不到 0.2ct 的鑽石。外型上除了圓明亮形鑽石，還包括花式車工鑽石（fancy shape diamond）。

每一種尺寸的鑽石都扮演著不同的功能。例如用大顆鑽石做成單顆寶石戒指可以突顯出存在感，而小顆鑽石聚集排列在一起做成首飾的話可以將鑽石的美整個襯托出來。

例如右上角圖表中的小鑽各有 9 顆，總計為 1ct，但是品質卻截然不同。左邊是最高品質的鑽石集合體，整體呈現出璀璨亮麗的光芒，但是右邊的鑽石每顆的透明度卻非常低，光彩也不是那麼明亮，少了幾分美感。

7 顆小鑽鑲嵌成階梯狀的鑽戒（SUWA ③）

鑽石尾戒（POLA ⑤）

幸運草造型的鑽石墜飾（SUWA ④）

從正上方看最耀眼

鑽石燦爛的光芒從正上方看的時候感受最強烈。像是上圖這只直接將 7 顆小鑽朝上鑲嵌的戒指穿戴在手上時，確實能夠讓人感受到鑽石接連不斷的璀璨光芒。

鑽石白金胸針（POLA ⑥）

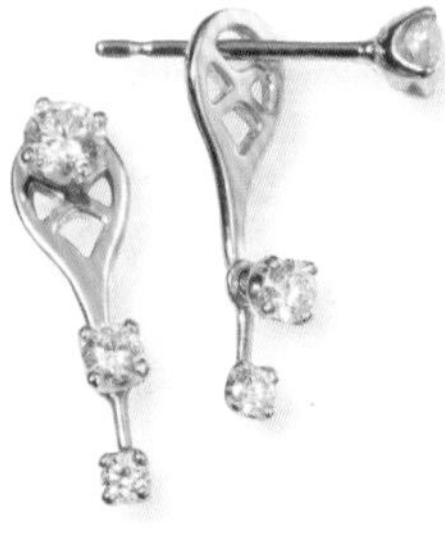

鑽石耳墜、耳環（POLA ⑦）

鑽石鑑別與 4C

左右舞動，確定亮光

用明亮形切工切磨原石的目的是為了塑整外型，捕捉亮光，以得到閃亮與火彩。只要穿戴在身上，走動時就能夠欣賞到刻面閃爍所展現的光彩。

鑽石的好壞是從大小、形狀與呈現的刻面閃爍來判定。而再來要設想的，是這顆石頭的形狀是否適合自己？就算年齡漸長，尺寸大小是否依舊適合穿戴在身上？倘若對於該款寶石的造型缺乏一股親近感，那就挑另外一款；對於大小若是覺得不足，那麼不妨選擇小鑽排列或者是錦簇鑲嵌的腕帶。

如何利用 4C 來分級

4C 原本是說明品質的標準規格，現在變成業者制定鑽石價格的分級標準。例如在 D ～ Z 這個範圍內將無色～黃色的鑽石分級的【Color】（鑽石成色）就提到「鑽石若是切割成祖母綠形的話會略帶黃色，故品質等級以高於 F 的為佳」，而【Clarity】（鑽石淨度）則是用來說明鑽石的特徵，例如「I1 等級的鑽石具有肉眼可見、有損鑽石美的瑕疵」。因此，只要牢記 GIA 的分法，就會知道成色：F、淨度：I1 這個共通符號是用來說明鑽石的成色與瑕疵等級。

要注意的是，Clarity 雖然翻譯成「淨度」，但是真正所指的是將鑽石放大 10 倍之後可以看見的內含物大小與種類。熟知鑽石的人，習慣將無法去除瑕疵的寶石比擬成車子雨刷，稱為「wiper stone」。透明度（Transparency）其實會影響到寶石的美，故當我們在參考寶石淨度等級之餘，記得一定要親眼再確認一次，畢竟過於堅持鑽石的淨度，反而會失去欣賞 wiper stone 魅力的機會。

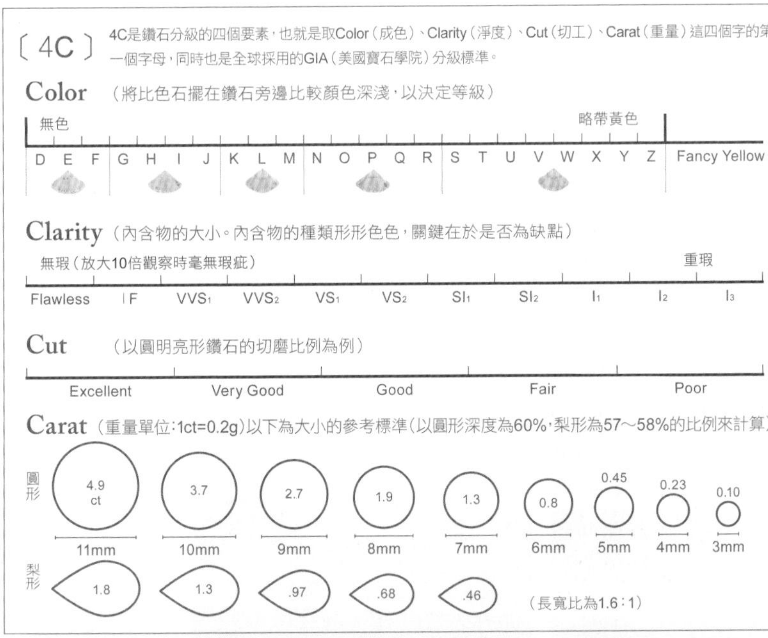

明亮形切工

梨形鑽石 無處理

Pear-Shaped Diamond, Untreated

品質與市場價值參考標準（1 克拉）		
GQ	JQ	AQ
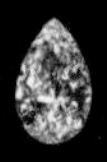		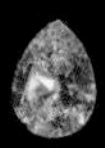
150萬日圓	75萬日圓	25萬日圓

透明清澈，典雅輪廓

梨形鑽石指的是切割成西洋梨造型的鑽石。車工時長寬比為 1.7 比 1 或者是 1.6 比 1、外型較長的鑽石稱為水滴形（drop shape），略寬的稱為梨形。

右上表格中的 GQ 鑽石輪廓優雅。中間的 JQ 鑽石切磨成三角形，線條不夠圓潤，少了一份高雅的感覺。而右邊的 AQ 鑽石透明度低，因此切磨成較為圓滾的造型。

梨形鑽石墜飾
0.51ct
（SUWA ⑧）

利用品質較高、外型較長的原石來切磨

在將原石切磨成 0.25 ～ 0.5ct 的梨形、橢圓形或者是馬眼形鑽石時，通常會一邊考慮內部瑕疵與保留的部分，一邊將原石琢磨成價值最高的形狀，而不是一開始就決定好形狀再切磨。在這種情況之下，最適合切磨成梨形而且透明度高的長原石就顯得非常貴重了。故當原石在切磨時，通常都會調整圓滾的程度與厚度，儘量降低原石的耗損率。

這顆南非生產的 4.76ct（結晶形狀不整）原石切磨出長寬比例為 1.49 比 1、大小為 1.53ct、外型十分美麗的梨形鑽石。直通率為 32%，或許會讓人覺得耗損部分非常多，但是就切磨而成的鑽石來看還算平均。

重視外觀的梨形鑽石

利用五顆梨形鑽石的輪廓設計的戒指（個人收藏）

鑽石的花式切工除了圓明亮形，另外一個典型手法就是梨形切工。花式切工重視的並不是重量（ct），而是鑽石的外觀。舉例來講，10mm 的細長梨形鑽石若是與外型飽滿的梨形鑽石相比，原石存留的重量就會相差將近兩倍，也就是 1.2ct 與 2.1ct，而且外型飽滿厚實的梨形鑽石價格會是細長梨形的 3 ～ 4 倍。所以當我們在挑選時，最好是選擇造型細長、外觀碩大、形狀高雅的梨形鑽石。

梨形鑽石輪廓的好壞，必須從正圓形部分是否和左圖一樣圓潤來判斷。

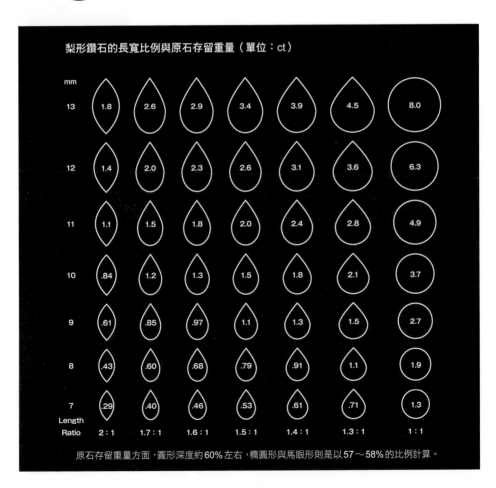

梨形鑽石的長寬比例與原石存留重量（單位：ct）

mm (Length) \ Ratio	2 : 1	1.7 : 1	1.6 : 1	1.5 : 1	1.4 : 1	1.3 : 1	1 : 1
13	1.8	2.6	2.9	3.4	3.9	4.5	8.0
12	1.4	2.0	2.3	2.6	3.1	3.6	6.3
11	1.1	1.5	1.8	2.0	2.4	2.8	4.9
10	.84	1.2	1.3	1.5	1.8	2.1	3.7
9	.61	.85	.97	1.1	1.3	1.5	2.7
8	.43	.60	.68	.79	.91	1.1	1.9
7	.29	.40	.46	.53	.61	.71	1.3

原石存留重量方面，圓形深度約60%左右，橢圓形與馬眼形則是以57～58%的比例計算。

馬眼形鑽石

明亮形切工

無處理

Marquise-Cut Diamond, Untreated

品質與市場價值參考標準（1克拉）		
GQ	JQ	AQ
		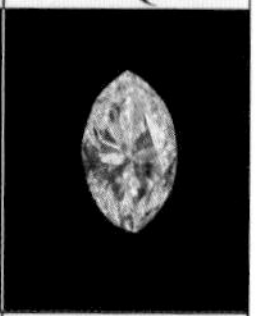
150萬日圓	75萬日圓	25萬日圓

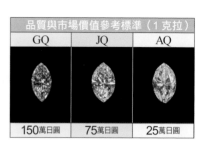

綻放出收斂優雅光彩 風格獨特美麗的切工

馬眼形切工是一種以圓潤曲線以及兩個尖端為焦點的船形切工方式。1745 年，法國國王路易十五賜予情婦龐巴度夫人（Madame de Pompadour）侯爵「Marquise」這個封號。而當時在巴黎新誕生的船形鑽石，就是以氣質優雅同時又能夠帶領風潮的龐巴度夫人之頭銜為名，取名為「Marquise」，這就是我們所說的馬眼形鑽石。

右上表的 GQ 鑽石長寬比例將近 2：1，厚度較淺。因為採用馬眼形的鑽石若是過於飽滿或者是纖細，較短的那一邊若是縮短至不到 1.7mm 的話，就會難以將鑽石的美展現出來。

馬眼形鑽戒
0.70ct（個人收藏⑨）

永恆之戒
（SUWA ⑩）

墊形鑽石

明亮形切工

無處理

Cushion-Shaped Diamond, Untreated

老式墊形明亮鑽石
0.69ct

明亮形切工的原點

墊形鑽戒採用的是一種線條略為渾圓的四角形切工方式。奠定於 18 世紀的明亮形切工方式原本屬於墊形，之後的兩個世紀都是鑽石切割的主流。當時是以不切割，盡量沿著原石形狀琢磨，也就是將縮減率降至最低為優先考量。像是右上角的老式墊形明亮鑽石的外型就略帶歪曲。另外，從正上方觀賞時，還可以看到正中央有一個八角形的尖底（→ P.250）。

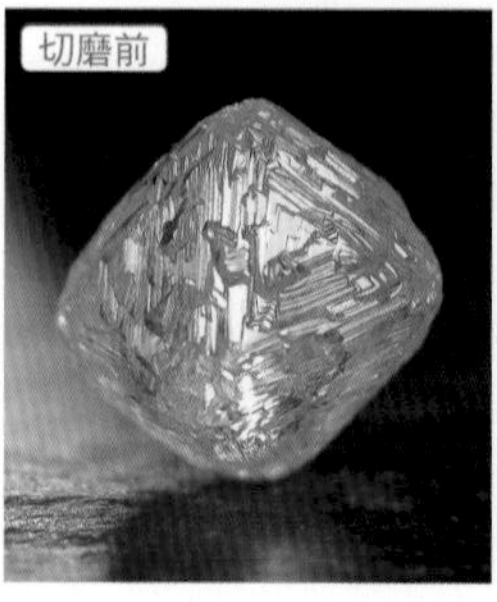

獅子山共和國生產的原石，4.99ct（略有弧度的正八面體）。最後切磨成 2.34ct、D 等級的墊形鑽石。

明亮形切工

心形鑽石 無處理

Heart-Shaped Diamond, Untreated

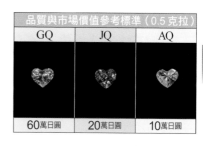

品質與市場價值參考標準（0.5克拉）		
GQ	JQ	AQ

60萬日圓	20萬日圓	10萬日圓

來自美國的切磨方式。深受亞洲與美國喜愛的新穎手法

心形切磨是以愛心造型為輪廓的切工方式。人們認為完成的心形以能夠容納在正方形裡為佳，因此幅度較寬，或者偏長的心形鑽石通常會被視為是特殊造型。另外，這個心形輪廓在車工上必須靠手工慢慢切磨，因此技術好壞通常會大幅影響整顆寶石的美。

只要試著比較右上表的 GQ 與 AQ，就會發現這兩顆鑽石呈現的透明度與光彩截然不同。至於中間的 JQ 則是光彩不足，略顯黯淡。

加拿大生產的原石，5.38ct（扁平但是形狀不整的結晶）。最後切磨成 1.82ct 的心形鑽石。透明度高，形狀美麗。

明亮形切工

三角形鑽石

Trilliant-Cut Diamond, Untreated

無處理

將三角薄片雙晶切磨成三角形的切工方式

俄羅斯生產的原石，3.36ct（三角薄片雙晶）。最後切磨成 1.63ct 的三角形切割鑽石。三角薄片雙晶切磨成三角形切割鑽石或者是三角形鑽石的話直通率會比較好。

大多數的人一聽到右圖這顆勻稱的三角形鑽石是來自大自然的產物，而非人類加工塑形時，通常都會訝異不已。這樣的三角形原石稱為三角薄片雙晶（macle）。

切磨成三角形的鑽石有兩種。一種是採用明亮形切工的「三角形切割鑽石」（Trilliant-Cut），另外一種是採用階梯形切工（→ P.41）的「三角形鑽石」（Triangle Diamond）。稜線如同右圖略帶弧度的是三角形切割鑽石；相對地，稜線成直線的是三角形鑽石。這類鑽石通常都會成對當作大顆鑽石的配石來使用。

階梯形切工

祖母綠形鑽石 無處理

Emerald-Cut Diamond, Untreated

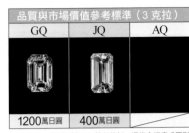

品質與市場價值參考標準（3 克拉）		
GQ	JQ	AQ

1200萬日圓	400萬日圓	

※ 品質被列為 AQ 等級的話，通常會切磨成圓形

原石必須無色透明

祖母綠形鑽石是階梯形切工的代表作。哥倫比亞生產的祖母綠通常會切磨成這種形狀，因而漸漸成為切模樣式之一。階梯形切工是將周圍的平行面切磨成階梯狀的切工總稱，而將四個尖角切落的正方形或是長方形寶石就是祖母綠形切磨。

祖母綠的美麗關鍵在於透明度與造型勻稱。就車工而言，是種「無法遮掩原石缺點的切工」。從前人們會將顆粒較大、無色且透明度高的鑽石切磨成祖母綠形，因此現在拍賣會上超過 10ct 的高品質鑽石大多數都是祖母綠形。

若要選購超過 5ct 的祖母綠鑽石，淨度等級至少要 VVS_2（→ P.45）才行。

祖母綠形鑽戒
2.54ct（個人收藏⑪）

1ct 的鑽石如果淨度等級超過 VS，通常難以讓人察覺到裡頭的瑕疵。但如果是大顆一點的鑽石，尤其是超過 7ct 的話，內部的瑕疵通常用肉眼就可以看得一清二楚。切磨成祖母綠形的話，這些瑕疵就會變得格外明顯，故在挑選時要盡量避免。

南非生產的原石，9.88ct（經過伸展的正八面體）。確定內含物的位置，並且切割成 2 塊。最後再切磨成 3.82ct 與 2.01ct 這兩顆幾乎毫無任何瑕疵的祖母綠形鑽石。

階梯形切工 長方形鑽石 無處理

Baguette-Cut Diamond, Untreated

襯托首飾、增添特色的名配角

長方形鑽石採用的是長方形的階梯形切工。顆粒較大的原石鮮少切磨成這種形狀，通常以小顆居多。狹長方形鑽石顆粒若是越大，缺角的風險就越高，所以一般都會切磨成事先將四個邊角切落的祖母綠形。另外，採用階梯形切工的正方形鑽石稱為卡雷切形（Carré Cut），通常用在周圍鑲嵌鑽石的鑽戒上。

右上表的 GQ 是顆粒小、完整磨去邊角（chamfer）的鑽石。但因表面走形，加上厚度過深，火光無法釋放出來，導致魅力減半。但如果能夠將數顆狹長方形鑽石排列成一串的話，就能夠釋放出璀璨奪目的亮彩。搭配明亮形鑽石的話，就是一件風格獨特的鑽石首飾了。

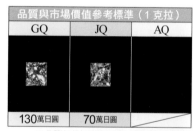

品質與市場價值參考標準（0.07 克拉）

GQ	JQ	AQ

各3萬日圓	各1萬日圓	

※ 品質被列為 AQ 等級的話，通常會切磨成圓形

鑽戒（POLA ⑫）

長方形
永恆之戒
（個人收藏）

公主方形切工 公主方形鑽石 無處理

Princess-Cut Diamond, Untreated

命名成功的細膩切工

採用公主方形切工的鑽石外型雖為四角形，卻融合了明亮形切工的璀璨光芒。1970 年代後半商品化之後，亮麗的造型與典雅的名稱讓這款鑽石在 20 世紀後半開創了一片天。

不僅如此，這款充分利用原石的鑽石其切磨效率性也相當出色。以 2ct 的正八面體原石為例，採用圓明亮形這個切工方式的話只能切磨出 0.7ct 的鑽石；但如果是公主方形切工方式的話，卻能夠切磨出 1ct 的鑽石。

不過這種切工手法的缺點，就是尖角容易損壞，因此在加工或是修改時必須特別留意才行。

品質與市場價值參考標準（1 克拉）

GQ	JQ	AQ
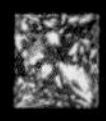	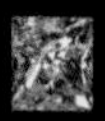	
130萬日圓	70萬日圓	

※ 品質被列為 AQ 等級的話，通常會切磨成圓形

俄羅斯生產的原石，4.81ct（透明的正八面體）。最後切磨成 1.63ct 與 1.07ct 這兩個公主方形鑽石，直通率為 56%。

玫瑰形切工

玫瑰形鑽石

無處理

Rose-Cut Diamond,Untreated

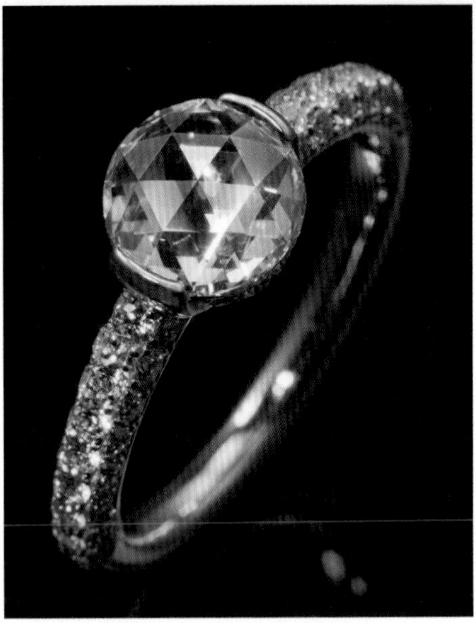

玫瑰形鑽戒
1.38ct（Gimel ⑬）

宛如玫瑰花瓣的古典切工

玫瑰形切工是 16 世紀初期歐洲各國採用的切工方式，歷史相當悠久。這種切工方式背面平坦，沒有亭部，表面微微隆起，而且整個覆蓋在三角刻面之下，讓人聯想到玫瑰花苞，故名。

18 世紀自從人們發明明亮形切工，並且掀起熱潮以來，大多數的原石在切磨時都會採用明亮形這個切工方式，而缺乏厚度或者是在切割大塊原石時剩下的邊角料就會切磨成玫瑰形鑽石。時至今日，玫瑰形鑽石依舊是活躍的首飾配鑽，一絲一毫都不浪費。

《玫瑰形鑽石之單鑽戒指》
17 世紀
國立西洋美術館 橋本精選
photo：上野則宏

收斂沉穩、美麗燦爛

玫瑰形鑽石沒有亭部，無法捕捉和明亮形鑽石一樣的璀璨火光，因為從表面射入的光線會從底部洩露出去。為此，大多數鑲嵌玫瑰形鑽石的首飾都會在內部貼上一層鑽石砂布（foil back），以捕捉光線，加以折射。

不過近年來隨著雷射技術的發達，原本窒礙難行的鑽石鑽孔變得輕易許多，促使當今造型獨特如同下方這款玫瑰形鑽石項鍊，以及右頁楚楚動人的滿天星形鑽石首飾誕生。

玫瑰形鑽石耳環
（個人收藏）

一舉一動，都能夠讓主刻面燁然炫目的玫瑰形鑽石項鍊（個人收藏）。

滿天星形切工

滿天星形鑽石

Briolette-Cut Diamond, Untreated

無處理

隨著擺動
釋放宛如鏡球的獨特光彩

滿天星形切工是一種以梨形為基本，周圍環繞著三角形或者是長方形刻面的切工方式。尖端部分通常會先鑿洞，再用鍊子串成項鍊，或者是垂掛做成耳環。

然而想要找到適用滿天星形切工方式的原石並不容易，因為唯有體積較長、厚度飽滿，而且透明度高的原石，方能琢磨出滿天星形鑽石。

彷彿纍纍橄欖果實的滿天星形鑽石胸針。綠葉部分使用的是翠榴石（Gime ⑭）

球狀滿天星形鑽戒。1.18ct（Gimel ⑮）
花瓣部分鑲滿了圓明亮形鑽石

滿天星形鑽石（2 顆 1.06ct）

切工方式十分獨特的鑽石

右圖是切工獨特、讓人聯想到冰柱的鑽石項鍊。這條項鍊是長期以來蒐集那些顆粒小、質地透明的長形鑽石原石一一切磨而來的，堪稱珍品。儘管人們認為鑽石的切磨方式幾乎都已經定型，但是形狀不規則的鑽石卻得以讓人窺探出這個領域今後深入發展的可能性。

冰柱（柱狀）鑽石項鍊（Gimel ⑯）

未切割鑽石 無處理

Uncut Diamond, Untreated

產地 南非等地（→ P.64）
礦物種 鑽石→ P.62

品質與市場價值參考標準（1 克拉）		
GQ	JQ	AQ
		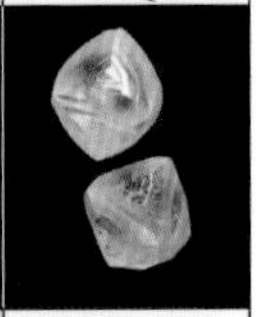
各40萬日圓	各30萬日圓	各20萬日圓

欣賞鑽石
未經切磨的自然美

未切割鑽石是直接將鑽石美麗的原始結晶保留下來，不加以切磨，直接做成首飾配件穿戴在身上的一種欣賞方式。

有的鑽石在採掘時，其最原始的狀態就已經展現出一股自然美。一旦握在手中，便能感受到鑽石展現的各種風情；只要一放大，就能欣賞到宛如「冰河」、「沙漠」、「陡峭山巒」等豐富的表情。有的正八面體原石用肉眼就能夠從結晶面看出「三角印記」（trigon）。例如數年前一位在比利時安特衛普（Antwerp）專門販售鑽石原石的經銷商友人就曾經提到他「想要拯救這種用來切磨會太過可惜的迷人鑽石」。

未切割鑽石項鍊 0.66ct
以羅盤為設計概念（SUWA ⑰）

未切割鑽石的品質

上表這三個品質等級，是假設這個正八面體原石直接切磨之後的情況推測區分的，與以切磨後的價值為前提來判斷的等級不同。GQ等級的原石是透明度高、形狀完整的正八面體，而且充滿光澤，有時還可以看到內部的三角印記。獨特的外型與光澤是這款未切割鑽石的特徵。JQ等級的原石形狀不完整，而且略為混濁；至於AQ等級的原石，則是宛如蓋上一層煙霧，過於模糊。

款式簡潔俐落的正八面體鑽石項鍊（個人收藏⑱）

可以感受到浩瀚海洋、保留原石狀態的不規則形鑽戒 1.25ct（個人收藏⑲）。

將正八面體的鑽石封在方框中的未切割鑽石墜飾（個人收藏⑳）

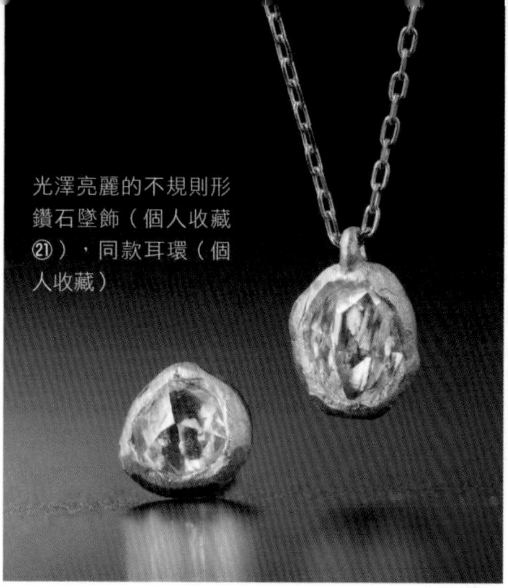

光澤亮麗的不規則形鑽石墜飾（個人收藏㉑），同款耳環（個人收藏）

適合做成首飾的形狀

透明清澈、光澤亮麗的原石非常適合做成未切割鑽石。而用來作為製作首飾配件的原石形狀有正八面體與不規則形這兩種。

正八面體的未切割鑽石以形狀完整，但是邊角不會過於尖銳為佳，否則佩戴在身上時會被尖角刺痛，如此一來就無法長時間穿戴在身上。如果其中一面可以呈現肉眼可見的三角印記那更好。有些未切割鑽石就算無法用肉眼直視，但是在放大鏡底下依舊可以看出三角印記，因此在選購時記得要先確認。如果是不規則形的話，曲面與表面觸感是否絕佳為重點。未切割鑽石的形狀千差萬別，而且形狀相同的鑽石是找不到第二顆的。

另外，有些原石在自然狀態之下會因為放射線著色而變成綠色。這樣的原石並不等同於切磨後顏色依舊會殘留的綠色彩鑽，因為這樣的原石琢磨之後表面的顏色會消失，恢復原有色彩。其實清澈美麗的綠反而能夠將裝飾配件的美襯托出來。無色鑽石價值固然高，不過黃色彩鑽也擁有一股神奇又迷人的存在感。倘若鑽石內部的裂縫無損其所呈現的美就不需過於在意，只要從整體的均衡感來判斷價值即可。

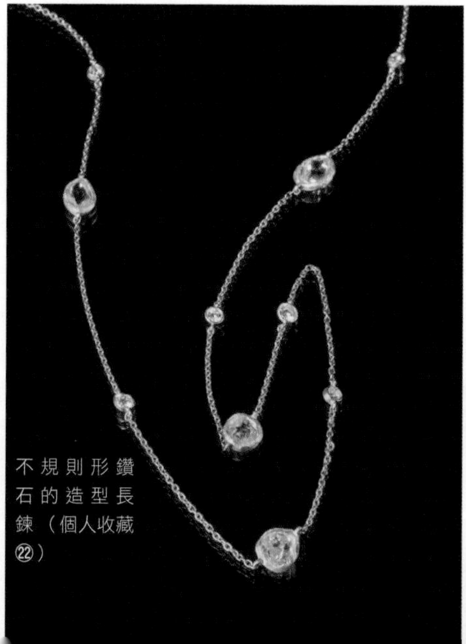

不規則形鑽石的造型長鍊（個人收藏㉒）

氣勢磅礡的首飾

未切割鑽石做成的首飾配件保有一股來自大自然的強勁氣勢與和煦溫暖的氛圍，與切磨過後釋放的洗鍊光芒截然不同。鑽石硬度高，而高達 2.41 的折射率更是比其他寶石還要出色，是一種寶石資質相當優越的礦物。正因如此，人們才會在鑽石切工方式這方面不斷摸索、改良。但既然鑽石本身的美能夠直接佩戴在身上，那麼「不切磨」這個選項今後應該會越來越普遍。

正中央鑲嵌了一顆正八面體鑽石的鑽石項鍊（個人收藏㉓）

16～17 世紀的訂婚與結婚戒指

～此情此愛，至死不渝～

兩只戒指重疊圈在一起的戒指稱為雙環戒（或連環戒。Gimmel ring）。Gimmel ring 一詞來自拉丁語中意指雙胞胎的 Gemellus。而雙環戒在 16～17 世紀當時是歐洲流行的訂婚與結婚戒指。

底下這只戒指從正面可以看出一顆鑲嵌著鑽石與紅寶石，並且捧在手中的黑色心臟。拉開雙手，就能拆成兩只戒指，而且分別出現一個孔洞。孔洞中隱藏著屍骨與嬰兒雕像。當時盛行的「Memento mori」（意指「記得你終將一死」），也就是人生苦短這個思維，即是以這種形式棲息在戒指之中。

而這只雙環戒也蘊含了夫妻宣誓共度一生、至死不渝的決心。

鑽石象徵誠實，紅寶石代表熱情。當時的鑽石採用的是階梯形切工的前身，也就是桌面式切工（Table cut）。

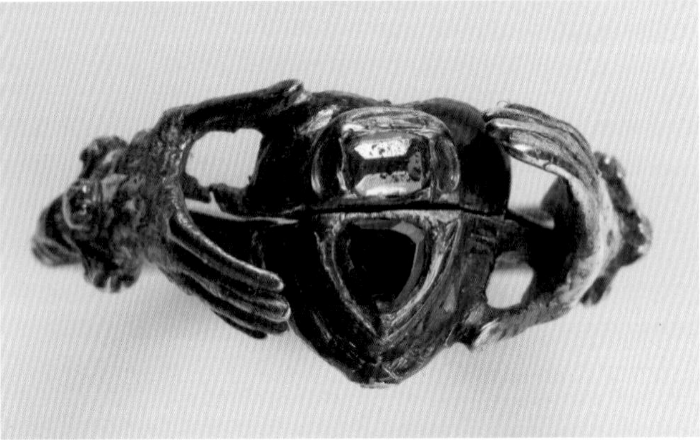

雙環戒內側除了屍骨與嬰兒，還有愛心與花朵等主題雕像。

《雙環戒》
17 世紀
國立西洋美術館 橋本精選
photo：上野則宏

Column

黃色彩鑽 無處理

Fancy Yellow Diamond, Untreated

產地　南非等地（→ P.64）
礦物種　鑽石→ P.62

品質與市場價值參考標準（1 克拉）		
GQ	JQ	AQ
	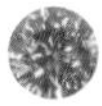	
300萬日圓	150萬日圓	80萬日圓

燦爛豔麗的黃色彩鑽

切磨後當作寶石來使用的鑽石通常為無色～黃色，而且透明度佳。至於黃色的深淺，取決於微量的氮所產生的細微變化。南非開普省生產的鑽石大多為黃色彩鑽，因此寶石商通常會將黃色系列的鑽石稱為「開普鑽石（Cape Diamond）」。雖非無色，但黃色色度低，也就是色調居中的開普鑽石因產量多，稀少性低，故只有色彩濃、色調美的開普鑽石才能夠稱為黃色彩鑽。

黃色彩鑽就和右上表的 GQ 等級一樣，不帶一絲橘色色調，以鮮黃色或黃檸檬色為佳。例如鑲嵌在右圖這只胸針以及下圖這只戒指上的，就是展現出美麗檸檬色彩的黃色彩鑽。

要注意的是，有些黃色彩鑽是經過優化處理成黃色，有的則是合成而來，這些都不具有寶石真正的價值，必須留意。

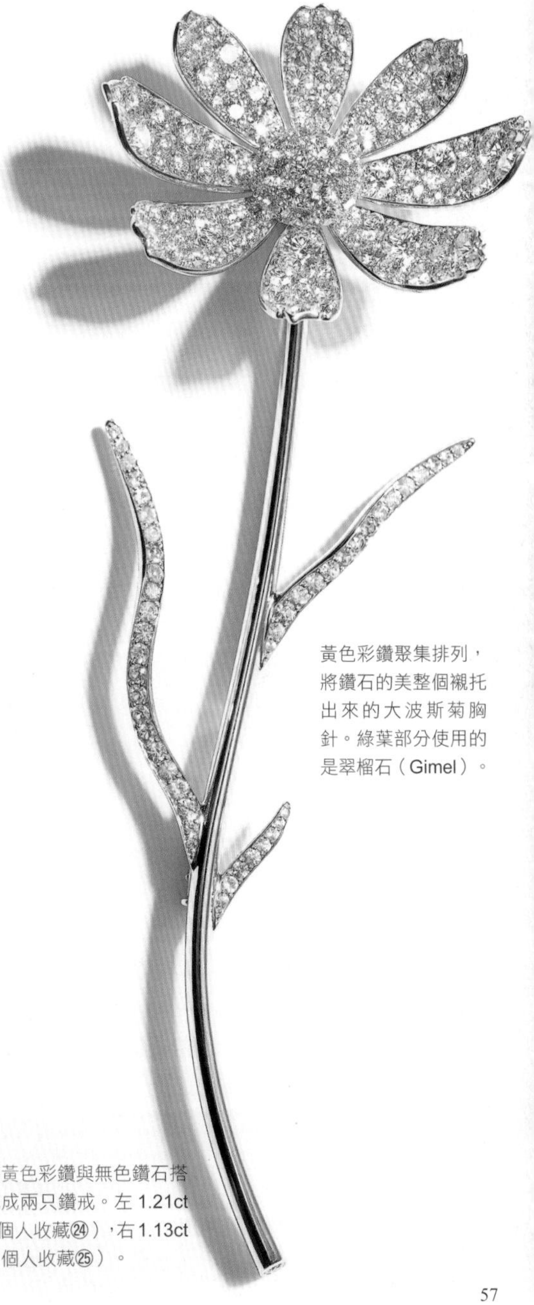

黃色彩鑽聚集排列，將鑽石的美整個襯托出來的大波斯菊胸針。綠葉部分使用的是翠榴石（Gimel）。

將黃色彩鑽與無色鑽石搭配成兩只鑽戒。左 1.21ct（個人收藏㉔），右 1.13ct（個人收藏㉕）。

粉紅色彩鑽 無處理

Fancy Pink Diamond, Untreated

產地　印度、巴西、南非、澳洲等地
礦物種　鑽石→ P.62

品質與市場價值參考標準（0.5 克拉）		
GQ	JQ	AQ

400萬日圓	200萬日圓	80萬日圓

價值勝過無色鑽石 顆粒大的通常為回流品

粉紅色彩鑽除了澳洲阿蓋爾（Argyle），其他地方亦可開採。這種鑽石色彩十分獨特，前者開採的大多以顆粒小、帶紫的粉紅色為特徵，後者所產的通常是顆粒較大的淺櫻花色，以印度與巴西為歷史產地。現今的產地大多為南非的卡利南礦場（Cullinan Mine。舊有的第一鑽石礦〔Premier Diamond Mine〕）、坦尚尼亞、薩伊共和國、安哥拉與俄羅斯（阿爾漢格爾斯克礦山，Archangel Mine）。

這種鑽石供給有限，不僅價格高，顆粒較大也幾乎都是回流品。

澳洲阿蓋爾產出的粉紅色彩鑽 0.20ct

粉紅色彩鑽 5.42ct

價值在於不含棕色的粉紅色

粉紅色彩鑽的重點，在於顏色。首先要確認的是，手中的寶石是否為不帶褐色，也就是色彩純正的粉紅色彩鑽。換句話說，粉紅色彩鑽的致色因素並非內部所含的微量成分，而是結晶構造發生異變而來的。光是些微的自然力量，就能決定這顆原石是能切磨出價高的粉紅色彩鑽還是價低的褐色鑽石，令人不禁讚嘆大自然的神奇。偶爾會出現紅色彩鑽（Fancy Red Diamond），不過這種鑽石的色調則有別於紅寶石的紅。

切割成公主方形的粉紅色彩鑽 0.73ct（個人收藏㉖）

有些鑽石是經過高溫高壓處理，或是放射線照射後才呈現粉紅色的（→ P.227）

以櫻花造型呈現的粉紅色彩鑽(Gimel ㉗)

藍色彩鑽 無處理

Fancy Blue Diamond, Untreated

品質與市場價值參考標準（0.5克拉）		
GQ	JQ	AQ

400萬日圓	200萬日圓	80萬日圓

產地　南非等地、巴西、中非（CAR）、幾內亞等地
礦物種　鑽石→ P.62

以「希望鑽石」而聞名的藍色鑽石

當鑽石的顏色到達某個強度時，就會在主色之前加上「Fancy（意指豔彩）」一詞來稱呼。至於彩鑽的主色，則是從正面（face up）來判斷。

藍色彩鑽的致色因素，來自成分微量的「硼」元素。即使是南非的普列米爾礦山（Premier Mine），能夠開採的產量卻極為稀少，所以就算色調淺淡，只要不帶有灰色色調，這顆藍色彩鑽便可稱為美鑽。

由於藍色彩鑽絕對產量非常稀少，要求理想品質，實屬不易，因此這種鑽石可說是以稀少來決定寶石價值的典型範例。

濃彩藍色彩鑽鑽戒
0.36ct（Gimel㉘）

有些品質不佳的鑽石在經過高溫高壓處理，並且用放射線照射之後會變成藍色，這一點要稍加留意（→ P.227）。

希望鑽石的複製品。採用的胸針造型幾乎等同真品，用來點綴的配石也是橢圓形鑽石與公主方形鑽石交錯排列，讓這款希望鑽石如實重現。使用的藍色石頭是玻璃，配石則是二氧化鋯石（Cubic Zirconia）。

招來不幸的「希望鑽石」

長久以來，希望鑽石（Hope Diamond）是人們口中為歷代擁有者帶來厄運的寶石。最後一位擁有者哈里 ・ 溫斯頓（Harry Winston），將這顆鑽石捐給位在美國華盛頓哥倫比亞特區、由國立博物館機構史密森尼學會管理的國立自然史博物館（National Museum of Natural History），時至今日。這顆藍色彩鑽藍中帶灰，展現出有別於藍寶石的青色色調，而且還可以透過特別的照明方式，觀賞到其豐富多變的燦爛樣貌。

從背面可以看到穿透的光線

彩鑽 無處理

Fancy Colored Diamond, Untreated

產地 澳洲、巴西等地
礦物種 鑽石→ P.62

色相極為罕見的鑽石

右邊是 0.2 ～ 0.34ct 的彩鑽戒指。由上依序為粉紅、橘色、萊姆綠、蘋果綠、藍色及紫色。拿在手上以肉眼確認時，會發現這款鑽石相當亮麗。雖然顆粒小，色彩淡，但是折射率與硬度高。正因如此，彩鑽的光彩才會如此燦爛動人。

2013 年 11 月 12 日，藝術品拍賣行佳士得（Christie's）在日內瓦辦事處以 3260 萬瑞士法郎（約 35 億 4 千萬日圓）的高價，拍賣了一顆 14.82ct 的豔彩橘鑽（Fancy Vivid Orange Diamond）。1ct 的價格包含手續費竟高達 2 億 4 千萬日圓，創下拍賣會的最高紀錄。

從上依序為豔彩偏紫粉紅彩鑽 0.28ct
豔彩偏橘黃色彩鑽 0.20ct
濃彩偏綠黃色彩鑽 0.23ct
豔彩綠色彩鑽 0.34ct
濃彩藍綠彩鑽 0.31ct
濃彩粉紅紫彩鑽 0.34ct（均為 Gimel）

360b/Shutterstock.com

德雷斯頓綠鑽目前展示在德雷斯頓的德勒斯登王宮（Dresdner Residenzschloss）新設立的綠穹珍寶館（Grünes Gewölbe）

41ct 的綠色彩鑽

左邊的「德雷斯頓綠鑽（Dresden Green Diamond）」是一顆重達 41ct 的天然綠色彩鑽。1722 年登上倫敦報紙之後，1742 年波蘭王奧古斯特三世（August III）從荷蘭商人手中購得這顆鑽石。1768 年，人們在這顆綠鑽周圍鑲嵌了 411 顆大小不等的鑽石，做成一只奢華豔麗的帽子別針。這顆鑽石在德國薩克森州的德雷斯頓（Dresden）展示了約 250 年，故名。我曾經有幸得以欣賞 3 次，那是一顆形狀碩大、輪廓線條宛如雞蛋般圓潤的鑽石。呈現的翠綠色彩非常接近上圖中由上數來的第 4 只戒指，是一顆色調均衡、顆粒碩大的美鑽。

有些鑽石是經過高溫高壓處理，或者是放射線照射才呈現綠色（→ P.227）。

皇冠正中央鑲嵌的是 11ct、成色等級為 D、透明典雅的梨形鑽石（GINZA TANAKA ㉙）

從透明度來看，這對與皇冠成組的耳環應該也是不含氮、等級為 Type IIa 的鑽石。是法國巴黎珠寶工坊設計的首飾。（GINZA TANAKA ㉚）

鑽石皇冠～特別的首飾～

從事珠寶行業多年，原本也不懂鑽石皇冠讓人動心的地方。一直到 20 年前的一場婚宴，才明白鑽石皇冠真正的價值。當新娘從距離 20 ～ 30 公尺遠的地方進場時，完美綻放的七彩光芒以及隨著擺動釋放的閃爍亮彩令人感動不已，至今依舊記憶猶新。也許，當時的那頂皇冠不僅讓周圍的每個人更幸福，就連戴上皇冠的本人，也跟著沉浸在這份餘韻之中。

這頂皇冠用了 511 顆鑽石，並且透過協調均衡的串連與集合這兩種手法，將鑽石的美發揮至淋漓境界，如此構想，讓完成的作品更加精緻細膩。

礦物種：鑽石【金剛石】

iamond

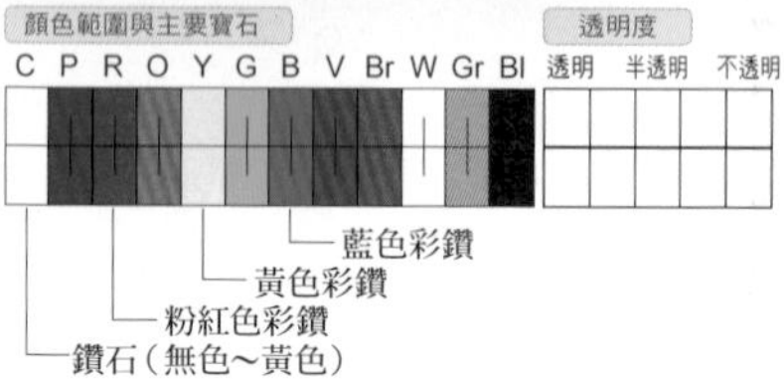

化學成分	C		
晶系	立方晶系	晶形	正八面體、立方體
折射率	2.417	密度	3.52
光澤	金剛	解理	完全
摩氏硬度	10	耐久性	5 4 3 2 1

與倫比的硬度與光澤，及深受傳統支持的「寶石之王」

鑽石是碳（C）的結晶物，擁有的硬度下無雙，所以才會賦予希臘語 δ μ α Adamas）這個名字，意指「不可征服」，故名金剛石。

46 億年前地球誕生。20 億年之後，鑽石地球內至少 150 公里深之處，也就是高溫高的岩漿內結晶。之後再藉由火山運動，以驚的速度擠壓至地球表面附近，進而到達我們中。

鑽石的切磨技術出現在 14 世紀末。到了世紀，人們發明了可以捕捉火光的明亮形切，將鑽石的閃亮毫無保留地釋放出來。20 世，在電力的普及之下，切磨技術也隨之日漸升。

石的用途

一般人都會以為鑽石無色透明。其實除了色，鑽石還有帶黃、帶褐，罕見的還有粉紅藍等顏色。因此鑽石可以說是一種經過切割切磨之後塑整成形，進而成為可以展現出璀光芒以及因色散而呈現的七彩閃爍、讓人看賞心悅目的寶石。

挖掘的鑽石原石顆粒其實不大，形狀、顏色與透明度更是千差萬別。首先人們會根據透明度之有無，將其分為價值較高的寶石用鑽石，以及一顆僅價值數美元的工業用鑽石。大致上來講，品質等同寶石的鑽石有 20%，品質較低的近寶石等級（Near Gem。本為工業用鑽石）有 30%，而工業用鑽石則是占了 50%。

成色（色相）

產量相當稀少的粉紅色與萊姆綠等鑽石結晶

安哥拉的寬果（Cuango）與盧卡帕（Lucapa）產出的原石幾乎都是透明度極高的寶石用鑽石。

不透明的工業用鑽石。可當作切磨材料，或者安裝在油田鑽井機的前端。

彷彿兩個金字塔黏在一起、高約 9mm 的鑽石正八面結晶體。表面可以看到不少三角印記（倒三角形的痕跡）。俄羅斯產，2.38ct。

鑽石的主要產地

世界上共有二十幾個地方可以開採到鑽石。現在主要的鑽石產地有俄羅斯、加拿大、納米比亞、波札那與南非。尤其是南非的礦山自 1870 年開採以來，10 年後在全世界的原石總產量已達以往的 10 倍，也就是 300 萬 ct（0.6t）。

俄羅斯

1950 年代東西伯利亞的薩哈共和國（俄羅斯聯邦主體之一）發現了規模龐大的礦床。當今這個地方的鑽石原石產量金額已經占了全世界的四分之一，就連烏拉山脈的礦床亦有產出。以正八面體的原石居多。

加拿大

發現於 1971 年，1990 年在西北地區大規模開發礦床，例如戴維科鑽石礦場（Diavik Diamond Mine）、艾卡迪鑽石礦場（Ekati Diamond Mine）與斯納普湖鑽石礦場（Snap Lake Mine）。品質接近俄羅斯產。

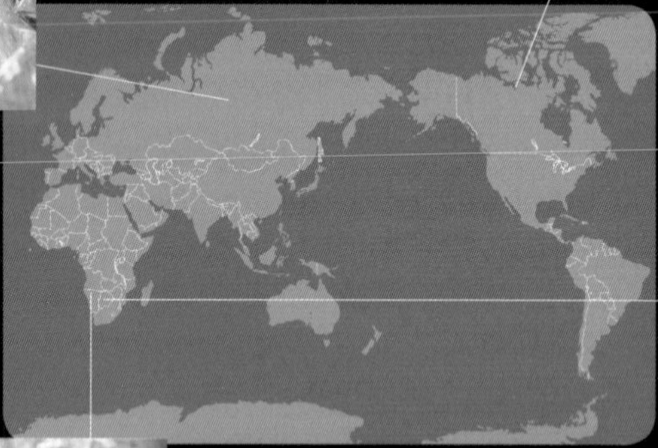

納米比亞

南非經由奧蘭治河（Orange River）運送至此地的鑽石幾乎都是從海底砂礫開採而來的。從下表可以看出此地產出的鑽石每克拉單價高達 373 美金，品質之高，可見端倪。

波札那

位在波札那中央部的奧拉帕鑽石礦場（Orapa Diamond Mine）規模之大，榮登世界首冠。南部的吉瓦嫩鑽石礦場（Jwaneng Diamond Mine）也是主要礦床。此處產出的鑽石品質形形色色，亦以六面體原石而聞名。

鑽石產出國排行榜 2001-2005 年金額基準

產出國	發現年	最初開採年	截至2005年的總金額（%）	截至2005年每一克拉的單價（美金）	礦床種類
波札那	1959	1970	17	90	原始礦床
俄羅斯	1829	1960	14	55	原始礦床
南非	1867	1870	22	95	原始礦床
加拿大	1971	1998	3	115	原始礦床
安哥拉	1912	1916	6	155	漂砂礦床
納米比亞	1908	1908	13	373	海岸/漂砂礦床
澳洲	1851	1883	5	17	原始礦床
剛果共和國	1907	1913	8	20	漂砂礦床
獅子山共和國	1930	1932	5	220	漂砂礦床
巴西	1725	1727	1	75	漂砂礦床
中國	1870	1980	—	20	漂砂礦床
印度	不明	不明	—	165	—
其他	—	—	6		漂砂礦床

Adapted from A.J.A.（Bram）Janse, "Global Rough Diamond Production 1870" Gems & Gemology, Vol.43, Summer2007, PP98-119

● 2005 年以前的總產出量為 45 億 ct（900t）● 2005 年以前的總產出金額為 2660 億美元（約 26 兆日圓）※ 寶石用與工業用的鑽石原石●各產出國 2005 年以前的總金額、單價、世界合計的產出量與產出金額分別從最初開採的那一年累計。

區分鑽石原石的五大要素

鑽石原石沒有一粒是相同的。其所擁有的價值必須從尺寸（大小）、透明度、形狀、成色與內含物這五個要素來確定。除了考量彼此之間的關聯性，還要判斷這顆原石切磨之後會變成什麼樣的鑽石。

現在用來測定完成切磨的鑽石品質，也就是 4C（Color、Clarity〔inclusions〕、Cut〔shape〕、Carat〔size〕）原本是判斷原石好壞的要素。

判別原石時，慣用的那隻手拿著放大鏡，另外一隻手的大拇指與食指夾起鑽石，一邊靠近原石一邊觀察。這時候要發揮想像力，假想自己彷彿要進入這顆原石之中。懂得鑑賞鑽石原石的專家通常會從上述這五大要素以及原產地偏向產出的原石類型來整體判斷內部的狀態，進而預測這顆原石切磨之後的樣子，並且為其賦予價值。

Size
尺寸

原石的尺寸會影響到切磨成寶石之後的價值。原石分成大中小，每一種尺寸的管理方法、銷售方式，以及對於切磨的看法也是大不相同。

Inclusions
內含物

沒有內含物以及表面沒有羽裂紋的原石比例不到整體的 1%。至於保留情況則不一，有的會在切磨的過程當中整個去除，有些則會部分保留。

Transparency
透明度

原石的透明度形形色色，從透明度特別清澈到不透明，應有盡有。而完成切磨的每一顆鑽石之所以會呈現不同的美，就是透明度的差異所造成。

Color
成色

透明原石所帶的顏色（成色）會非常接近切磨之後的呈現。但如果表面是覆蓋著一層淡淡的綠色，那麼切磨之後通常會變成無色。

Shape
形狀

原石的形狀也是琳瑯滿目，有接近正八面體、線條略為圓潤的、較長的、不完整形的，有的甚至是扁平形。切磨的顆數必須根據形狀與品質來決定，有時是兩顆，有時則只有一顆。

※ 外觀不透明，難以看出內部透明度、成色與內含物的原石通常會根據經驗，從表面的特徵與產地偏向產出的類型來預測完成的鑽石狀態。

莫谷紅寶石 無處理 加熱

Ruby, Mogok, Untreated/Heated

礦物種 剛玉→ P.84

品質與市場價值參考標準（1 克拉）		
GQ	JQ	AQ

240萬日圓	100萬日圓	25萬日圓

品質高的紅寶石 罕見碩大顆粒，流通價值更是昂貴

紅寶石是少數不問年齡，任誰都適合配戴在身上的傳統寶石。紅寶石的英文 Ruby 源自拉丁語的「Rubeus」，意指紅色。而紅寶石的紅，則是來自含有的鉻。

緬甸莫谷地方的礦山歷史悠久，15 世紀以後日漸成為紅寶石的主要產地。莫谷產出的紅寶石最大的特徵，莫過於紅色的濃度恰到好處，不僅透明清澈，色澤更是亮麗。此外，在紫外線的照射之下，莫谷紅寶石還會散發出一股帶有強烈螢光效應的紅潤色澤。

緬甸莫谷紅寶鑽戒〔無處理〕2.02ct（個人收藏㉛）色調雖深，卻能夠展現出刻面閃爍的鴿血紅寶石。

斯里蘭卡紅寶石〔加熱〕
3.36ct
除了深紅，有的紅寶石色彩較淺，但是美麗不變。

在方解石環抱之下的紅寶石原石，緬甸莫谷產。

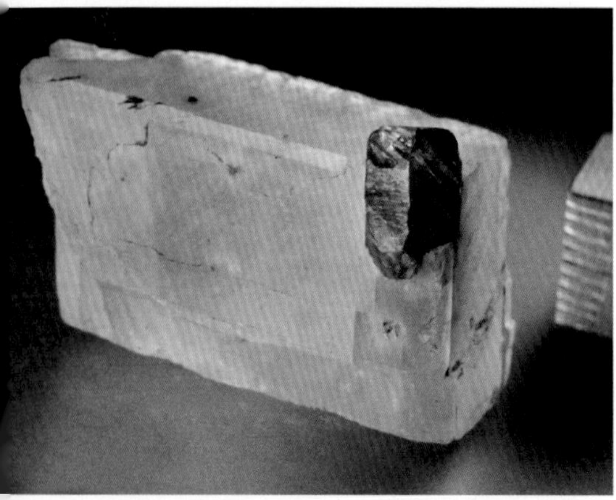

最高品質的鴿血紅

鴿血紅（Pigeon Blood Ruby）究竟是什麼樣的紅寶石呢？我認為必須具備兩個要素。其一必須是緬甸莫谷產出的無處理紅寶石。不管其所呈現的色彩有多美麗、有多相似，只要產地不同，則無法相提並論。而另外一個要素，就是必須是超過 2ct、顆粒碩大、色彩濃烈的亮麗寶石。顆粒小、顏色深的話，光澤反而會黯淡，不夠亮麗。有些寶石鑑定所會特地在報告上記載鴿血紅。然而鑑定所理應為一個站在客觀角度來判斷寶石的真偽、原產地以及有無優化處理等情況，以主觀角度標示出與價值有關的內容其實不妥。

無處理的證據～絲狀內含物～

寶石裡有該種原石固有或者是產地特有的內含物。另外，加熱會讓內含物產生變化，並且留下痕跡。有些用 10 倍的放大鏡便可以看得出來，有些則要放在顯微鏡底下放大 45 倍才能夠看到。交叉 60 度、宛如絲狀的內含物可以證明這款莫谷紅寶石沒有經過任何優化處理，有時裡頭還會隨處出現形狀粗短（stubby）的內含物。可見內含物是分辨產地以及有無經過處理的重要記號。

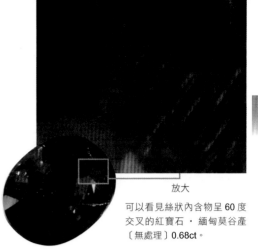

可以看見絲狀內含物呈 60 度交叉的紅寶石 · 緬甸莫谷產〔無處理〕0.68ct。

直接在當地切磨的寶石

底下這顆紅寶石是直接在緬甸莫谷當地切磨的寶石。從側面可以看出這顆寶石的中心整個偏離，隨處還有原石面與細小的破洞（Cavity），但是從正上方看的時候卻是完美無缺，讓人感受到寶石切磨師在處理這顆珍貴紅寶石時的用心，並且竭盡全力降低這顆寶石的耗損率。

正面

側面

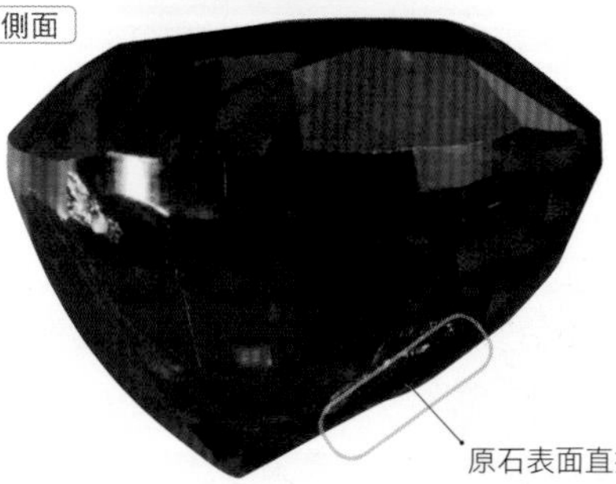

原石表面直接保留
〔無處理〕0.91ct

市面上幾乎都是回流品

左頁「品質與市場價值參考標準」中的照片是大小為 1ct 的紅寶石。GQ 等級的紅寶石可以看出深淺紅色均衡火光及閃光。但是 AQ 等級的紅寶石卻宛如羊羹，平淡無奇。GQ 等級的紅寶石品質較高的話，光是 1ct 就要價 400 萬日圓，倘若 AQ 等級當中，價格較低的是 4 萬日圓的話，那麼這兩者之間的價值就會相差 100 倍。GQ 等級的 10ct 紅寶石這 600 年來在當地頂多產出 30 顆，大顆的新寶石幾乎未曾所見。不僅如此，大多數的莫谷紅寶石其實都已經加熱處理過了（價值標準請參考 P.68 的泰國紅寶石）。

紅寶鑽戒，緬甸莫谷產〔無處理〕2.50ct（個人收藏㉜）

泰國紅寶石 加熱

Ruby, Thailand, Heated 1960~1985

礦物種 剛玉→ P.84

品質與市場價值參考標準（1 克拉）		
GQ	JQ	AQ

50萬日圓	30萬日圓	7萬日圓

紅寶石與藍寶石的切磨、集散地 ── 泰國

傳聞泰國曼谷在 1940 年左右僅有 200 ～ 300 位寶石切割師在切磨鋯石。雖然泰國紅寶石的切磨技術要到 1960 年左右才真正開始步上軌道，不過當初絕大多數的紅寶石色調卻偏黑，並未得到重視。受到緬甸政局動盪影響，莫谷紅寶石產量銳減，再加上利用加熱處理將黑色中心去除的技術日益進步，因而大幅提升泰國紅寶石在市場上的占有率。

泰國紅寶石的品質，重點在於黑色色調的深淺。從右上角這張圖表中我們可以清楚看出色調深淺均衡而且刻面閃爍輪廓清晰的 GQ 等級，與透明度低而且紅色色調渾濁不清的 AQ 等級這兩者之間的品質差異。1970 ～ 80 年代的紅寶石首飾絕大多數都是泰國產。色調獨特是泰國紅寶石的特徵，而另外一點，就是遇到紫外線（長波）時幾乎不會產生反應。無奈到了 1980 年後半，泰國紅寶石已不再切磨，而今日我們看到的泰國紅寶石，也幾乎都是以往開採的回流品。

正面

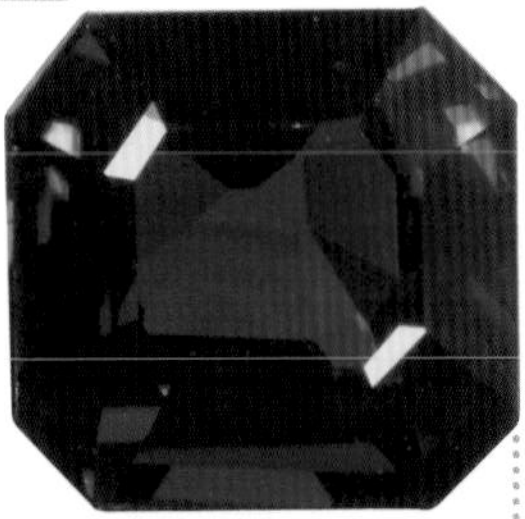

側面

0.84ct 的泰國紅寶石〔加熱〕
從形狀完整的上方可以看出色調有深有淺的寶石美。而將這份美襯托出來的，是比例均衡的亭部與冠部。

失去信用的緬甸紅寶石

1990 年緬甸紅寶石在市場上隆重登場。照片中的原石與 3 顆切割石就是緬甸產出的紅寶石。無奈的是，緬甸紅寶石因為合成石的混入、國家限制，以及產出量已經達界限等不利條件的影響，因而在市場上失去地位。尤其是合成石混入這件事已經不再是當事者之間的問題，影響範圍之大，使得緬甸紅寶石的整體信譽一落千丈，整個產業無法成立，實屬可惜。

紅寶石原石，緬甸產，5.29ct。

切磨成圓形的緬甸紅寶石。產出的紅寶石色調有深有淺，而且品質琳瑯滿目。

孟蘇紅寶石 無處理　加熱

Ruby, Mong Hsu, Untreated / Heated 1985~

礦物種　剛玉→ P.84

品質與市場價值參考標準（0.1 克拉）		
GQ	JQ	AQ

各1.5萬日圓	各0.7萬日圓	各0.3萬日圓

加熱處理過後
愈顯美麗的精巧紅寶石

以 1993 年為界，位在緬甸中部都市曼德勒（Mandalay）東邊的孟蘇地方產出的紅寶石在市場上發揮了競爭力，甚至取代了泰國紅寶石的地位。至於莫谷，則是位在曼德勒北部。長久以來孟蘇的紅寶石原石都會運送至泰國的尖竹汶（Chanthaburi）切磨，再經過加熱，處理成品質不亞於莫谷地方的加熱紅寶石。

切面多、細心切磨的紅寶石。緬甸・孟蘇產〔加熱〕1.25ct。

孟蘇紅寶石的裂縫比泰國紅寶石多，所以在進行加熱處理時，當作媒介使用的化學藥劑（硼砂）會變成異物殘留在龜裂的裂縫之中，因此殘留物多的紅寶石通常價值也會比較低。

小顆圓紅寶石〔加熱〕項鍊（SUWA ㉝）

顆粒碩大的不多，
絕大多數都是小顆粒

顆粒碩大的孟蘇紅寶石產量並不多，通常都會切磨成小顆粒。不光是紅寶石，在挑選寶石顆粒較小的首飾時，淡色寶石絕對比深色寶石還要來得亮麗。因為寶石顆粒越大，就算色調深，色淡的刻面閃爍照樣可以襯托出寶石的美，然而顆粒小的話，如果色調深，只會讓寶石顯得黯淡無光。可惜孟蘇紅寶石現在產量逐漸減少，品質較高的幾乎已經沒有產出。

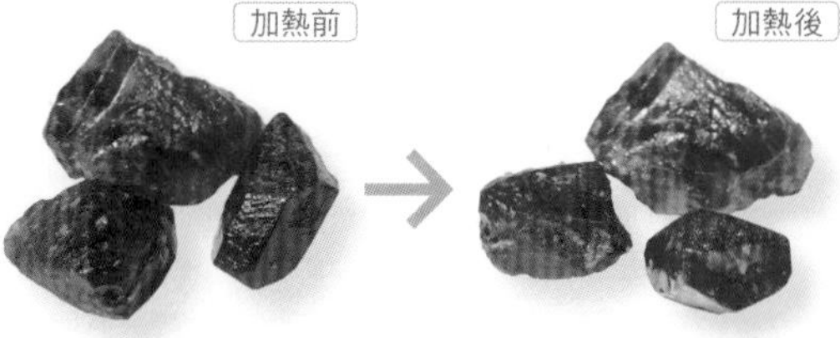

加熱後原本成色整個過深的紅寶石會變得更加鮮豔。至於變化的程度，因個體而異。

莫三比克紅寶石 無處理 加熱

Ruby, Mozambique, Untreated/Heated 2008~

礦物種 剛玉→ P.84

2008 年開發的紅寶石新產地

莫三比克有段時間挖出的紅寶石品質比葡萄牙殖民時代還要差。故 2008 年除了尼亞薩省（Niassa Province），一直到 2009 年在蒙特普埃茲（Montepuez）附近開發新礦床之後，大量的紅寶石原石便運送至泰國曼谷這個剛玉切磨重鎮地的寶石市場。與緬甸紅寶石相比，莫三比克紅寶石的顏色紅中帶橘，而且現在產出的原石品質極佳，均可切磨出無處理的上品寶石。

莫三比克紅寶石戒指（無處理）1.97ct（個人收藏㉞）

經年累月，贏得好評

與擁有至少數百年傳統、在人們手中不斷流傳的莫谷紅寶石相比，莫三比克紅寶石出現在市場上的時間不過短短十年。傳統與美所帶來的差異，讓當時 GQ 等級的莫三比克紅寶石價值只有 GQ 等級緬甸紅寶石的十分之一，不過現在的品質卻讓其價值攀升至緬甸紅寶石的十分之二至十分之三了。

至於今後的莫三比克紅寶石會得到何種程度的評價，端視其後續的產出以及人們對於這種色調的紅寶石有多喜愛了。

莫三比克紅寶石切磨之後，過半都是無處理的寶石，剩下的則是加熱處理。此外，品質較低的則是用來當作玻璃填充紅寶石（→ P.72）。

長波紫外線照射之下的變化

莫三比克紅寶石在紫外線的照射之下幾乎沒有變化，但是緬甸孟蘇紅寶石卻會散發出亮麗的紅色色彩。

莫三比克長方形紅寶石墜飾〔加熱〕（個人收藏㉟）

星光紅寶 無處理

Star Ruby, Untreated

產地　緬甸等地
礦物種　剛玉→ P.84

品質與市場價值參考標準（3 克拉）		
GQ	JQ	AQ

150萬日圓	80萬日圓	25萬日圓

硬度 9

只要照在光源底下，就會出現六道星光

有些紅寶石在光源照射之下會出現六道星光（Star），這就是星光紅寶，而這樣的效果，稱為星光效應（asterism）。紅色剛玉如果出現透明度較高的原石，通常都會切磨成刻面紅寶石。如果是半透明而且帶有絲狀內含物的話，則是會切磨成凸圓面（蛋面）的星光紅寶。這六道星光的成因，來自別名絲絹的金紅石（rutile。二氧化鈦的一種）所呈現的針狀平行晶體。這些呈 60 度交織而成的金紅石只要照射在光源底下，就會在帶有弧度的蛋面上出現星光。另外斯里蘭卡還會利用古法將原石加熱（約 1000 度左右），以去除紅寶石特有的藍色色帶或色斑。

感受自然的寶石

然而色調鮮豔強烈的紅寶石沿著原石結構切磨出這六道星光實屬不易。下列這四顆星光紅寶變形的側面，就是以星光位置為優先考量採石切磨的結果。這就是寶石渾然天成的樂趣。只要將寶石琢磨成可以長久配戴在身的形狀，就算呈現的星光不是位在戒指的正中央，依舊能夠感受到大自然的神奇力量。儘管星光紅寶是形狀格外不完整的寶石，但是又有哪一顆寶石是「完美無缺」的呢？自然並不完美，這就是寶石，也是「寶石的本質」。

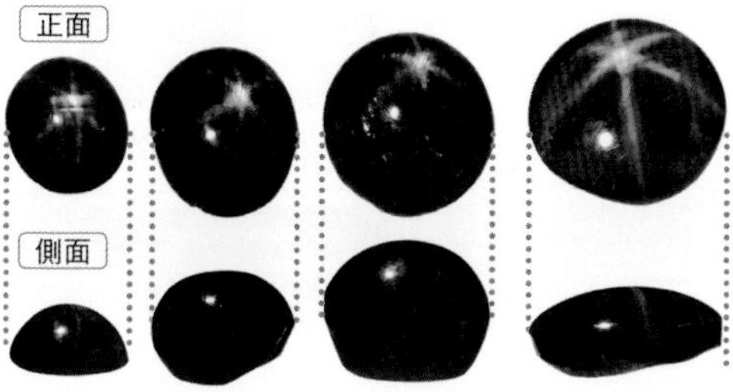

緬甸莫谷星光紅寶戒指〔無處理〕15.00ct（個人收藏）

挑選重點

挑選星光紅寶石的要點，就是這種寶石並無完美。也就是說，上圖這款星光紅寶是難得一見的上品。鑑賞時最重要的，是要仔細觀察寶石的色彩、形狀、透明度與星光品質（就算寶石正中央光芒微弱，是否能夠看得到星光）協調與否。就算沒有呈現星光，但是只要主色漂亮，照樣能夠成為一件出色的首飾。

國外有的特產品店會銷售廉價的星光紅寶。就礦物種來講，因為是紅色剛玉，說它是紅寶石其實並沒有錯，但是這些寶石往往透明度差，加上產量大，坦白講，價值並不高。

印度的星光紅寶。
透明度差，故價格低廉。

合成紅寶石與填充紅寶石

寶石合成，始於紅寶石

1904年，法國化學家維爾納葉（Verneuil）發表了合成紅寶石。然而販賣時卻未標明這顆寶石是合成的，讓全世界的珠寶業者誤將其當作真品，使得天然紅寶石的真實性嚴重失去信賴。諷刺的是，如此契機不僅提高了合成技術的必要性，同時也讓寶石學突飛猛進，並且普傳開來。

當時曾經發生了一件事。21世紀的時候，紐約的古董珠寶展覽會上出現了一只重達1ct的美麗紅寶石鑲嵌在18K金戒台上的戒指。因為上頭刻印著Tiffany公司的字樣，加上展覽者是位值得信賴的人物，促使我決定買下這只戒指。但是事後鑑定真假時，卻判斷出上頭鑲嵌的是合成紅寶石。這一點連展覽者都沒有察覺到，雖然無奈，也只能致歉退款。至於當時是有人刻意調包，讓這只紅寶石戒指在市面上流通，還是這只戒指在打造的時候就是用這顆合成紅寶石，至今尚無結論，不得不說的是，寶石在鑑定的時候，不僅是門外漢，就連專家也會遇到真假難辨的情況。

以維爾納葉法生產的合成紅寶石素材

在古董珠寶展覽會上買到的那只20世紀前半製作的18K金紅寶石戒指周圍鑲嵌著鑽石。

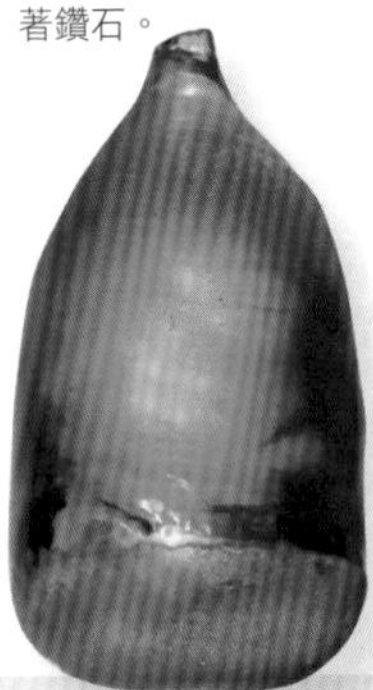

以維爾納葉法（焰熔法）生產的合成紅寶石素材

會出現宛如瓶子的形狀。塑整成型之後，即可製造合成紅寶石。

查騰公司的合成紅寶石

美國查騰公司（Chatham）不僅販售合成祖母綠，之後亦從事製作合成紅寶石。

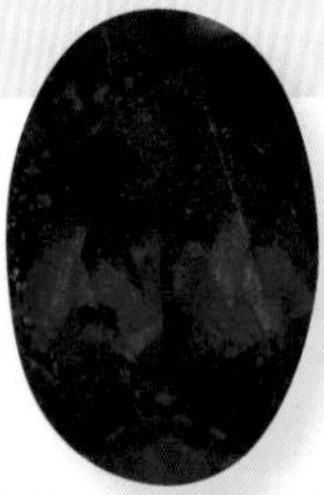

以助熔劑法生產的合成紅寶石

也就是以金屬化合物（種晶）為熔劑，添加氧化鋁以及用來致色的鉻，混合之後在爐中以超過2000度的高溫使其融化。加熱之後會形成紅寶石結晶，放置一段時間，冷卻即可。

鉛玻璃填充紅寶石（填充紅寶石）

剛玉與鉛玻璃合成的人工產物。當初用的是馬達加斯加的原石，現在有時也會使用品質較低的莫三比克原石。

正面

夾層紅寶石

夾層寶石意指用人工貼合的寶石。而且從上方看不出貼合面。

側面

從側面可以清楚看出貼合面。

斯里蘭卡藍寶石 無處理

Sapphire, Sri Lanka, Untreated

礦物種 剛玉→ P.84

品質與市場價值參考標準（3 克拉）		
GQ	JQ	AQ

250萬日圓	70萬日圓	12萬日圓

享有「寶石寶庫」盛名的國度 產量豐富、品質優良的藍寶石

藍寶石與紅寶石屬於同一種礦物，持有的硬度僅次於鑽石。西元前 7 世紀以後出現在希臘、埃及與羅馬的首飾配件上，到了中世紀普受歐洲國王喜愛。13 世紀造訪斯里蘭卡的馬可波羅（Marco Polo）便曾在其著作當中對紅寶石及藍寶石給予極高評價。

藍寶石「Sapphire」在拉丁文中意指藍色。中世紀以前只要提到 Sapphire 這個字，指的通常是藍色石頭或是青金岩（Lapis-Lazuli）。一直到 18 世紀，人們才知道紅寶石與藍寶石是氧化鋁結晶形成的礦物，也就是剛玉（Corundum）。

斯里蘭卡是人們口中的寶石寶庫。從西元前到現在產出的寶石種類不勝枚舉，除了藍寶石，還有貓眼石、紫水晶、月光石與碧璽。斯里蘭卡藍寶石品質相當出色，特徵就如同右圖這只戒指，透明清澈，而且藍中帶紫。

斯里蘭卡藍寶戒指〔無處理〕
11.40ct（個人收藏㊱）

從原石變成首飾

2012 年 3 月，斯里蘭卡馬塔拉（Matara）地下 3 公尺的河水礫石砂礦層（當地稱為 illam）產出了一顆 15.51ct 的藍寶石原石。

→

正面

側面

切割成輪廓為六角形，上方為形狀不規則的冠部與亭部、重達 4.23ct 的藍寶石。

→

切磨之後做成一只藍寶石戒指。色彩雖然稍淡，卻展現出迷人的藍色色彩。斯里蘭卡藍寶石戒指〔無處理〕（個人收藏㊲）

斯里蘭卡藍寶石 加熱

Sapphire, Sri Lanka, Heated

礦物種 剛玉→ P.84

品質與市場價值參考標準（3 克拉）		
GQ	JQ	AQ

150萬日圓	40萬日圓	8 萬日圓

變成藍色的無色剛玉

牛奶石（Geuda）這種將近無色的斯里蘭卡藍寶石原石以往都會丟棄。但是 1977 年左右卻有人發現牛奶石只要經過加熱處理，就會展現出觸動人心的藍色色彩。於是人們將此原石大量帶到泰國，經過高溫加熱之後加以切磨，並且在全球的市場上流通。這款藍寶石顏色深淺恰到好處，而且透明度高，像是右上圖表中這顆 GQ 等級的藍寶石更是讓人看了傾心不已。

躍升為焦點的白色結晶

藍寶石的致色因素來自鈦與鐵。只要無色或淺色的原石裡頭含有這些元素，加熱之後就會產生化學反應，變成深藍色。有史以來牛奶石這個原本都會被丟棄的白色結晶紛紛挖掘出籠，只可惜產量有限，使得斯里蘭卡加熱藍寶石的供給量也日趨減少。

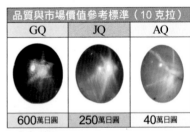

斯里蘭卡藍寶戒指〔加熱〕0.99ct（個人收藏㊳）

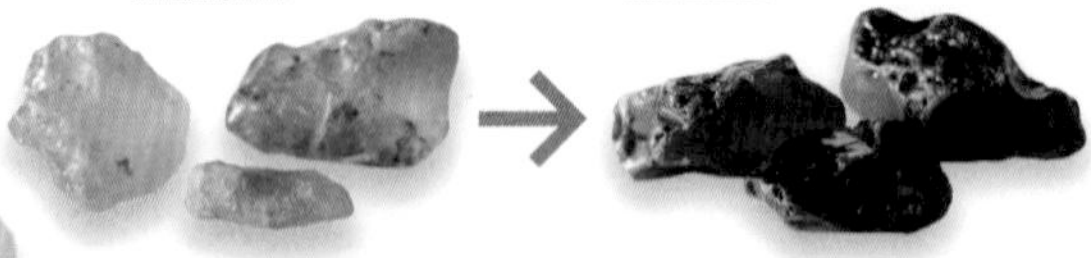

星光藍寶 無處理

Star Sapphire, Untreated

礦物種 剛玉→ P.84

品質與市場價值參考標準（10 克拉）		
GQ	JQ	AQ
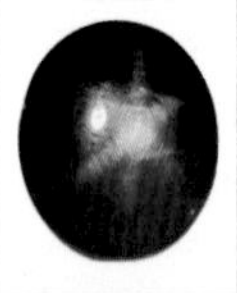	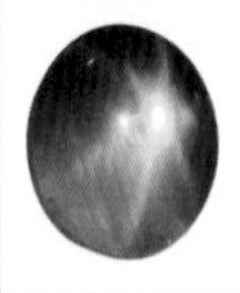	
600萬日圓	250萬日圓	40萬日圓

人氣媲美星光紅寶 原色越美，價值越高

一般認為星光藍寶當中，以切磨成凸圓面的藍色與灰色剛玉所產生的星光效應最佳。這類寶石大多產出於斯里蘭卡，自古以來深受人們喜愛。星光藍寶的藍，美麗至極，挑選時最好用筆燈照射，從中找出光芒可以直射的寶石。重新琢磨大小時要特別留意，不慎受熱的話，反而會讓寶石的顏色變淡。

斯里蘭卡星光藍寶戒指〔無處理〕17.58ct（個人收藏㊴）
藍色色調深邃，綻放的六道星光清晰可見。

馬達加斯加藍寶石

Sapphire, Madagascar, Untreated 1998~ 無處理

色調深邃收斂的藍寶石。如此寶石鑲嵌在戒指上的話會愈顯高雅。

礦物種　剛玉→ P.84

當今藍寶石的主要產地

馬達加斯加是位於印度洋海面上、世界第四大的島嶼，國土之遼闊，遠超過泰國，自古以來便是海藍寶與藍寶石的產地。自從 1998 年在南部的伊拉卡卡（Ilakaka）村挖掘到藍寶石之後，便接二連三在此處發現礦床。據說有段時間伊拉卡卡河流域將近有六萬人加入開採的行列，而且礦床範圍周圍可達 100km。馬達加斯加北部產出的藍寶石以玄武岩為母岩，而包含伊拉卡卡在內的南部所產出的藍寶石則與斯里蘭卡一樣，以變質岩為母岩。此處雖可產出品質出色的藍寶石，但大多數都會經過加熱處理，無處理的藍寶石為數其實不多。

不過當地寶石業者可依據長年累積的經驗，目視判斷手中的寶石是否經過處理。

馬達加斯加藍寶戒指
〔無處理〕
4.51ct（個人收藏㊵）
與這只戒指一樣自然又美麗的無處理寶石難得一見。

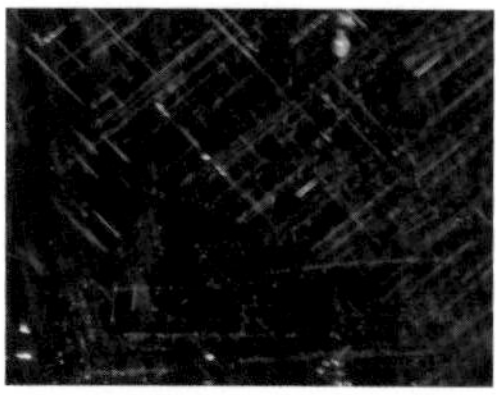

上方戒指的絲狀內含物證明了這顆藍寶石並未經過加熱處理

馬達加斯加藍寶石

Sapphire, Madagascar, Heated 1998~ 加熱

礦物種　剛玉→ P.84

切磨處理在泰國與斯里蘭卡進行

馬達加斯加常見泰國與斯里蘭卡的買家。他們通常會將原石帶回本國，切磨與加熱處理之後，再讓藍寶石在市面上流通。經過處理的馬達加斯加藍寶石與斯里蘭卡藍寶石非常類似，就連專家也難以辨識，故其價值亦可比擬斯里蘭卡藍寶石。為了改良顏色而加熱的藍寶石通常會經過高溫處理，但是此舉卻會讓內含物產生變化，因而成為判斷這顆寶石是否經過加熱處理的根據。

切磨成凸圓面（蛋面）的藍寶石品質形形色色

馬達加斯加藍寶石戒指
〔加熱〕（個人收藏㊶）

喀什米爾藍寶石

Sapphire, Kashmir, Untreated

無處理

礦物種　剛玉→ P.84

品質與市場價值參考標準（3 克拉）		
GQ	JQ	AQ

2000萬日圓	1000萬日圓	50萬日圓

回流於市場上的傳統藍寶石

1881 年左右，喜馬拉雅山西北部（印度與巴基斯坦邊界）海拔 4000 公尺高的喀什米爾地方發現了為數不少的藍寶石。然而這個地方現在幾乎已經不產藍寶石，僅能找到 20 世紀初葉製作的戒指與胸針。喀什米爾藍寶石的美，是一種略為泛白、柔若蟬絲的藍，故又稱為矢車菊藍（Cornflower Blue）或絲絨藍（Velvety Blue）。

喀什米爾的矢車菊藍價值連城。產地左右了價值。就算不是矢車菊藍，除非堅持非喀什米爾藍寶石不可，否則斯里蘭卡藍寶石與馬達加斯加藍寶石也是不錯的選擇。

喀什米爾藍寶石戒指〔無處理〕
2.54ct（個人收藏㊷）

矢車菊藍

喀什米爾藍寶石當中的矢車菊藍，因色澤類似矢車菊，故名。這款寶石不僅色度高，色調更是高雅沉著，質感極佳。

矢車菊原產於歐洲，又名藍芙蓉、車輪花。德國國花。

喀什米爾藍寶石人稱矢車菊藍，其所呈現的色調，處處均可看出微妙差異。

喀什米爾墊形藍寶石〔無處理〕
1.01ct

緬甸藍寶石 無處理 加熱

Sapphire,Maynmar, Untreated / Heated

礦物種 剛玉→ P.84

緬甸藍寶石戒指〔無處理〕6.95ct（個人收藏㊸）

譽名為「皇家藍」
顆粒碩大、深邃湛藍的無窮魅力

緬甸藍寶石產量雖然不多，卻依舊能夠開採到顆粒碩大的美麗寶石。緬甸莫谷地區的寶石採掘早在 15 世紀以前就已經開始了，然而藍寶石與紅寶石的產量比例卻是 1 比 500，紅寶石的產量壓倒性勝出。緬甸藍寶石以碩大顆粒以及深濃色彩為特徵。而在 3ct 無處理 GQ 等級這個條件之下，試圖比較喀什米爾藍寶石、緬甸藍寶石與斯里蘭卡藍寶石（或馬達加斯加藍寶石）的市場價值，可得到 10 比 3 比 1 這個結論。

10ct 大的緬甸藍寶石色調深邃，但是在淡色刻面閃爍的襯托之下卻愈顯亮麗，搭配深色閃光更是協調，充分展現出充滿深度的立體美。

美國寶石研究院（GIA）的報告書內容記載了寶石種類、產地以及優化處理之有無。上面這只戒指的報告書記載了鑲嵌的藍寶石為緬甸產，而且沒有加熱痕跡。

何謂「皇家藍」

緬甸藍寶石中的上品稱為「皇家藍」（Royal Blue）。具體來講，這是一種未經任何優化處理、略帶紫色的深藍色（Deep Purplish Blue。見下圖左側），寶石大小至少要 3ct 才能夠將這種色調展現出來。其實寶石的色彩並不是經由平面，而是透過刻面所產生的刻面閃爍立體呈現。而其所展現的協調色彩，正是寶石的美。

緬甸藍寶石戒指〔無處理〕
2.02ct（個人收藏㊹）

藍寶石的色相範圍

拜林藍寶石 加熱

Sapphire, Pailin, Heated

礦物種　剛玉→ P.84

品質與市場價值參考標準（0.2 克拉）		
GQ	JQ	AQ

各2萬日圓	各1萬日圓	各0.5萬日圓

顆粒小巧的藍寶石以深邃的藍為特徵

位在柬埔寨紛爭地區的拜林從 15 世紀便開始產出紅寶石與藍寶石，並於 1875 年正式開採，產量甚至豐富到讓當時流傳「世界上過半的藍寶石均來自拜林」這句話。然而到了 1960 年代後半，此地的藍寶石產量卻開始銳減，並且延續到今日。以玄武岩為母岩的拜林藍寶石色調深濃，必須在還原（奪去氧氣）這個條件之下加熱才能夠讓顏色變淡。

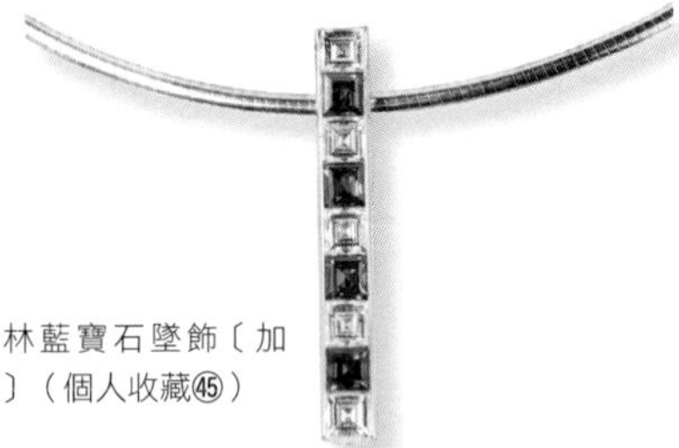

拜林藍寶石墜飾〔加熱〕（個人收藏㊺）

拜林藍寶石戒指〔加熱〕（SUWA（㊻）

從砂積礦床開採、顆粒較小的拜林藍寶石原石。

其他藍寶石的產地與特徵

藍寶石在澳洲、奈及利亞與美國亦有產出。澳洲藍寶石通常偏灰，有的甚至因為藍色過深而欠缺美感，導致平均每 1ct 的價格不到 1000 日圓。奈及利亞藍寶石則是在 1988 年左右開始在市面流通，但是品質不一。至於美國蒙大拿州產出的藍寶石則是在 1891 年隨著金礦的開採而正式挖掘，並以水潤的淡藍色為特徵。可惜產量稀少，對於市場的影響力非常有限。

奈及利亞藍寶石〔加熱〕

顏色較深的奈及利亞藍寶石與斯里蘭卡藍寶石非常類似，而且略帶紫色。

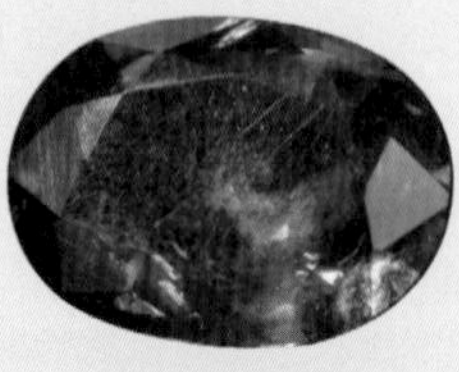

澳洲藍寶石〔加熱〕

19 世紀末早已在新南威爾斯州東北部的因弗雷爾（Inverell）進行開採

美國蒙大拿州藍寶石〔加熱〕

蒙大拿州全區遍布著藍寶石的礦床，除了藍色，亦產出紫色、黃色與綠色的藍寶石。

彩色藍寶石 無處理 加熱

Fancy Colored Sapphire, Untreated / Heated

產地 斯里蘭卡等地
礦物種 剛玉→ P.84

不管是橘色、黃色還是紫色，通通總稱藍寶石

除了紅色與藍色，其他顏色的剛玉一律稱為「彩色藍寶石」。當中無色的稱為無色藍寶石（Colorless Sapphire），至於橘色、黃色、綠色與紫色則是直接在藍寶石前冠上色相名。這些藍寶石產地不一，像是斯里蘭卡產出的藍寶石當中，青色約占 60%，紅、藍、紫占 15%，至於橘色與黃色則是占了 25%。

不管是冠上哪一種色相名，只要是無處理的彩色藍寶石，就能找到色彩亮麗的寶石，而且這些寶石都具備了令人讚嘆又獨特的美，10 ～ 20ct 大小的寶石有時價值甚至超過千萬日圓，而這些彩色藍寶石大多數都會經過加熱，優化處理。

紅寶與藍寶石的色相與名稱

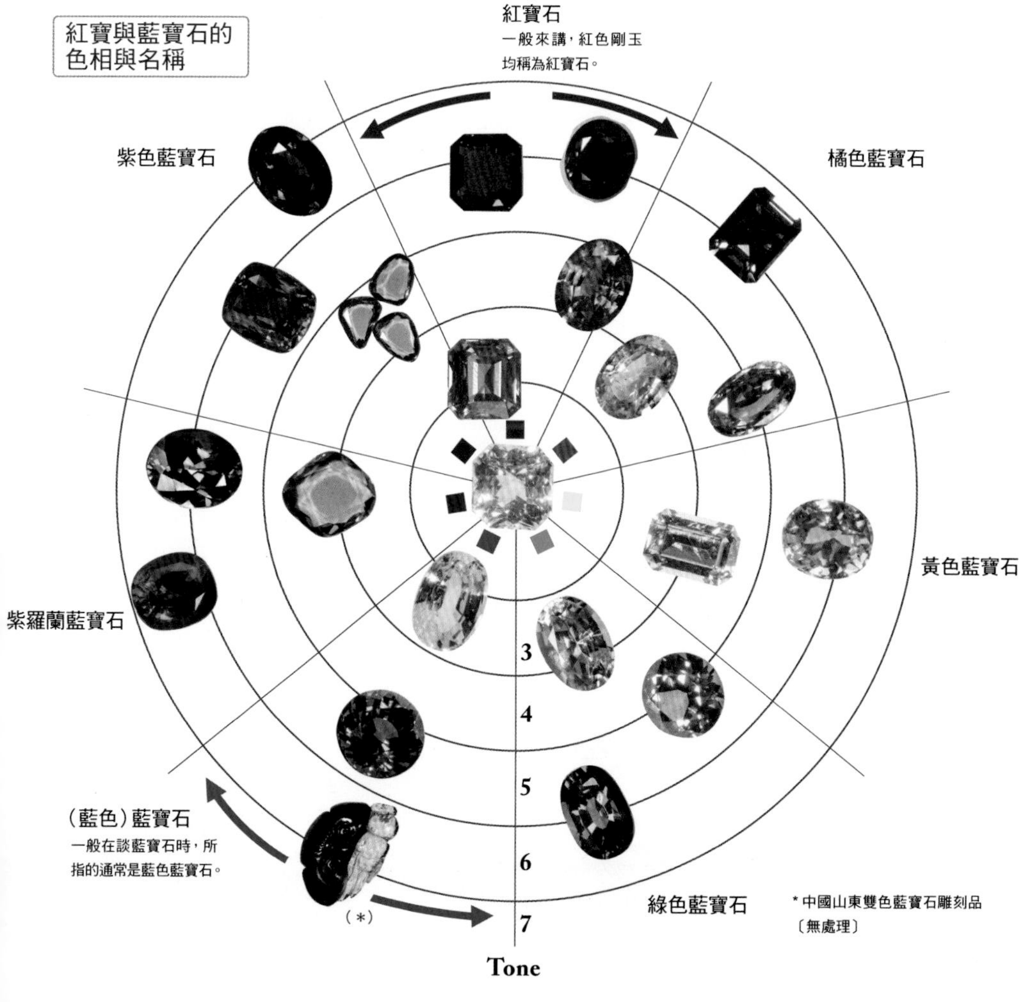

* 中國山東雙色藍寶石雕刻品〔無處理〕

蓮花剛玉 無處理 加熱

Padparadscha Sapphire, Untreated / Heated

產地 斯里蘭卡
礦物種 剛玉→ P.84

蓮花剛玉戒指
（個人收藏㊼）

產出於斯里蘭卡、帶有粉紅色彩的橘色明亮寶石

蓮花剛玉（或稱粉橘色藍寶石、帕帕拉恰剛玉）並沒有全球通用的定義。以色調來講，這種寶石介於紅寶石與橘色藍寶石之間，不過斯里蘭卡產出的蓮花剛玉橘中帶著粉紅，相當美麗。Padparadscha 來自斯里蘭卡的僧伽羅語（Sinhala），意指「蓮花」，代表這種粉橘色的藍寶石所展現的蓮花色彩。

絕大多數的蓮花剛玉都會加熱以便改良色調，如果沒有經過優化處理，就有可能會褪色。但神奇的是，褪色的無處理蓮花剛玉只要置於陽光底下曝晒一個小時，就能恢復橘色，重拾原有的色彩。

牽動市場價值的名稱

下列這一排藍寶石左邊是紫色，中間是淺橘色，右邊則是較深的橘色。不管是哪一種，色彩都非常明亮，美麗程度更是不相上下。現在市場上將左邊這顆稱為紫色藍寶石，中間與右邊這兩顆則是稱為蓮花剛玉，然而這兩者藍寶石的價值卻相差好幾倍。明明美麗程度平分秋色，卻出現如此差異，豈不反常？在挑選寶石時，千萬不要拘泥在賣方以及報告書中如何稱呼這款寶石，而是要親眼觀察並且判斷其所呈現的美，這才是最重要的。

紫色藍寶石〔加熱〕2.87ct

蓮花剛玉〔加熱〕1.57ct

蓮花剛玉〔加熱〕1.39ct

紫羅蘭藍寶石

Violet Sapphire, Untreated　無處理

產地　斯里蘭卡、坦尚尼亞

礦物種　剛玉→ P.84

光芒璀璨、氣質高雅的藍紫色

紫羅蘭藍寶石是色調偏藍的紫色藍寶石，顏色接近藍色。而色調偏紅的，則稱為紫色藍寶石。這款寶石不需特別處理就能夠呈現美麗的姿態。即使顆粒小，也無損其璀璨與持久，具備了寶石的資質，更不像紫水晶、碧璽與貴橄欖石之類的寶石，切磨成小顆寶石時反而會折損硬度與折射率，難以將其原有的美展現出來，無法長久佩戴在身。紫羅蘭色是人們心目中的高貴色彩，無奈擁有這種顏色的寶石非常有限，讓紫羅蘭藍寶石的存在愈顯珍貴。

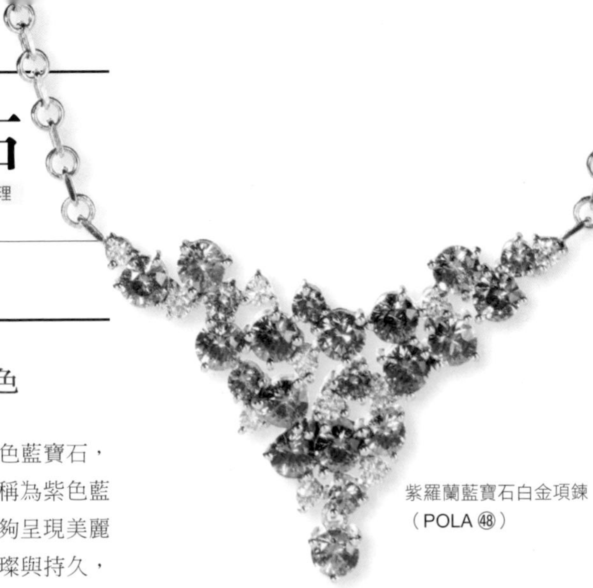

紫羅蘭藍寶石白金項鍊（POLA ㊽）

紫羅蘭藍寶石戒指（Gime ㊾）
居於青紫與紅紫之間的色相展現出色彩濃度適中的迷人魅力

左為紫色藍寶石，
右為紫羅蘭藍寶石，
均產出於斯里蘭卡與坦尚尼亞

擴散加熱（二度燒）藍寶石

創造繽紛色彩的擴散處理（二度燒）

擴散加熱處理所指的是將礦物加熱，讓微量的元素在裡頭擴散滲透，以便改變寶石的顏色。如此作法雖然只是單純讓礦物的色彩更加美麗，但這無疑是一種透過人工來著色的方法，其實是無法提高寶石價值的。然而從十幾年前開始，表面經過擴散處理的藍色藍寶石以及添加鈹元素之後再擴散加熱的蓮花剛玉開始在市面上流通。儘管寶石鑑定所可以利用機器檢驗，但是市面上還是會混入回流品，必須多加小心留意才行。

左邊這三顆寶石為加鈹之後經過擴散加熱處理的剛玉，右邊則是表面經過擴散處理的剛玉。

合成藍寶石與夾層藍寶石

合成寶石與仿品

成功做出合成紅寶石的法國化學家維爾納葉也順利地做出合成藍寶石。藍寶石自古以來便是一種因為深受人們喜愛而經常出現合成品與仿品，除了內含物，裡頭的要素大多與天然藍寶石不同，專家幾乎是一眼可分。然而國外的特產品店常見合成與寶石仿品，選購時要特別留意。

夾層藍寶石
與其他礦物貼合的剛玉。可以看到剛玉獨有的特徵。

合成星光藍寶石
可以明顯看出星光光芒的天然藍寶石其實非常罕見

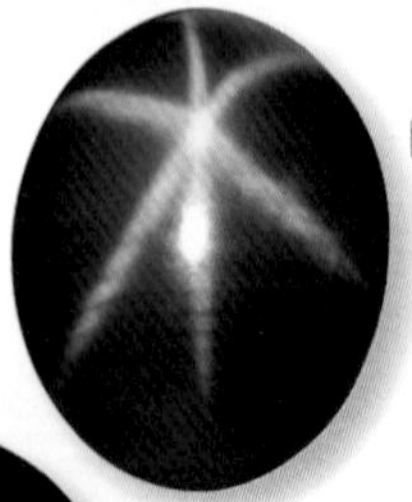

合成藍寶石
刻意展現出天然藍寶石原有的特徵，不難看出這顆合成藍寶石上的刮痕是故意添加的。

正面

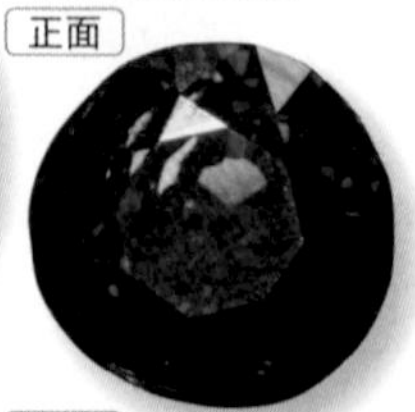

側面

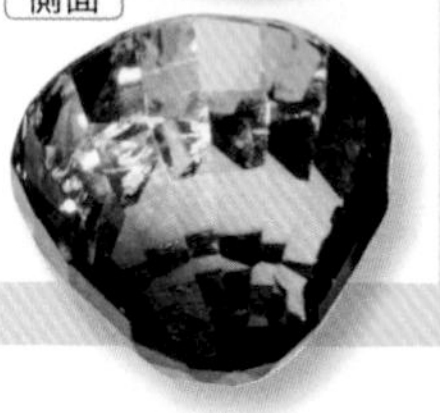

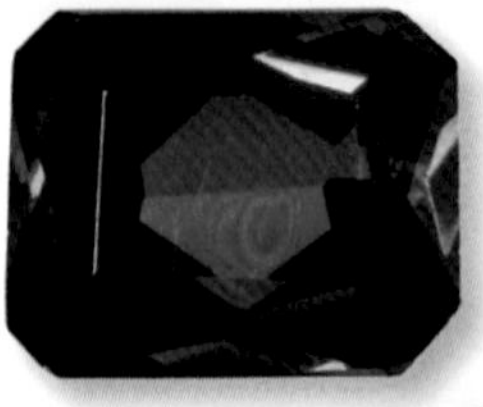

合成藍寶石
雖然美麗，缺少了內含物，顯得非常不自然。

合成紫羅蘭藍寶石
稜線上的刮痕說明了這是一顆配戴多年的寶石

首飾配件帶來的樂趣

～層層疊戴、奢華亮麗～

英文中的 stackable，意指堆疊。

鑲嵌在首飾配件上的寶石越大，價格就越高。而且顆粒越大，風格就越獨特，即使每天佩戴在身也不覺厭煩。不過顆粒較小的寶石在日常生活之中卻可以不受時間與地點限制，隨時配戴。而身邊準備幾件這類寶石，配戴時稍微組合搭配，是自古以來寶石愛好家的樂趣，至今依舊不變。

戒指因戒身呈箍狀，再加上鑲嵌寶石的盤座突起，不好疊戴，所以挑選時必須多加考量，慎加選擇。

三只堆疊的包鑲戒指（個人收藏 ⑤⓪⑤①⑤②）
綠色是貴橄欖石，紫色是紫水晶，橙色是黃水晶。在設計造型時故意讓這三只戒指能夠疊戴在一起，風格十分大膽。

將各種不同形狀與顏色的寶石組合搭配成這十只手環。從中選取數只來搭配的話，可以欣賞到不同的繽紛色彩與多變光芒。由上依序為祖母綠 · 鑽石手環（個人收藏⑤③）、藍寶石 · 鑽石手環（個人收藏⑤④）、紅寶石 · 鑽石手環（個人收藏⑤⑤），底下則為鑽石手環。

正八面體與不規則形的未切割鑽石墜飾（個人收藏）。層層配戴的項鍊散發出一股獨特的氣氛。

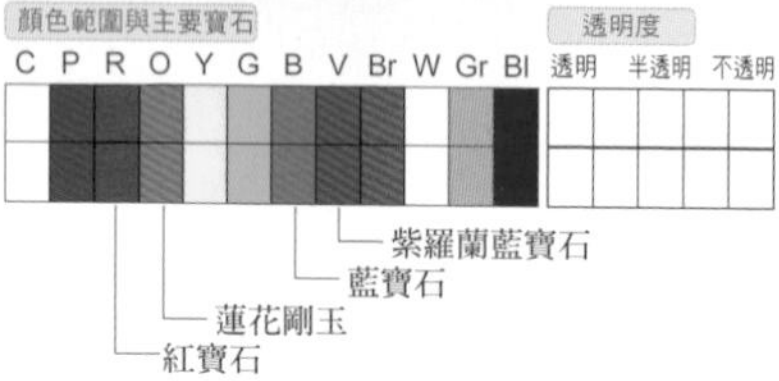

化學成分	Al_2O_3		
晶系	六方晶系／三方晶系	晶形	錐狀、類似桶狀的柱狀
折射率	1.762～1.770	密度	4.00
光澤	玻璃	解理	無
摩氏硬度	9	耐久性	5 4 3 2 1
顏色效應	星光效應、變色效應		

剛玉的英文 Corundum 來自梵語中意指紅寶石的 Kuruvinda，是硬度僅次於鑽石的礦物。現在人們將紅色剛玉稱為紅寶石，包含藍色在內的其他剛玉則是稱為藍寶石。但不管是紅寶石還是藍寶石，一直要到 18 世紀以後，人們才知道這兩者都是剛玉，也就是氧化鋁結晶形成的礦物。在這之前，「紅寶石」所指的是包含紅色尖晶石與紅色石榴石在內的紅色寶石；而在中世紀以前，「藍寶石」這個名字則是用來稱呼青金石。

斯里蘭卡的選礦作業。礫石倒入篩網中之後在水面上搖晃，好讓沉重的剛玉集中在篩網中間。

砂積礦床的選礦作業

品質達寶石等級，剛玉產量豐富的斯里蘭卡通常都是在砂積礦床（沉積礦床、沖積礦床）中開採紅寶石與藍寶石的原石。而在河水礫石砂礦層（illam）這個淺層地帶挖掘到的礦物通常會藉由水流，利用比重的差異來選礦（※）。

右頁兩端尖銳的雙錐形藍寶石採自斯里蘭卡的河水礫石砂礦層。剛玉各種色相以及形狀均有產出，但是和右頁上方這顆為了確認品質而開了一個天窗的藍寶石一樣保有天然亮麗模樣的剛玉，數量則是非常有限。

傳統產地與當今主要產地

自古至今持續產出的剛玉產地為緬甸與斯里蘭卡。現在紅寶石以莫三比克，而藍寶石則是以馬達加斯加為主要產地。另外，澳洲、泰國、柬埔寨、越南、奈及利亞與美國蒙大拿州均為剛玉產地。至於位在印度與巴基斯坦邊界的喀什米爾地方也是歷史上重要的藍寶石產地。

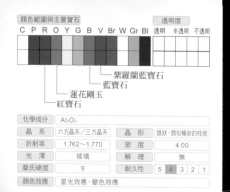

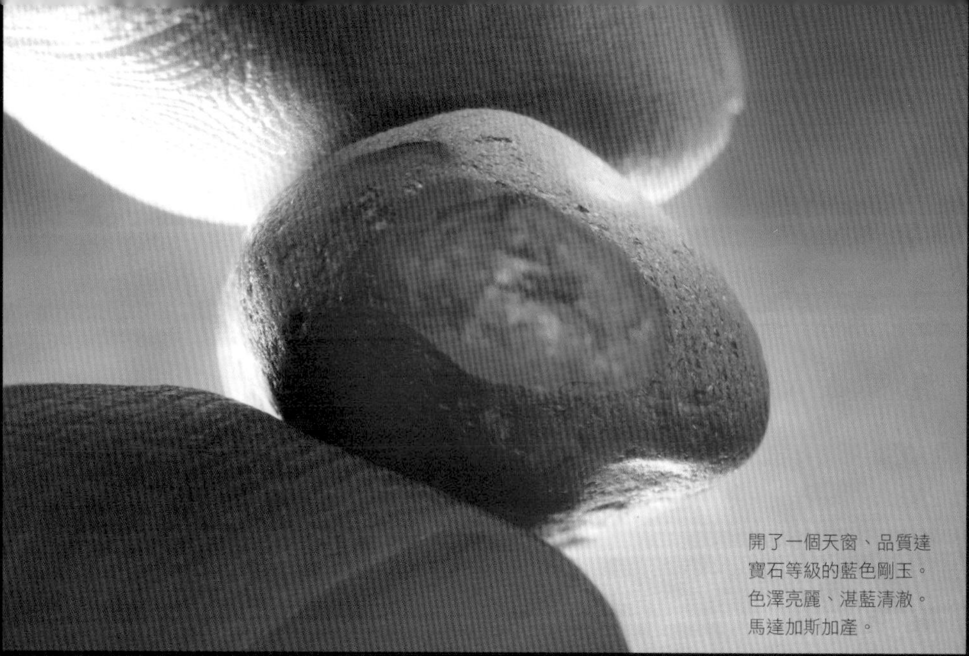

開了一個天窗、品質達寶石等級的藍色剛玉。色澤亮麗、湛藍清澈。馬達加斯加產。

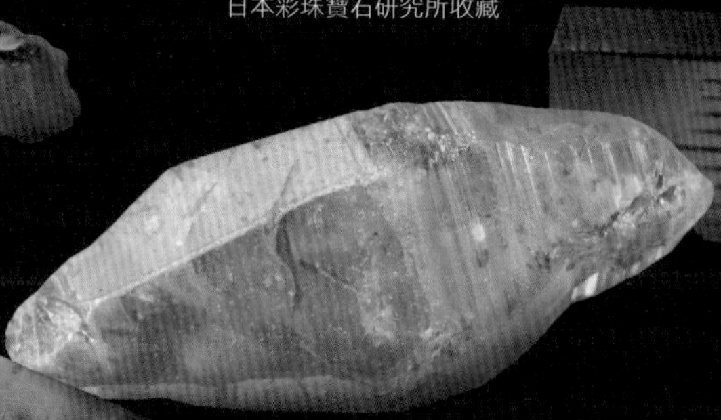

雙錐形的藍寶石原石。採自斯里蘭卡
日本彩珠寶石研究所收藏

產自澳洲的藍寶石原石。顏色略深。

以紅色為代表的剛玉原石色彩繽紛亮麗

牛奶石是一種白色混濁而且不透明的剛玉結晶。有的只要一加熱，就會變成藍色。

亞歷山大變色石 無處理

Alexandrite, Untreated

產地　巴西、俄羅斯、斯里蘭卡、馬達加斯加、坦尚尼亞
礦物種　金綠寶石→ P.89

品質與市場價值參考標準（1克拉）		
GQ	JQ	AQ
日光燈　鎢絲燈	日光燈　鎢絲燈	日光燈　鎢絲燈
200萬日圓	40萬日圓	8萬日圓

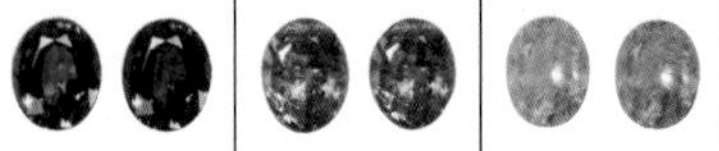

俄羅斯人心中的特別寶石

亞歷山大變色石是在俄羅斯烏拉山發現的，時為1830年。該時正好是羅曼諾夫王朝（House of Romanov）的王子，亦即之後的第十二代沙皇亞歷山大二世12歲誕辰，故名。這種寶石在日光燈下呈綠色，在鎢絲燈下呈紫紅色。而這兩種顏色正好是軍服顏色，所以才會得到俄羅斯人珍惜。而之後，也就是1900年左右在斯里蘭卡，1987年在巴西東南部米納斯吉拉斯州（Minas Gerais）的Hematita礦山也大量產出品質出色的亞歷山大變色石。

日光燈

白天在日光底下散發出藍綠色光芒是巴西亞歷山大變色石最明顯的變化

巴西產

鎢絲燈

在鎢絲燈以及燭光底下則是會變成紫紅色

巴西亞歷山大變色石戒指〔無處理〕1.33ct（個人收藏㊻）

顏色變化決定品質

亞歷山大變色石的色彩變化來自鉻。只要置於和陽光一樣均衡明亮的日光燈底下就會呈現綠色，但如果是放在紅色成分較多的鎢絲燈下，看起來就會像是紫紅色。

這款寶石的品質以透明度高、形狀佳、肉眼看不出內部裂縫為前提，顏色變化顯著為上品。倘若顏色變化不明顯，透明度也差的話，那麼品質就會大打折扣。亞歷山大變色石的色調獨特樸實，可長久佩戴在身，就算經年累月，也不生厭。

俄羅斯產

日光燈

與巴西產相比，顏色偏綠。2.09ct

鎢絲燈

顏色偏紅，但透明度差。

日光燈

鎢絲燈

斯里蘭卡產

與其他產地相比，斯里蘭卡的亞歷山大變色石在日光燈底下所呈現的綠色最為深邃，但是在鎢絲燈底下呈現的褐色反而比紅色還要強烈。

0.50ct

貓眼石 無處理

Cat's eye, Untreated

產地　巴西、斯里蘭卡、印度、馬達加斯加、坦尚尼亞
礦物種　金綠寶石→ P.89

品質與市場價值參考標準（3 克拉）		
GQ	JQ	AQ

150萬日圓	80萬日圓	30萬日圓

男性戒指與領帶夾上常見的貓眼石

貓眼石戒指
30.06ct（個人收藏）

貓眼石所指的通常是金綠貓眼（Cat's eye Chrysoberyl，Cymophane）。這種寶石只要照射在光線底下就會出現凝聚成一條直線、宛如貓眼的線條，故名。而這條光線所帶出的效果就稱為貓眼效應（chatoyancy），取自法語中意指貓咪的「chat」。如此現象，是寶石內部平行排列的內含物反射光線而來的。

1 世紀末葉，這款寶石在古羅馬之間流傳開來，東方人甚至相信只要在雙眼眉間貼上這顆寶石，就能具備「先見之明」這個能力，而原產國斯里蘭卡甚至認為這是一顆「能驅逐惡魔、守護己身的寶石」。19 世紀末，這個別名東方貓眼的貓眼石成了地位僅次於紅寶石，甚至凌駕鑽石的珍貴寶石，而且還經常出現在男性的配件飾品上。

印度奧里薩（Orissa）貓眼石。1.75ct。因產量多，故價格低廉。

牛奶蜂蜜色

極品等級的貓眼石呈現的是「牛奶蜂蜜色（Milk and Honey Color）」，而且顏色不可過濃，亦不可過淡。右邊是光源來自三個不同方向的貓眼石。由此我們可以看出靠近光源的地方呈蜂蜜色（honey），而距離光源較遠的地方是呈半透明的牛奶色（milk）。

貓眼石的圓凸面越高，呈現的貓眼線就會越細越清晰；圓凸面越低，這條貓眼線就會越粗，而且就像波浪一樣，模糊不清。可見切磨方式若有差錯，這條貓眼線就會偏離中心，甚至從中橫過。

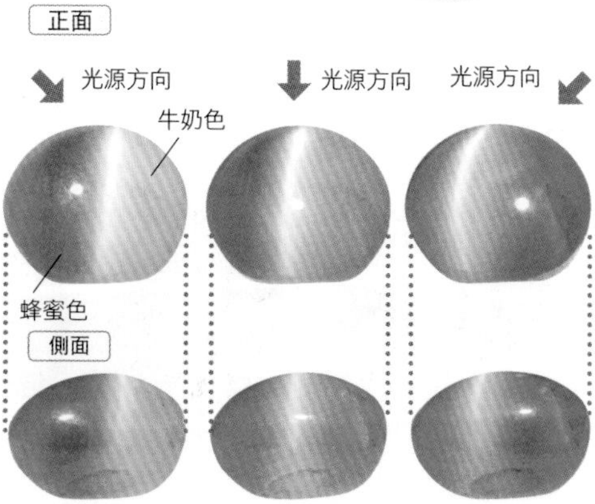

亞歷山大貓眼石 無處理

Alexandrite Cat's eye, Untreated

產地 巴西、斯里蘭卡
礦物種 金綠寶石→ P.89

可同時觀賞到兩種現象的稀有寶石

亞歷山大變色石與貓眼石屬於同一種礦物。然而其所呈現的外觀與現象卻截然不同，初次接觸的人恐怕會以為這是兩種不同的礦物。奇特的是，世上竟然出現了切磨成凸圓面之後，就能夠同時展現變色與貓眼這兩種效果的亞歷山大貓眼石。像右圖這顆亞歷山大貓眼石雖然顆粒小，卻能夠明顯看出從藍色變成紫紅色的色調變化，而且還有一條清晰又筆直的眼線，實屬珍品。

日光燈
藍色的凸圓面明確地展現出貓眼效應。0.60ct

鎢絲燈
就算寶石顏色變成略帶紅色的色調，貓眼線條依舊不變。巴西產。

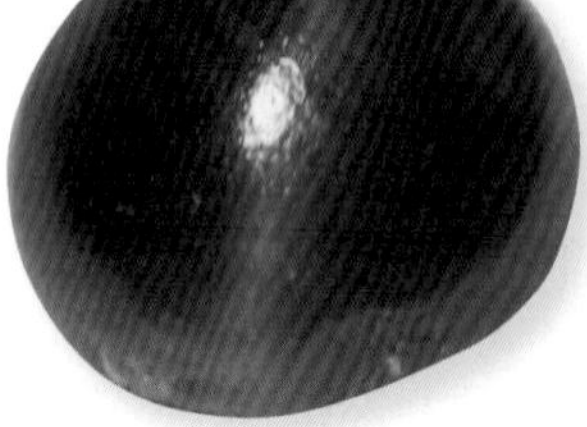

金綠寶石 無處理

Chrysoberyl, Untreated

產地 巴西
礦物種 金綠寶石→ P.89

出色的硬度與持久性

金綠寶石色彩深淺變化非常豐富，橫跨黃色、黃綠色、綠色與褐色，而且從透明至不透明均有產出，是一款色彩充滿變化的寶石。17～18世紀的西班牙與葡萄牙盛行巴西產出的金綠寶石。1725年，巴西開採到鑽石。自此之後，人們便將顆粒較小的金綠寶石聚集起來，做成一只較大的戒指。這種寶石硬度高，持久性佳，就算顆粒小，只要切磨成明亮形，照樣可以用來替代鑽石，鑲嵌在戒指上。

淺黃色 淺綠色 深綠色 淺褐色 深褐色

礦物種：金綠寶石

Chrysoberyl

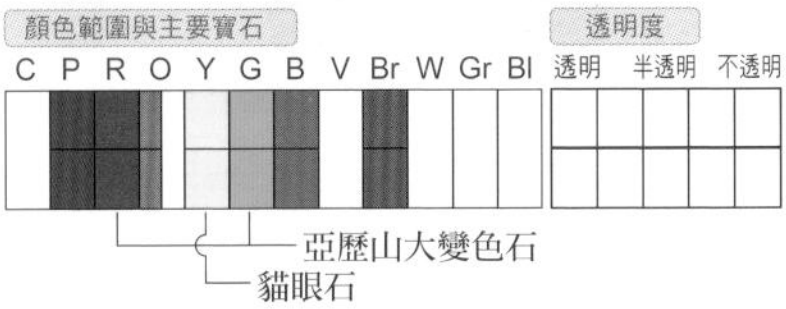

化學成分	$BeAl_2O_4$		
晶　系	斜方晶系	晶　形	片狀、短柱狀狀
折射率	1.746～1.755	密　度	3.73
光　澤	玻璃	解　理	不明顯
摩氏硬度	8½	耐久性	5 4 3 2 1
顏色效應	變色效應、貓眼效應		

原石性質決定切磨方式

金綠寶石可以根據原石性質切磨成三種主要寶石。那就是顏色會隨著光源產生變化的亞歷山大變色石、可以預見貓眼效應的貓眼石，以及沒有任何特殊現象、色相呈黃、綠或褐色的透明金綠寶石。

以亞歷山大變色石與貓眼石而聞名的礦物

金綠寶石是鋁與鈹的氧化物，質地堅硬，持久性佳。硬度僅次於鑽石與剛玉，因風化作用脫離母岩，亦可在河川砂礫中採取。金綠寶石的英文是 Chrysoberyl。當中的「Chryso」來自希臘語，意指金黃色。金綠寶石本身並非稀有礦物，但是可以切磨出亞歷山大貓眼石這種寶石的原石卻非常稀少，可說是價值連城。

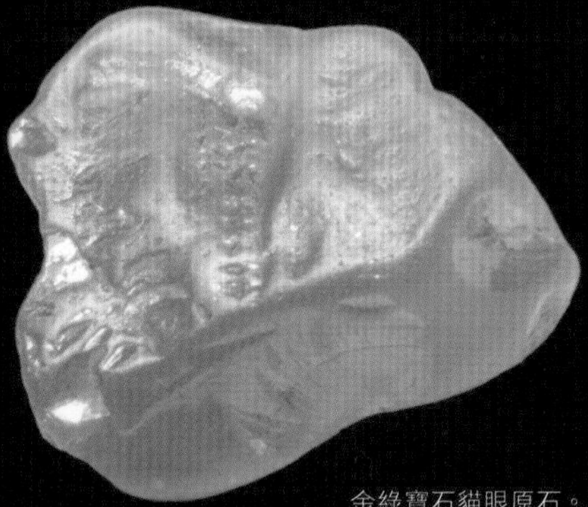

金綠寶石貓眼原石。筆燈從右側照射時會呈現牛奶色（→ P.87）。

亞歷山大變色石原石
日光燈

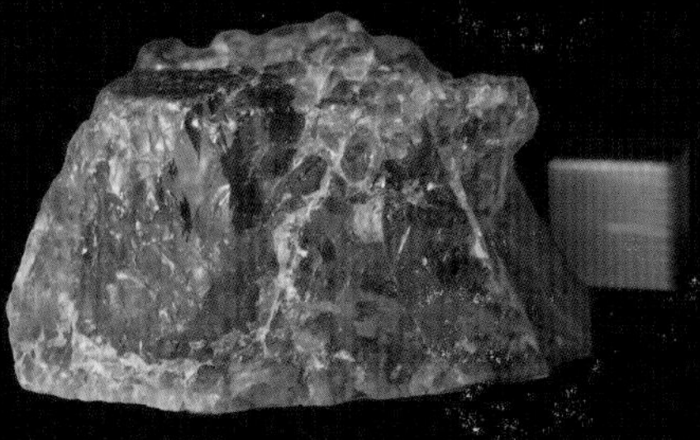

左上方的日光燈照出了綠色

亞歷山大變色石原石
鎢絲燈

用日光燈照出的綠色部分在鎢絲燈下會變成紅色

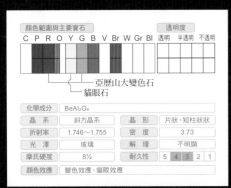

Deutsches Edelstenmuseum 收藏

紅色尖晶石 無處理

Red Spinel, Untreated

產地　緬甸、坦尚尼亞
礦物種　尖晶石→ P.92

品質與市場價值參考標準（1 克拉）		
GQ	JQ	AQ

30萬日圓	10萬日圓	3萬日圓

長久以來一直與紅寶石混淆不清的紅色寶石

坦尚尼亞紅色尖晶石戒指
5.05ct（個人收藏57）

紅色尖晶石的紅，致色原因來自鉻與鐵。因為是在花崗岩與變質岩中和剛玉一起產出，長久以來一直被誤認為是紅寶石。姑且不論鑽石，將尖晶石視為一種獨立礦物並且將其分門別類，讓現在使用的這個寶石名普傳開來其實也不過是兩百多年前的事。

1896 年德國礦物學家馬克思・鮑爾（Max Bauer）在其著作《珍貴寶石》（Precious Stones）中提到「尖晶石瑕疵少，因此特級品到手的機會比紅寶石多」、「一克拉的紅色尖晶石約紅寶石的半價，也就是 5～7 鎊」。當時的 1 鎊相當與現在的 4 萬日圓，換算過後將近 20～28 萬日圓。在紅寶石人氣高漲的現在，尖晶石的價格較親民。

嬌豔紅潤，宛如覆盆子

採用混合式切工法的紅色尖晶石 上圖戒指鑲嵌之前的裸石（loose stone）

正面

冠部採用明亮形切工

底部

亭部採用階梯形切工

側面

亭部形狀的不對稱，是在講求美感與直通率協調之下切磨的結果。

紅色尖晶石的品質可以分為兩種，一種色彩和緬甸莫谷紅寶石一樣偏深，另外一種色彩與坦尚尼亞紅寶石一樣偏淺。例如右圖這顆紅色尖晶石產自坦尚尼亞，所採用的切面切工更是將明亮深邃的紅色刻面閃爍光完美又均衡地展現出來。

而緬甸的紅色尖晶石則是繼承了色彩略深這個傳統，乍看之下會誤以為是紅寶石。但只要仔細觀察，便會發現色彩深厚的紅色尖晶石其實與顏色偏紫的紅寶石不同。至於顏色偏橘的紅色尖晶石，則是稱為覆盆子尖晶石（Raspberry Spinel）。

藍色尖晶石 無處理

Blue Spinel, Untreated

產地　緬甸、坦尚尼亞
礦物種　尖晶石→ P.92

有別於藍寶石的靛藍

尖晶石的顏色有紅、橘、綠、靛、藍（藍紫）與紫紅。

每一種色相幾乎都有產出，故會在寶石名前冠上色相名。儘管紅色尖晶石的亮麗豔紅往往讓人誤以為是紅寶石，但是藍色尖晶石的璀璨青藍也不亞於藍寶石。這些都是色相的微妙差異與內含物的不同性質所造成的。

產出各種顏色的寶石

除了上述的顏色，尖晶石還有無色、灰色、黑色，有的甚至帶有六道光芒。致色因素取決於摻入其中的微量元素，例如藍色尖晶石裡頭就混入了鐵，少部分則是摻雜了鈷。

無色　無色尖晶石　灰色　灰色尖晶石　黑色　黑色尖晶石

尖晶石的色相與名稱

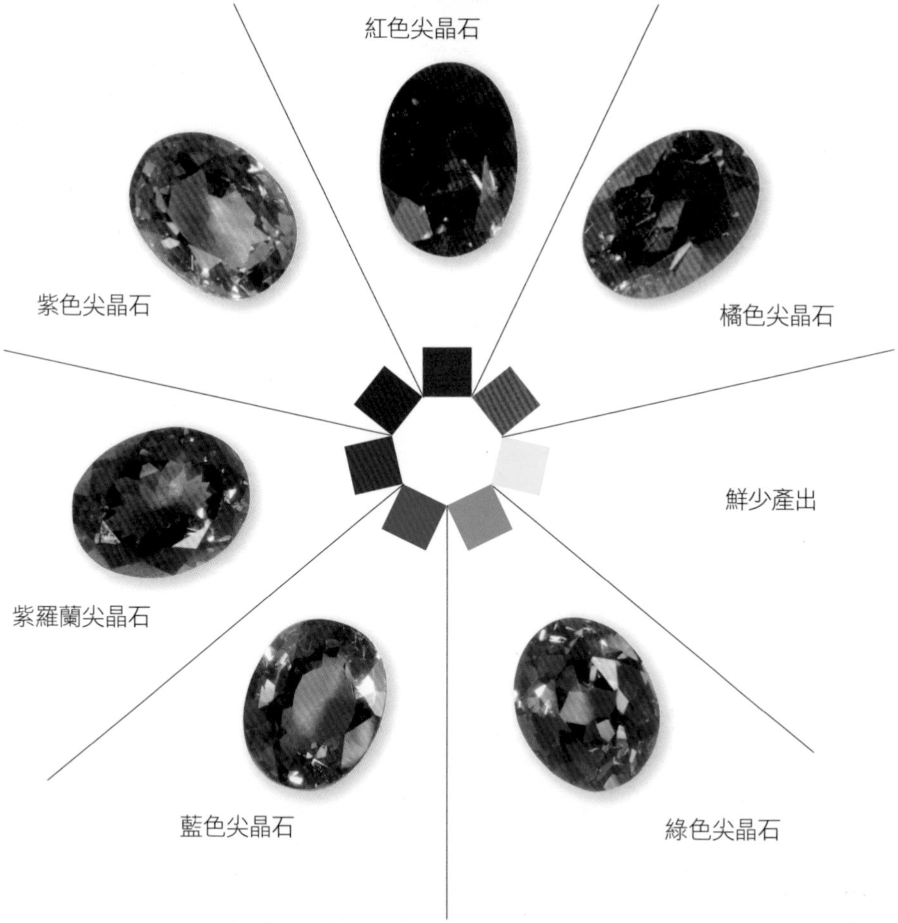

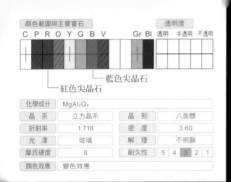

顏色範圍與主要寶石	透明度
C P R O Y G B V Gr Bl	透明 半透明 不透明

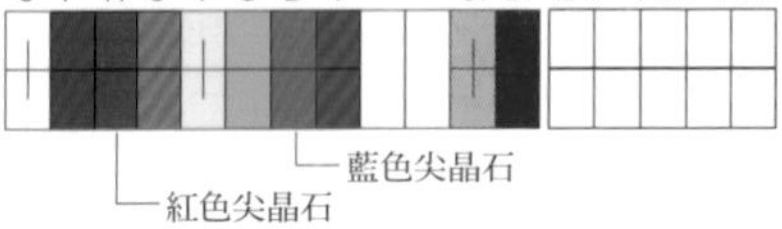

化學成分	$MgAl_2O_4$		
晶系	立方晶系	晶形	八面體
折射率	1.718	密度	3.60
光澤	玻璃	解理	不明顯
摩氏硬度	8	耐久性	5 4 **3** 2 1
顏色效應	變色效應		

不需經過任何處理就能呈現美麗色彩、值得稱為寶石的礦物

有的尖晶石與鑽石結晶一樣，同為八面體結晶。不過這樣的結晶反而讓人聯想到尖刺，故以拉丁語中意指荊棘的 Spina 這個字，將其取名為「Spinel」。

用來製作寶石、歷史最悠久的尖晶石是在阿富汗喀布爾（Kabul）近郊某座佛教墓地發現的，據說歷史可追溯至西元前 100 年。除了緬甸的莫谷，尖晶石的主要產地還有北部的那米亞（Namya）、越南的陸安（Luc Yen）、馬達加斯加的伊拉卡卡（Ilakaka）、塔吉克斯坦的帕米爾高原，以及 2007 年在坦尚尼亞發現上等原石的馬亨蓋（Mahenge）地區。

八面體與表面磨損的原石。尖晶石通常會伴隨剛玉等其他礦物一同產出。

環抱在白色大理石（純大理石）之下的尖晶石結晶
Deutsches Edelsteinmuseum 收藏

寶石優化處理的歷史

～讓色彩更加美麗的加工方式～

想讓礦物變成一顆美麗寶石除了切磨，其實是不需要再經過其他處理的。然而這樣的礦物數量有限，所以那些無法直接琢磨成寶石、品質較低的礦物就會進行各種加工處理，以美化顏色，加強透明度。

讓寶石色澤更美麗的加工方式從單純手法到高科技，應有盡有。然而一旦經過人工處理，寶石就會失去價值。不過展現的美深

上圖的那顆無色寶石是從右上方的耳環底座拆下來的拓帕石，底座內側貼了一層粉紅色的錫箔紙。裝上去之後，就會變成左上這顆粉紅色拓帕石了。耳環背面如同左圖，覆蓋了一層金屬（鑽石砂布，foil back）。

受自然資質影響的輕度油脂・樹脂含浸、浸蠟、加熱加工等優化處理方式，在寶石市場上還是有某個程度的價值。同時，CIBJO（世界珠寶聯盟）也規定，凡是經過加工處理的寶石，一律要明記「顏色改變」或者是「處理」等字樣。

1820 年左右

此時的加工手法極為單純，僅有塗裝、鍍膜以及著色等技巧。這麼做的目的，主要是為了讓寶石「看起來更美麗」，而不是改變礦物的顏色，故當時人們會在礦石表面與底座塗上顏色，或者是在多孔礦物上染色。當中以德國伊達・奧伯施泰因（Idar-Oberstein）的瑪瑙染色技巧最為知名。

1883 年

巴西發現了紫水晶只要加熱超過 250 度就會變成黃水晶，之後又明白在 500 度這個高溫環境之下綠色綠柱石會變成海藍寶，金黃色的帝王拓帕石會變成粉紅拓帕石。這個方法至今依舊不變。

1960 年代

自古以來人們即以透過加熱的方式來處理紅寶石與藍寶石。1960 年代初，泰國研發了以 1900 度的高溫將色相偏黑的紅寶石加熱，使其變得更加亮麗的技術。儘管之後泰國紅寶石礦源枯竭，高溫加熱這個優化處理的方式依舊普行施於紅寶石與藍寶石上。

1970 年代

除了在表面進行擴散加熱處理，剛玉亦相當盛行採用放射線照射這個加工手法。這種加工處理方式也可以讓無色拓帕石變成藍色。到了 1990 年代，照射處理技巧進展到讓碧璽變成紅色或粉紅色，讓鋰輝石變成粉紅色，不過這些寶石通常難以鑑識出是否經過放射線照射，故通常都會被視為是「經過照射的寶石」。

2001 年以後

21 世紀，經過鈹擴散處理的藍寶石會變成帶有粉紅色與橘色色彩的亮麗藍寶石。這款寶石出現在市場時曾經掀起一陣混亂，不過現在卻被視為價格低廉的處理石。此外，經過高溫高壓（HPHT）的彩鑽也有增加的趨勢（→ P.227）。

帝王拓帕石 無處理 加熱

Imperial Topaz, Untreated / Heated

產地 巴西、馬達加斯加
礦物種 拓帕石→ P.97

品質與市場價值參考標準（3 克拉）		
GQ	JQ	AQ

40萬日圓	20萬日圓	6萬日圓

色調宛如雪利酒 璀璨奪目的寶石

拓帕石的顏色只要是橘中帶黃、橘色，或是偏紅的橘色，一律稱為帝王拓帕石。這種寶石的色調恰巧與雪利酒一樣。19 世紀後半，紫水晶加熱形成的黃水晶以「金黃玉（Golden Topaz）」之名大量出現在市場上，為避免混淆，因而以「帝王拓帕石（Imperial Topaz）」一詞來稱呼，以示區別。至於「帝王拓帕石」這名字，則以拓帕石主要產地巴西，當時在位的皇帝佩德羅二世（Pedro II）為名。

巴西帝王拓帕石墜飾
1.88ct（個人收藏㊽）

將色彩凸顯出來的切工技巧

左下角這顆帝王拓帕石側面是長方形，右下角是扇形。而從正上方觀看時，左邊這顆的顏色顯得非常深。一般來講，亭部的角度越大，顏色就會越深。為了凸顯出顏色，讓寶石愈顯美麗，在切工這方面煞費不少苦心。為了讓帝王拓帕石從上方觀看時能夠呈現深邃的色彩，切磨時通常都會選擇立體形狀。不過有一部分的帝王拓帕石會先經過加熱處理。

正面

側面

亭部的角度將近 90 度，使得顏色變得更加深邃。

正面

側面

這顆施以星形刻面（star facet）的橘色拓帕石其亭部角度左右雖然不同，但還是在正常範圍內。

粉紅拓帕石 無處理 加熱

Pink Topaz, Untreated / Heated

產地　巴西、巴基斯坦
礦物種　拓帕石→ P.97

品質與市場價值參考標準（3 克拉）		
GQ	JQ	AQ
		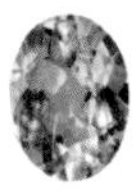
60萬日圓	25萬日圓	6 萬日圓

加熱處理過後會變成粉紅色
未經處理的產出極為稀少

粉紅拓帕石又稱為玫瑰拓帕石，是一種絢麗燦爛的寶石。巴西產出的橘色拓帕石加熱過後，外觀會與品質出色的粉紅色彩鑽，或者是顏色較淡、璀璨奪目的斯里蘭卡紅寶石雷同。產自巴西的橘色拓帕石只要顏色越深，加熱過後產生的反應就會越大，進而變成亮麗的粉紅色。至於巴基斯坦產出的粉紅拓帕石以偏紫色調為特徵，而且是無處理的寶石。

粉紅拓帕石以不帶褐色，顏色略深者為上品。粉紅偏紅的拓帕石美麗觸動人心，品質出色、重量達數克拉的佳品更是罕見，光是寶石本身就是一件獨一無二的美術品，價值更是不同凡響。

不帶有褐色、品質極佳的粉紅拓帕石。透明度與亮麗色彩出類拔萃。

帝王拓帕石與粉紅拓帕石

呈現雪利酒色調的拓帕石稱為帝王拓帕石，與粉紅拓帕石相比，可看出這款寶石偏紅。至於粉紅拓帕石與其說是偏紅，嚴格來講應該算淡淡的紫紅色，而且色調類似粉紅色彩鑽。

帝王拓帕石
顏色偏紅，接近橘色〔無處理〕。

粉紅拓帕石
可以看出顏色偏紫。加熱過後色彩會變得更加燦爛奪目。

粉紅拓帕石的加熱處理

取 3 顆粉紅拓帕石原石放入試管中，以酒精燈加熱 12 分鐘後會慢慢失去橘色，20 分鐘過後變成淡紫色。之後取出置於常溫冷卻的這段過程中，左邊這顆變成偏紫的粉紅色，中間這顆變成淺粉紅色，至於右邊這顆則是變成偏橘的粉紅色。

顏色深淺會隨原石原本含有的微量元素而變化。

無色拓帕石 無處理

Colorless Topaz, Untreated

產地　巴西

礦物種　拓帕石→ P.97

橢圓形的無色拓帕石。光彩不如鑽石亮麗。

隨著時代改變的切工方式

切割成圓明亮形的寶石從桌面的寬度便能推測出是什麼年代切磨而成的。年代越久，桌面就越狹；年代越近，桌面就越寬。

桌面較窄

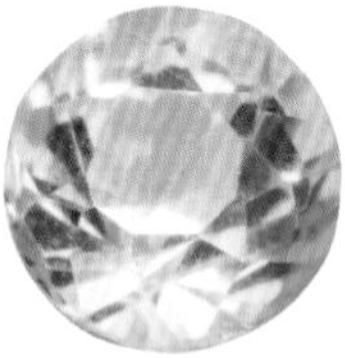

類似採用老式墊形切工（Old Cushion cut）、冠部較高的鑽石

桌面較寬

非常接近現代採用圓明亮形切工的鑽石

用來替代鑽石的無色寶石

無色拓帕石切磨成明亮形的話，有時會讓人誤以為是品質較差的鑽石。在 1977 年舊蘇聯開始製造並且普及合成二氧化鋯石之前，無色拓帕石與鋯石是鑽石的替代品。不過這款寶石的價值大部分都是切磨時花費的成本，所以今日已經鮮少用來替代鑽石了。

無色拓帕石的切割形狀每個年代各有不同。這應該是受到當時流行的鑽石切工影響而來。

藍色拓帕石 放射線照射

Blue Topaz, Irradiated

產地　巴西

礦物種　拓帕石→ P.97

人工著色處理的色彩

現在流通於市場上的藍色拓帕石有 99% 都是無色拓帕石透過放射線照射著色而來的人工寶石。1980 年代盛行這種處理方式，因而充斥於市面上。

無色拓帕石大量產出，故成品的成本絕大多數都是花在放射線照射以及切磨這兩筆費用上。

既然是人工著色，顏色深淺當然也能夠調整。

無處理的藍色拓帕石

天然的藍色拓帕石產出非常有限，不過 1875 年左右，滋賀縣田上山一帶陸續產出大顆的拓帕石結晶，並且在世界打響名聲，有不少甚至流出於國外，現在則已停產。

藍色拓帕石

無處理的藍色拓帕石感受不到人工色彩

海藍寶

海藍寶與無處理的藍色拓帕石難以用肉眼辨識

礦物種：拓帕石【黃玉】

Topaz

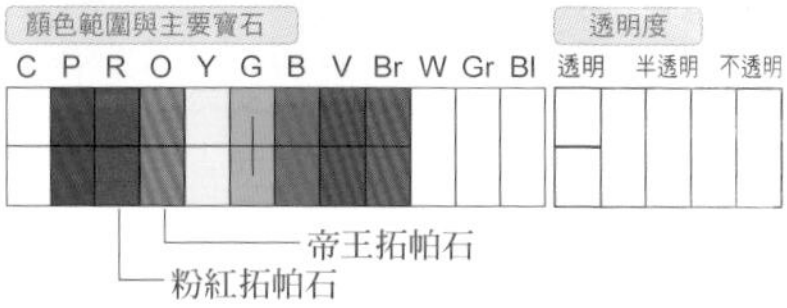

化學成分	$Al_2SiO_4(F,OH)_2$		
晶系	斜方晶系	晶形	柱狀
折射率	1.619～1.627	密度	3.53
光澤	玻璃	解理	完全
摩氏硬度	8	耐久性	5 4 3 2 1

發育完整的美麗自形晶體

除了無色，拓帕石還有紅、橘、黃、青、藍，不管什麼色彩，均有產出。當中以粉紅色最為罕見，故價格昂貴。拓帕石發育完整的自形晶體（euhedral crystal）擁有菱形斷口，以沿長邊出現在柱面上條紋為特徵。拓帕石是在熱水脈中，受到含氟量多的液體影響而生成的，若是在原生礦床中開採的話，從經過風化作用的砂積礦床中，也可以採到滾磨成圓形的礫岩。

橙黃色寶石的代表 透明度高，璀璨奪目

拓帕石在古埃及以及羅馬時代便已經是人們使用的寶石。其名之由來，尚無定論，在中世紀亦未討得人們喜愛，無法找到詳細記述。到了近世，1678 年出版了一本與 Jean-Baptiste Tavernier 這位法國寶石商有關的遊記。內文提到緬甸產出紅寶石、尖晶石、藍寶石、鋯石與黃色拓帕石。在這當中，拓帕石是最為珍貴的黃色寶石。19 世紀初葉，據說上頭以拓帕石與紫水晶為主石的耳環與項鍊更是深得法國人與英國人喜愛。

巴西的帝王拓帕石原石，顆粒較為碩大。

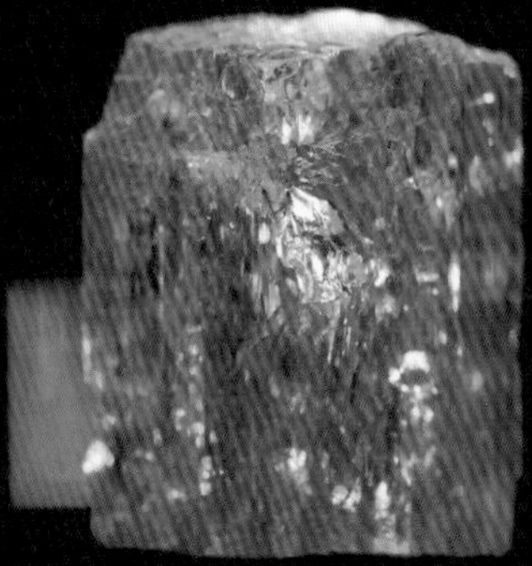

長條形的帝王拓帕石原石

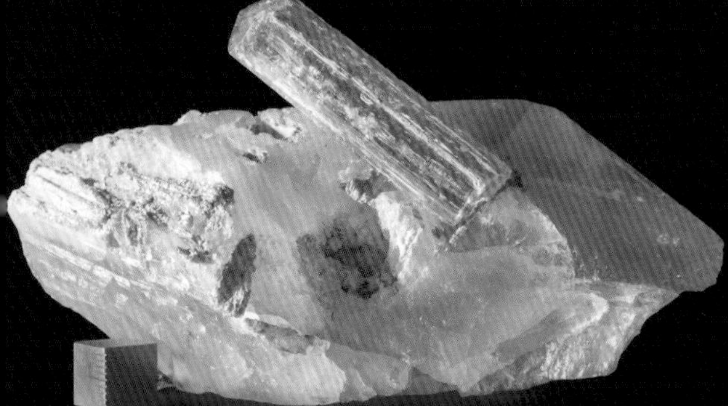

根據菱形斷口來開採

哥倫比亞祖母綠

Emerald, Colombia, Oil / Resin Filing

油脂 · 樹脂含浸

礦物種 綠柱石→ P.108

品質與市場價值參考標準（3 克拉）		
GQ	JQ	AQ

700萬日圓	100萬日圓	15萬日圓

產量占了將近百分之五十的哥倫比亞祖母綠

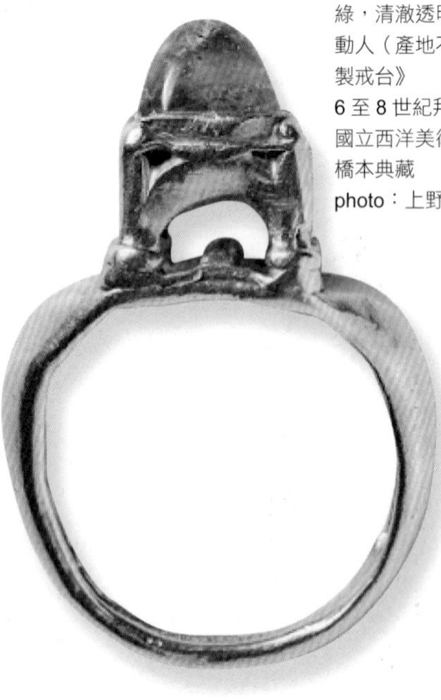

琢磨成凸圓面的祖母綠，清澈透明的綠十分動人（產地不詳）《金製戒台》
6 至 8 世紀拜占庭帝國
國立西洋美術館
橋本典藏
photo：上野則宏

祖母綠是一種擁有數千年悠久歷史的寶石，其名來自希臘語的「smaragds」。據說1818 年人們在曾經開採到這種寶石的埃及克婁巴特拉礦山（Cleopatra Mine）中，挖掘到自古以來一直維持著淺色半透明狀的祖母綠。然而16 世紀末，哥倫比亞的祖母綠被帶到歐洲之後便顛覆了祖母綠的歷史。西班牙人將其運回本國，施以凸圓面磨琢、串珠切割以及雕刻等技法，不僅傳入歐洲，還流傳至土耳其、伊朗與印度等王室之內。

16 世紀以後，祖母綠的開採在將近一百座礦山輪替之下得以延續。每座礦山甚至各礦區所生產的祖母綠品質皆各有特色。當今以哥倫比亞生產的祖母綠居多，在全世界占了將近50% 的產量。

影響品質的表面裂縫

哥倫比亞生產的祖母綠展現出一種柔和優雅的綠。雖然帶有一些藍色或黃色色彩，但是整體來講非常接近純色，並無會影響祖母綠彩度的灰色要素。

不過祖母綠原本就是一種裂縫較多的寶石，長久以來都會先經過浸油處理。故在挑選時除了講求美，通常還會堅持選擇表面裂縫（從內部一直延伸到表面的龜裂與裂隙→ P.250）較少的哥倫比亞祖母綠，以免在進行油脂或樹脂含浸處理的過程當中影響祖母綠的美感。

以下這幾張祖母綠原石圖片，將哥倫比亞一般品質的原石分為深色、中間色與淡色。祖母綠的原石通常呈柱狀。透過長短、結晶完整與否及透明度，不難發現這種寶石的品質真的是千差萬別。

深色

中間色

淺色

祖母綠中的極品「油滴祖母綠」

哥倫比亞品質最高的祖母綠稱為「油滴祖母綠」（Gota de Aceite）。而曾經閱覽過無數祖母綠的筆者心目中最美的，就是右圖這顆祖母綠。數年前在 Baselworld 這個世界規模最大的鐘錶珠寶展參展時，這顆珍貴寶石首日就讓我陷入出讓的困境之中。留不住這顆祖母綠，心中滿是無奈。及至今日，我依舊相信這個大自然存放的寶石一定會得到人們珍惜。

照片／高山俊郎
《家庭畫報》
（世界文化社刊行）
刊登於 2006 年 9 月號
超過 10ct、切割成八邊形的碩大祖母綠，輕度浸油。

祖母綠切工法的由來

亦可用來切割鑽石的「祖母綠切工法」這個名稱，與哥倫比亞祖母綠的外型以及特徵有關。如同照片所示，這顆六角柱原石的深綠色部分通通聚集在表層，內部幾乎無色。想要凸顯出祖母綠的翠綠，勢必要有效利用表層的顏色。首先找出比較不易看出裂縫的角度，切磨出桌面，好讓顏色完美地體現出來。切割的人必須具備熟知哥倫比亞祖母綠特徵的純熟技巧。而能夠善用哥倫比亞祖母綠原石本來風貌的切割方法，就是四角磨平的長方形＝祖母綠切工法。除了鑽石，在此因緣際會之下誕生的祖母綠切工法現在亦可運用在其他寶石上，進而成為寶石形狀的一般名稱。

祖母綠搭配長方梯形鑽石的傳統造形戒指（私人收藏⑲）

祖母綠切割時要善用表層顏色較深的部分

祖母綠的產地與色調

只要是寶石專家，通常一眼就能夠看出祖母綠的產地。每個產地的祖母綠在色調上均獨具特色，這是因為其在生成時所處的環境各有不同而形成的。有的是微量成分所形成的差異，有的則是以內含物為特徵。只要掌握各個產地所形成的特徵，在判斷價值時就能夠派上用場。

哥倫比亞產
可以開採到顆粒較大的結晶體。有的是綠中稍微偏黃。有時還會出現液體中包含固體與氣體的三相內含物。

辛巴威 ・ 桑達瓦納（Sandawana）產
辛巴威（原為羅德西亞，Rhodesia ）產出的祖母綠顆粒較小，平均為 0.08ct。與其他產地相比，色調屬於偏黃綠的翠綠色。

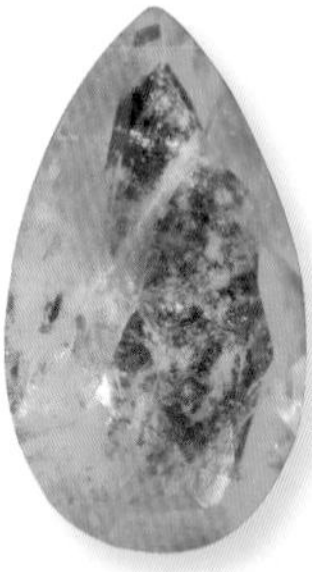

巴西產
透明度非常低，大多經過含浸處理。之後隨著新礦床的開發而陸續產出品質出色的祖母綠。

巴基斯坦 ・ 史瓦特產
產自史瓦特河谷（Swat Valley）。照片中的祖母綠無論色調或是透明度均可稱為上品。可惜這種等級的寶石為數不多。

尚比亞產
尚比亞的祖母綠以顯青的綠色為特徵。是僅次於哥倫比亞的重要產地。

馬達加斯加產
產出於東部，然而高品質的祖母綠並不多，產量難以影響市場。

俄羅斯 ・ 烏拉山產
1830 年左右在烏拉山發現礦床。顏色偏淡。

硬度
7

桑達瓦納祖母綠 無處理

Emerald, Sandawana, Untreated

礦物種　綠柱石→ P.108

品質與市場價值參考標準（0.08 克拉）		
GQ	JQ	AQ

各5萬日圓	各3萬日圓	各1.5萬日圓

顆粒雖小卻不容小覷的祖母綠

辛巴威的桑達瓦納祖礦山發現於 1956 年，並由英國力拓集團（Rio Tinto Group）進行開採。此地產出的祖母綠顆粒非常小，帶有一份色調偏黃、相當獨特的美麗色澤，而且從內部還可以觀察到宛如細針交織的纖維狀透閃石（tremolite）結晶。可惜到了 21 世紀之後產出銳減，有時還會出現經過油脂（樹脂）含浸處理的祖母綠。

桑達瓦納祖母綠墜飾（個人收藏㉑）

桑達瓦納凸圓面祖母綠戒指（Gimel ⑳）

貓眼祖母綠 油脂・樹脂含浸

Emerald Cat's eye, Oil / Resin Filling

礦物種　綠柱石→ P.108

值得收藏、極為珍貴的上品

雖然罕見，不過有的祖母綠還會出現貓眼效應。切磨成凸圓面之後，內包的整把針狀內含物在光線照射之下，表面就會出現一道光芒。然而品質和左圖一樣堪稱上等的祖母綠卻是少之又少。

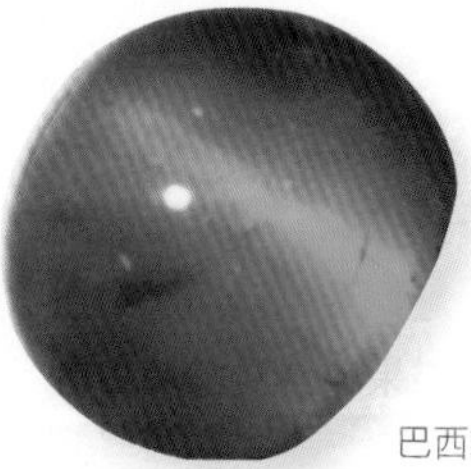

巴西貓眼祖母綠 0.38ct

達碧茲祖母綠 無處理

Trapiche Emerald, Untreated

礦物種　綠柱石→ P.108

珍藏家青睞有加的獨特寶石

達碧茲的英文 Trapiche 來自西班牙語，因其所展現的形狀類似甘蔗榨汁機的轉輪，故名。切磨成凸圓面時出現的 6 條黑色分割線，是祖母綠在成長過程中將含碳物質封鎖在內形成的。

正面　側面

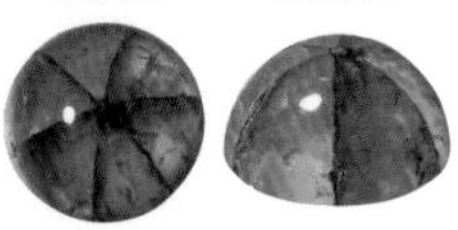

切磨成 5.28ct 的凸圓面達碧茲祖母綠及其原石（下）

尚比亞祖母綠 油脂・樹脂含浸

Emerald, Zambia, Oil / Resin Filling

礦物種　綠柱石→ P.108

品質與市場價值參考標準（1 克拉）		
GQ	JQ	AQ

80萬日圓	20萬日圓	2萬日圓

開發於 20 世紀並正式開採的祖母綠新產地

重要性僅次於哥倫比亞的祖母綠產地為尚比亞。尚比亞祖母綠是在 1931 年發現的，但是卻要到 1967 年才正式進入商業生產，礦床位在米庫（Miku）。之後卡瑪干加（Kamakanga）等礦場也著手開發，而且產出的原石透明度極高。尚比亞祖母綠的原石線條圓潤，通常會切磨成橢圓形。雖曾產出無處理的上等祖母綠，不過近年來由於需求以及生產成本增加，不少裂縫較多的祖母綠會利用油脂與樹脂含浸的方式來處理，好讓寶石呈現美麗的一面。

尚比亞祖母綠項鍊（個人收藏㊷）

微量成分影響顯色

尚比亞祖母綠是在雲母（mica）中結晶的。結晶時偶爾會出現黑雲母這種內含物。另外，這種祖母綠的深綠色致色元素是釩，故呈現的美有別於因鉻而顯色的哥倫比亞祖母綠。

在雲母與石英構成的雲母片岩中結晶的尚比亞祖母綠原石

祖母綠的重度含浸處理

時間一過，時而出現變化

不需經過優化處理就能夠展現美麗姿態的祖母綠相當稀少，所以自古以來人們會採用油脂或合成樹脂含浸這種方式來處理，以便掩飾祖母綠的裂縫。本身裂縫少，只需稍微泡油即可的祖母綠即使經年累月，變化依舊不大；但如果是裂縫多，必需充分泡油的話，那麼這顆祖母綠數個月過後就會開始褪色，斷裂部分甚至變得醒目。像右上角這兩顆橢圓形的寶石，就是經過含浸處理（左）以及油脂褪去的祖母綠。相較之下可以明顯看出上頭的裂縫。經過優化處理掩飾缺點的寶石不僅價值低，是否足以稱為寶石，也需要多加深思。

經過油脂含浸處理的祖母綠　泡過丙酮、油脂褪去的祖母綠

經過含浸處理，但是隨著時間經過而褪色、裂縫也變得明顯的凸圓面祖母綠，以及做成串珠項鍊的祖母綠。

合成祖母綠與仿造祖母綠

價高贋品多的祖母綠

正因美麗的祖母綠價格昂貴，所以自古至今把合成寶石當作真正的寶石來販賣的業者不論規模大小，根本就是層出不窮。姑且不論做成首飾配件的這個銷售行為如何，總之偽稱寶石來販賣就是一種掩人耳目、招搖撞騙的詐欺行為。至於仿造祖母綠，則常見將彩色玻璃或天然石貼在合成石上，也就是合成雙層石。

合成祖母綠

模造祖母綠

海藍寶 無處理　加熱

Aquamarine, Untreated ／ Heated

產地　巴西、奈及利亞、莫三比克、馬拉威、尚比亞
礦物種　綠柱石→ P.108

品質與市場價值參考標準（3 克拉）		
GQ	JQ	AQ

40萬日圓	10萬日圓	3萬日圓

洋溢清秀氛圍
在夏日召喚沁涼的寶石

海藍寶是距今約 2000 年前羅馬人為其取名的，字源來自拉丁語中的水「Aqua」以及大海「Marine」這兩個字。海藍寶開採當下可以分為藍色原石、需要加熱以加強色相的淺綠色與帶有棕色的原石（請參照右頁專欄）。這種寶石氣質清透，格調高尚，不會過深的藍色色調展現出柔和沉著的氣氛。

用海藍寶做成首飾配件時，建議使用右上這張圖表中的 JQ 等級，並且以顏色深淺至少與此相同的色相為條件，從中挑選喜歡的寶石，這樣才會愛不釋手，想要長久配戴在身，尤其是夏天，更是讓人感到涼爽清心、值得珍惜的寶石。

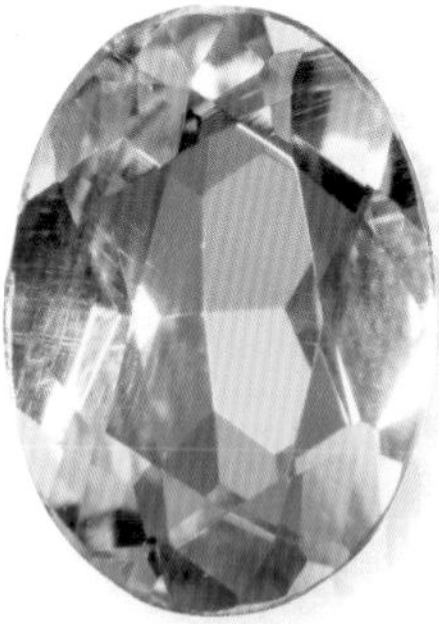

AQ 等級的海藍寶。藍色色相雖深，色調卻偏灰，黯淡無光，不夠亮麗。

奈及利亞海藍寶原石

將原石琢磨成首飾配件

原石

21.11ct 的莫三比克海藍寶

側面

採明亮形切工，琢磨成 4.64ct 的梨形。

正面

完成墜飾。將鑽石比擬成水滴，可以感受到蔚藍海洋的海藍寶項鍊（SUWA ⑥③）。

乳藍寶石 無處理

Milky Aqua, Untreated

產地　巴西、莫三比克
礦物種　綠柱石→ P.108

中段以下的部分是適合切磨成乳藍寶石的原石

採用凸圓面切工的半透明海藍寶

乳藍寶石是色澤較淡、善用原石半透明色彩的海藍寶。嬌柔溫和，扣人心弦。明亮形與階梯形這兩種切工方式往往要求原石的透明度，但如果是半透明素材的話，切磨成凸圓面會更有魅力。

凸圓面切工不僅講求色彩與適當的透明度，高度是否恰到好處也是美麗關鍵。而將透明度較低的原石所擁有的魅力充分發揮出來的最佳範例，就是乳藍寶石。當中有的還會展現貓眼效應。

高度恰到好處的乳藍寶石（上），與搭配玫瑰榴石做成的戒指（右）。

乳藍寶石（個人收藏64）

海藍寶的加熱處理

讓色相產生戲劇性變化

現在市面上流通的海藍寶有一部分已經過加熱處理。只要一加熱，原本平淡無奇的綠柱石就會神奇地變成亮麗的海藍寶。變色之後的海藍寶並不會再回到原有的色相，但是處理之後顏色沒有出現變化，或者是過度加熱的話，反而會讓綠柱石變成無色。

海藍寶加熱處理是為了彌補大自然的不足，加上內部並不會產生變化，故市場上通常不會過問是否經過加熱處理。

顏色會變化，但是深淺不變，也不會回到原有的色相。

簡單輕鬆的加熱實驗！

將綠柱石放到試管裡，用酒精燈加熱2～3分鐘，原本顏色偏棕的綠柱石就會變成海藍寶那清澈亮麗的水藍色了。

摩根石 無處理 放射線照射

Morganite, Untreated / Irradiated

產地 巴西、阿富汗
礦物種 綠柱石→ P.108

切磨前幾乎無色的摩根石原石

嬌嫩可愛的粉紅寶石

摩根石是以美國銀行家同時也是知名寶石收藏家，約翰・摩根（John P. Morgan）為名。這種寶石的原石色調有淺綠色、無色、粉紅色與橘色、形狀扁平的片狀結晶（→ P.109）。

摩根石的致色元素是銫與錳，以柔和淺淡的粉紅色為特徵。大多數都是在巴西密納斯吉拉斯州（Estao de Minas Gerais）開採，亦曾產出大顆結晶。

有些摩根石經過放射線照射之後顏色會變得更深。

色彩粉淺的摩根石

1970 年代筆者到手的無處理摩根石為淺淺的粉紅色，色調相當柔和優美。

金綠柱石 無處理 放射線照射

Heliodor, Untreated / Irradiated

產地 巴西、烏克蘭
礦物種 綠柱石→ P.108

讓人聯想到燦爛陽光的黃綠色、活力洋溢的寶石

金綠柱石的英文 Heliodor 來自意指「太陽」的希臘語，「Helios」。金綠柱石通常為六角柱狀的結晶（右邊照片），原本泛指黃色～黃綠色的綠柱石，不過近來卻特地將黃綠色的稱為金綠柱石，黃色的稱為黃金綠柱石（Gold Beryl）或者是黃綠柱石（Yellow Beryl）。

有些金綠柱石經過放射線照射之後顏色會變得更深。

馬賽克圖案均衡協調，並且切磨成橢圓形的金綠柱石。冠部與亭部均採用明亮形切工。

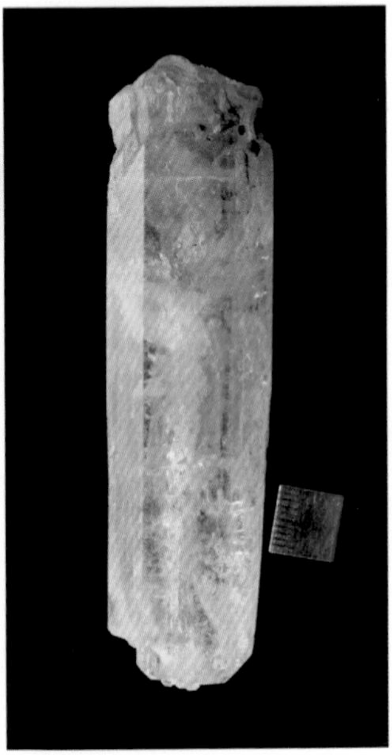

金綠柱石的柱狀結晶

紅色綠柱石 油脂・樹脂含浸

Red Beryl, Oil / Resin Filling

產地　美國

礦物種　綠柱石→ P.108

紅色綠柱石戒指
0.37ct（個人收藏㊵）

獨一無二的紅，氣質文雅 可惜產量稀少，鮮少流通

紅色綠柱石的紅與摩根石的致色元素一樣，來自於錳。然而其所呈現的紅，卻有別於紅寶石、尖晶石與鎂鋁榴石之類的紅色寶石，帶有一股柔和氣息，與祖母綠一樣嬌柔高雅。紅色綠柱石別名 bixbite，美國猶他州以及新墨西哥州偶爾會產出，無奈難以開採到顆粒碩大的寶石，加上生產成本高，故鮮少在市面上流通。

正面

側面

顆粒雖小，依舊細心切磨成祖母綠形。從側面看時，可以發現到採用這種切工方式的原因是為了增加厚度，降低減縮率，以便顯現出寶石的紅潤色澤。

寶石品質比較判定

～採購的必備工具～

寶石的市場價值會隨著顏色深淺與透明度而大幅改變。然而受到天候、上午下午、照明、自身身體狀況等因素影響，想要客觀判斷顏色，實屬不易。為此，採購者通常會隨身攜帶比色石（master stone）以作為正確判斷寶石品質與價值的基準。筆者到國外採購時若是隨身攜帶寶石，通關手續會變得非常繁瑣複雜，加上海關不會承認這是私人物品，所以我都會把比色石做成領帶釘四處帶著走，工作需要時，直接拆下就可以了。

筆者私人的祖母綠與海藍寶比色石。當中的祖母綠是 1967 年採購的，截至目前為止，已經在太平洋上來回 61 次了。

礦物種：綠柱石

Beryl

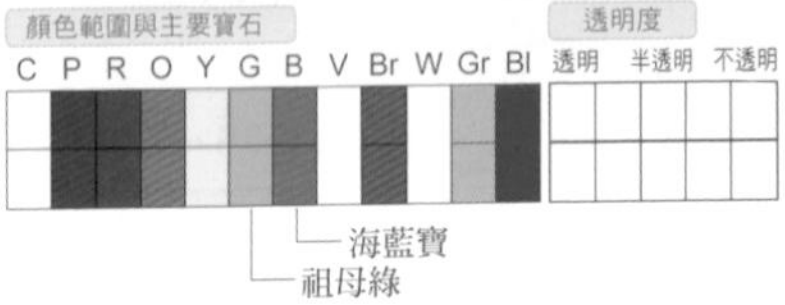

化學成分	$Be_3Al_2Si_6O_{18}$		
晶　系	六方晶系	晶　形	柱狀
折射率	1.577～1.583	密　度	2.72
光　澤	玻璃	解　理	不明顯
摩氏硬度	7½—8	耐久性	5 4 3 2 1
顏色效應	貓眼效應		

綠柱石的主要產出國

綠柱石的產出國因寶石種類而異。祖母綠有哥倫比亞、巴西、辛巴威與尚比亞等國，當中以哥倫比亞的歷史最為悠久，同時也是品質產量兩者兼具的重要產地。海藍寶在巴西、奈及利亞、莫三比克與馬達加斯加亦可開採。不僅如此，馬達加斯加還可以挖掘到金綠柱石與摩根石。

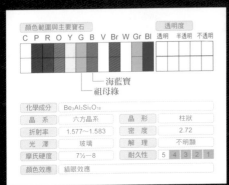

以祖母綠為代表礦物
注重透明度的寶石

以祖母綠與海藍寶為代表的綠柱石自古以來便作為寶石來使用。1925 年左右，人們發現了綠柱石的主要元素鈹的多種用途，並且將其視為資源礦物，深入探查。綠柱石之名，源自希臘語的「Beryllos」，意指多數綠色石頭。

讓鈹呈現綠色的元素是微量的鉻與釩，至於海藍寶的水藍色，則是來自微量的鐵。而絕大多數的綠柱石往往是長石或雲母採掘時隨同出現的副產品。雖然到目前為止尚未找到規模較大的綠柱石礦床，不過海藍寶的結晶通常會比祖母綠還要碩大。

美國紅色綠柱石原石

無色透明的綠柱石，透綠柱石（Goshenite）。其英文是以當初發現這種礦石的美國麻薩諸塞州戈森（Goshen）這個地方為名。

黃綠柱石的晶體

哥倫比亞的祖母綠原石。可以確認出周圍的礦石是黃鐵礦（→ P.155）。

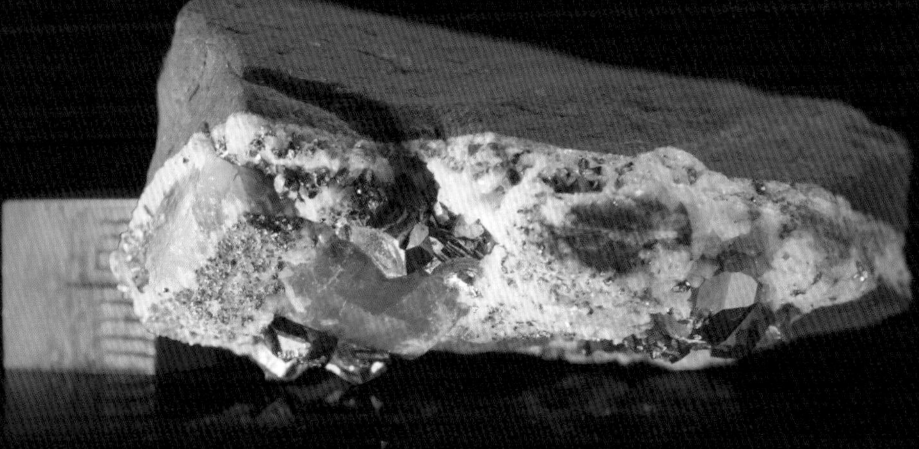

金綠柱石的結晶

環抱在母岩之下的海藍寶結晶

巴西的綠色綠柱石（Green Beryl）結晶。
只要一加熱，就會變成水藍色（海藍寶）。

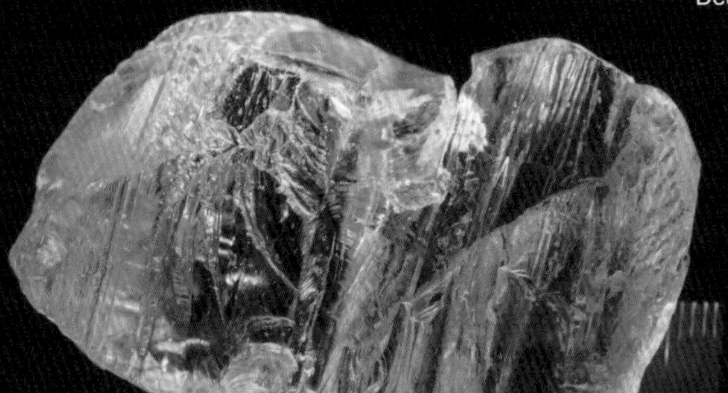

巴西的摩根石原石。
高約 16cm 的六方柱結晶
Deutsches Edelsteinmuseum 收藏

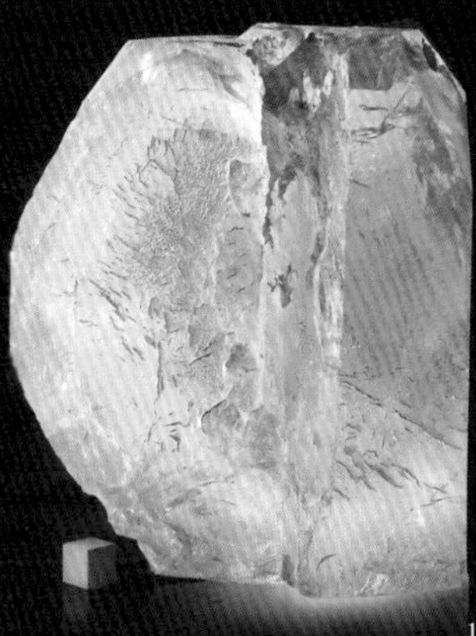

綠碧璽 無處理

Green Tourmaline, Untreated

產地　巴西
礦物種　碧璽→ P.114

品質與市場價值參考標準（3 克拉）		
GQ	JQ	AQ
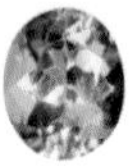		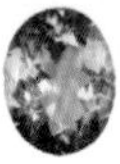
20萬日圓	7萬日圓	2萬日圓

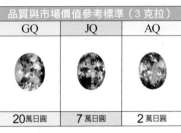

到 18 世紀為止，一直與祖母綠混為一談的綠色寶石

綠碧璽的色調範圍非常廣泛，從黃綠色到偏青的綠色都有。雖然罕見，不過偶爾也會產出顏色和下方照片一樣，翠綠如祖母綠的寶石，而且據說在 18 世紀以前，人們一直將綠碧璽與祖母綠混為一談，故在挑選時，要儘量避免色調過深的綠。

右邊這只戒指是巴西的寶石雕刻家布雷・馬克思（Burle Marx）1970 年左右用黃綠色的綠碧璽完成的作品，是我到巴西採購寶石時以私人名義購買的。今年我根據上頭的刻印上網查詢，才發現至今依舊有人在收藏這位作家的作品，不禁再次感受到在首飾配件上刻印作者與品牌名的重要性。

綠碧璽戒指
（個人收藏㊅）

正面

側面

品質出色的綠碧璽 1.81ct

戒指內側刻印的是作者名

有刮痕或缺角的寶石

右邊這只戒指是採用花式切磨的綠碧璽。筆者在 1970 年代曾經佩戴在身，甚為滿意。但整只戒指幾乎污損，故用海綿切磨輪（buff）重新切磨金屬部分，寶石表面的裂縫不再特別處理。將寶石從戒台上卸下切磨，只要耗損幾個百分比的減縮率就能夠將裂縫磨平，但是維持原狀直接佩戴應該會比較好，畢竟這種程度的刮痕與缺角並不會嚴重損害寶石的美。

經常佩戴的戒指

太常佩戴，使得寶石周圍耗損，表面出現刮痕。

切磨之後

金屬部分亮麗如昔，寶石本身的刮痕則是保留下來。

品質與市場價值參考標準（3 克拉）		
GQ	JQ	AQ
	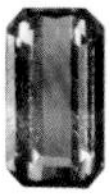	
20萬日圓	10萬日圓	3萬日圓

雙色碧璽 無處理
Bi-Colored Tourmaline, Untreated

產地　巴西
礦物種　碧璽→ P.114

個個都是獨一無二 渾然天成的特別寶石

雙色碧璽是一種神奇的寶石，每一個結晶至少有兩種顏色，例如粉紅色與綠色，或者是粉紅色與藍色。這種寶石通常會切磨成階梯形，如此方能欣賞到這美麗的色彩組合。既然顏色組合與形狀千差萬別，是好是壞當然全憑個人喜好，不過粉紅色配淺綠色，以及粉紅色配藍色等色彩均衡的雙色碧璽通常都是由市場來決定價值的。

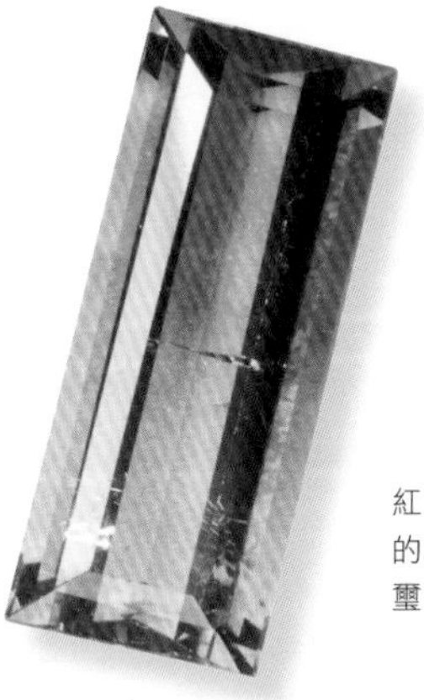

紅色與淺粉紅色的階梯形雙色碧璽，2.51ct。

西瓜碧璽 無處理
Watermelon Tourmaline, Untreated

產地　巴西
礦物種　碧璽→ P.114

色調宛如西瓜圓切片

西瓜碧璽是一種色彩宛如切成平片的西瓜，呈環狀，有的是兩種顏色，有的是三種顏色。這種寶石在自然界形成結晶之際，鐵、錳、鈦與鉻等可顯現許多色彩的致色元素因為時間差關係，才會呈現如此差異。

有的西瓜碧璽在紅色部分外圍還會出現一條淡淡的線條。下面是利用西瓜碧璽的色彩，將其雕刻成蝴蝶造型。

貓眼碧璽 無處理
Tourmaline Cat's eye, Untreated

產地　巴西
礦物種　碧璽→ P.114

顏色交界處時而散發光芒

根據內含物的狀態有望呈現貓眼效應的碧璽有時會切磨成凸圓面。例如下方的貓眼碧璽不僅色彩深厚，就連「眼睛」的顯現方式也非常一清二楚，而右邊這顆貓眼碧璽甚至還可以透過肉眼看出針狀的內含物。

正面

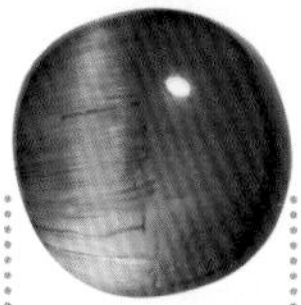

雙色貓眼碧璽 1.99ct

側面

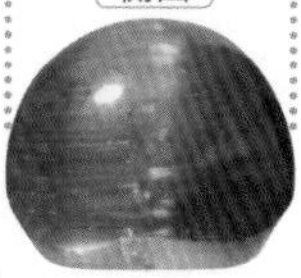

綠貓眼碧璽 4.79ct

帕拉伊巴碧璽 無處理 加熱

Paraiba Tourmaline, Untreated / Heated

品質與市場價值參考標準（1 克拉）		
GQ	JQ	AQ

150萬日圓	40萬日圓	4 萬日圓

產地　巴西、莫三比克、奈及利亞

礦物種　碧璽→ P.114

宛如霓虹的水藍光芒獨樹一格 亮麗璀璨，讓人愛不釋手

帕拉伊巴碧璽產出於巴西東北部帕拉伊巴州的聖・何塞・巴塔拉（Sao Jose de Batalha）村，故名。1989 年這一年雖然曾經正式開採，無奈之後幾乎沒有產出。此處礦床深度約 60m，據說是一個縱橫交錯數公里、宛如迷宮的隧道。之後同樣位在巴西的北里約格朗德（Rio Grande do Norte。或稱北大河州）、非洲的莫三比克以及奈及利亞亦有產出。現在的「帕拉伊巴碧璽」所指的是含有一定份量的銅在內的碧璽。其所擁有的價值雖然比不上紅寶石、藍寶石與祖母綠這些傳統寶石，但是受歡迎的程度可是不容小覷。

5 顆圓形寶石連成一串的巴西帕拉伊巴碧璽戒指（個人收藏⑰）

巴西帕拉伊巴碧璽的原石，總重量為 512g。

最為風靡的霓虹藍

帕拉伊巴碧璽呈現了碧璽前所未見的藍與綠，色澤十分鮮明獨特。致色原因，來自含量豐富的銅。這款寶石明亮度適中，產出的色相範圍十分廣泛，囊括了綠色到藍色，而最熱門的是霓虹藍。下圖當中，由左數來第二顆與第三顆寶石的價值若和其他寶石比較，有時甚至會相差 10 倍呢。

帕拉伊巴碧璽的色相　從藍色到偏黃的綠色都有，範圍非常廣泛。

藍　霓虹藍　土耳其藍　綠藍　青綠　黃綠

金絲雀黃碧璽 加熱
蔚藍碧璽 無處理
紅寶碧璽 無處理 放射線照射

Canary Tourmaline, Heated
Indicolite, Untreated
Rubellite, Untreated ／ Irradiated

產地 尚比亞、巴西等地
礦物種 碧璽 → P.114

色相繽紛的碧璽

不管是紅、橙、黃、綠、青、藍、紫，各種顏色，碧璽均有產出。當中的黃碧璽在 1983 年發現之前，甚至幾乎沒有產出。含有微量鎂（Mg）這種成分的金絲雀黃碧璽現以尚比亞東部為開採地。至於蔚藍碧璽則是以深藍色為特徵，而且非常稀少珍貴。

阿富汗紅色系列的碧璽當中，紅寶碧璽與粉紅碧璽可以透過放射線照射來改變顏色。

碧璽的色相

紅、橙、黃、綠、青、藍、紫，各種顏色均有產出。

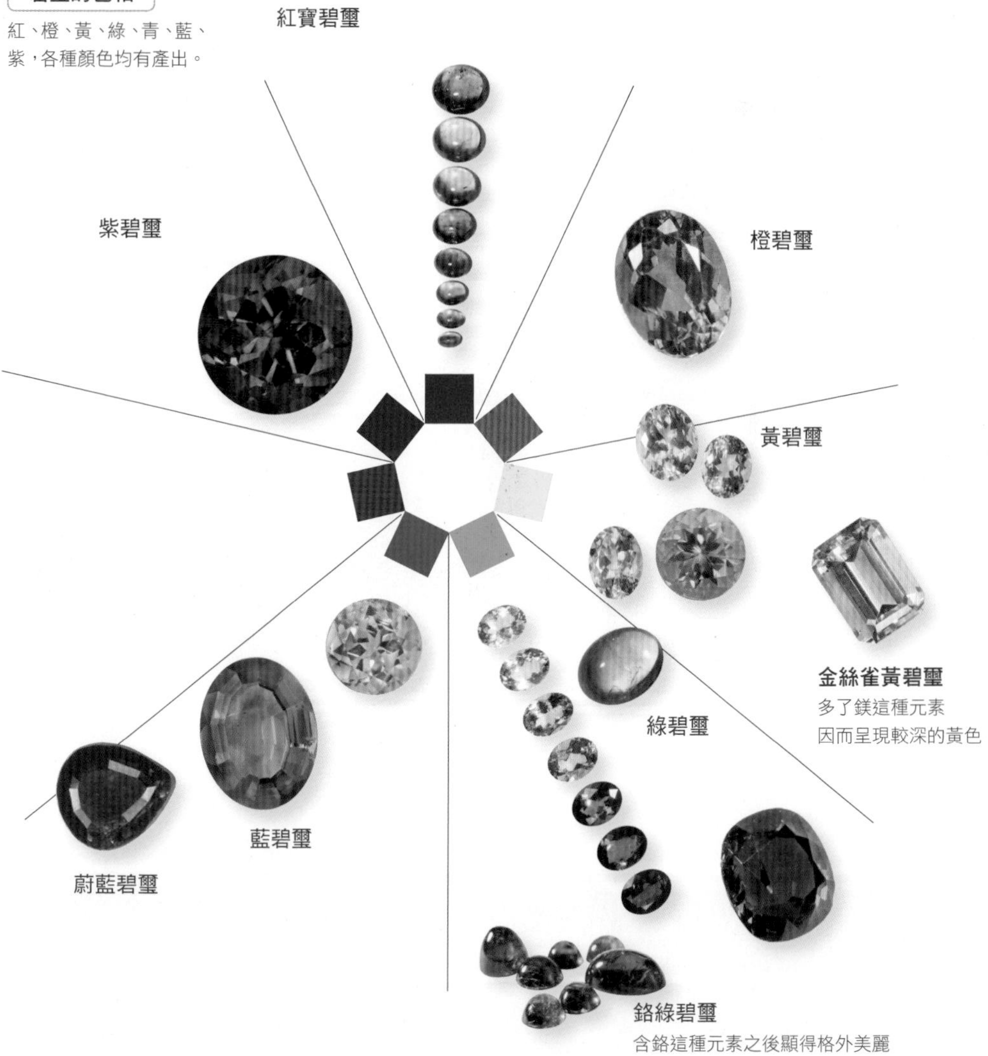

礦物種：碧璽【電氣石】

Tourmaline

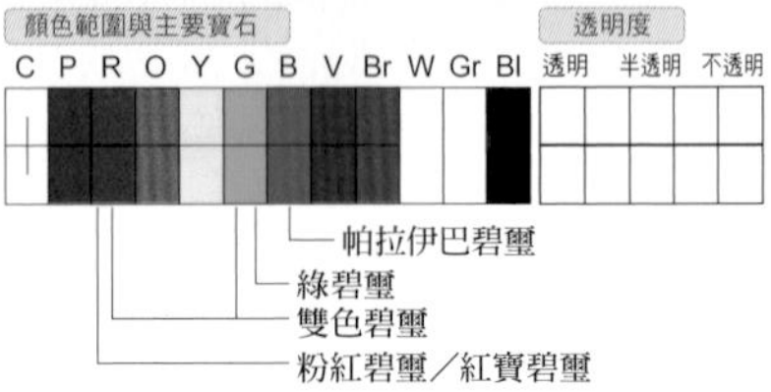

化學成分	$Na(Mg,Fe,Li,Mn,Al)_3Al_6(BO_3)_3Si_6O_{18}(OH,F)_4$		
晶 系	六方晶系／三方晶系	晶 形	柱狀、針狀
折射率	1.624～1.644	密 度	3.06
光 澤	玻璃	解 理	無
摩氏硬度	7—7½	耐久性	5 4 3 2 1
顏色效應	貓眼效應		

微量成分不同
顏色豐富多樣的礦物

碧璽是化學組成範圍廣泛複雜，而且至少有十種礦物結晶構造相同的礦物家族。其原名 Tourmaline，來自斯里蘭卡僧伽羅族語的「Turmali」，意指寶石原石砂礫。這種礦物會產生靜電，吸取塵埃，故又稱為電氣石。碧璽當中能夠切磨成寶石的大部分都是鋰電氣石（Elbaite）。碧璽的結晶以柱狀居多，因內含元素的微妙差異，進而產出繽紛多樣的色彩。有的甚至是可以同時欣賞到兩種或三種顏色的多色碧璽與西瓜碧璽。

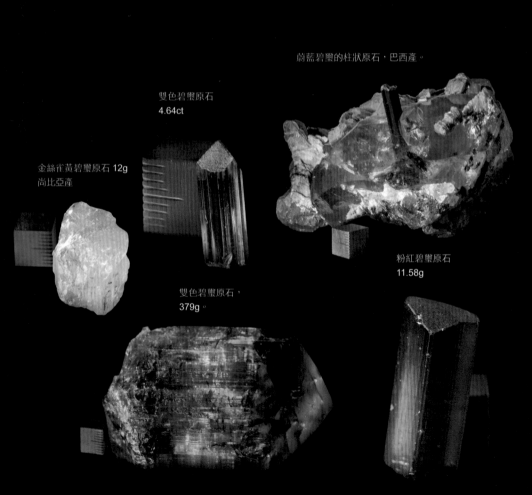

蔚藍碧璽的柱狀原石，巴西產。

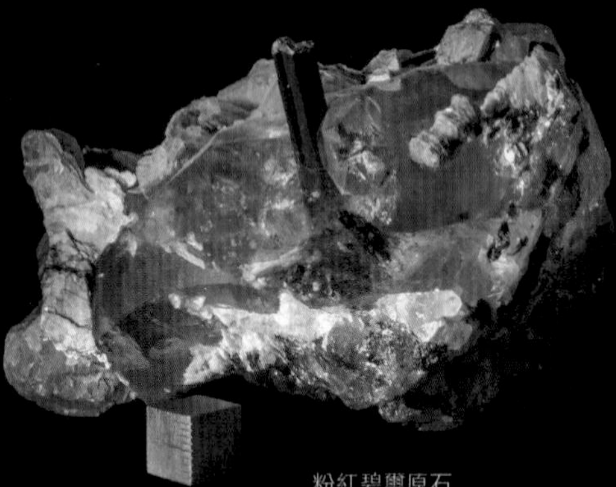

雙色碧璽原石
4.64ct

金絲雀黃碧璽原石 12g
尚比亞產

粉紅碧璽原石
11.58g

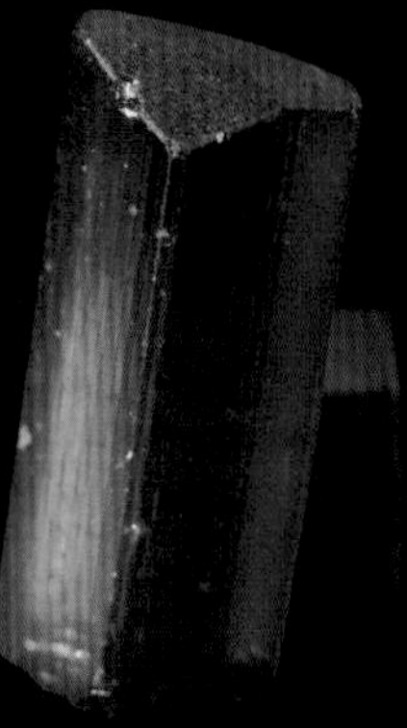

雙色碧璽原石，
379g。

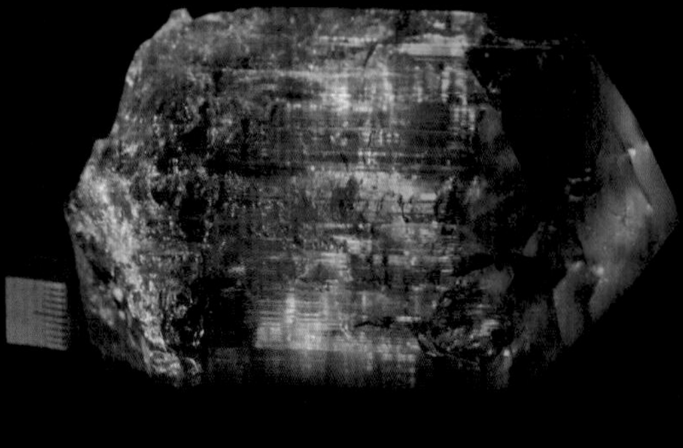

環抱在石英結晶之下的
綠碧璽原石，巴西產。

石榴石家族

The Garnet Group

化學結構相近的
礦物家族名

石榴石是化學結構相近的立方晶系礦物家族名。其英文 garnet 的字源來自意指石榴的拉丁語，日本稱為「ザクロ石」，同樣意指石榴石。

石榴石可依據化學結構的特徵，分為包含鎂鋁榴石與鐵鋁榴石在內的鋁榴石（Aluminum Garnet）系列，以及包含鈣鋁榴石與鈣鐵榴石在內的鈣榴石（Calcium Garnet）系列。

另外，還有不少混合了至少兩種石榴石家族礦物的玫瑰榴石（介於鎂鋁榴石與鐵鋁榴石之間）、馬拉亞石榴石（Malaya Garnet。介於鎂鋁榴石與錳鋁榴石之間）與馬里石榴石（Mali Garnet。介於鈣鋁榴石與鈣鐵榴石之間）等固溶體，讓這個礦物家族更加豐富。

紅色系列的石榴石歷史長達數千年，埃及甚至早在西元前 3100 年前就已經普遍利用石榴石做成串珠或者是以象眼為圖案的首飾配件。石榴石除了藍色與紫羅蘭色，橘色、黃色與綠色等顏色亦有產出。除了切磨，石榴石通常不會再施以其他優化處理，算是一種優美自然的傳統寶石。

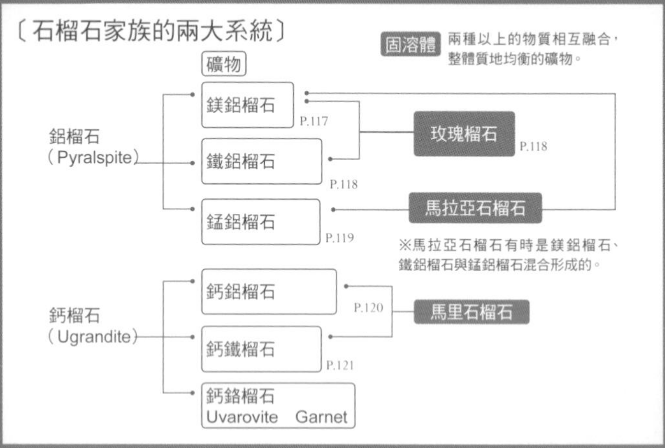

①鎂鋁榴石的原石②玫瑰榴石③鐵鋁榴石與錳鋁榴石的固溶體石榴石④鈣鐵榴石⑤沙弗萊⑥鈣鋁榴石⑦錳鋁榴石⑧鐵鋁榴石⑨鎂鋁榴石⑩錳鋁榴石的原石

鎂鋁榴石 無處理

Pyrope Garnet, Untreated

產地　澳洲、捷克、南非、美國
礦物種　鎂鋁榴石

貌似石榴果實的結晶 以深紅色澤為特徵

鎂鋁榴石的英文 Pyrope 來自希臘語的「Pyropos」，意指「火紅」。致色因素為鉻與鐵，以深紅色為特徵。在形成鑽石的母岩，也就是金伯利岩當中亦有產出。而在受風化作用影響脫離母岩，並於河床中磨撞形成圓礫（圓形的砂礫）時亦可開採。

顆粒小巧，適合做成胸針

鎂鋁榴石顏色大多偏黑，切磨時桌面要大一些，冠部要薄一些，以免寶石色澤過於黯淡。

此外，鎂鋁榴石的顆粒通常都比較小，鮮少超過 2ct。為此，從以前人們就習慣將這些顆粒小的鎂鋁榴石聚集在一起，鑲嵌成戒指與胸針。

不僅如此，19 世紀盛行於歐洲資產階級之間的首飾配件也用上了小顆粒的鎂鋁榴石，而且還展現出宛如熊熊火焰的豔紅色彩。

16 世紀到 19 世紀末這段期間，因鎂鋁榴石是以捷克的波希米亞為主要產地，故又稱為波希米亞石榴石（Bohemian Garnet）。

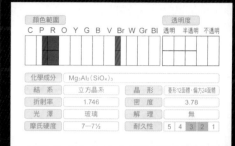

礦物種：鎂鋁榴石【紅榴石】

Pyrope Garnet

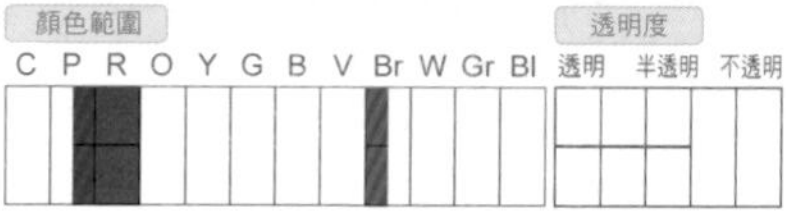

化學成分	$Mg_3Al_2(SiO_4)_3$		
結　系	立方晶系	晶　形	菱形12面體、偏方24面體
折射率	1.746	密　度	3.78
光　澤	玻璃	解　理	無
摩氏硬度	7–7½	耐久性	5 4 3 2 1

菱形十二面體顯而易見的鎂鋁榴石原石。此外還有與偏方二十四面體以及相關的組合體，明顯地展現出立方晶系這個晶體。

鎂鋁榴石串珠項鍊

鎂鋁榴石胸針
（個人收藏）

顆粒較小的鎂鋁榴石。16～19 世紀這段期間以捷克波希米亞地方為主要產地。

鐵鋁榴石 無處理

Almandite Garnet, Untreated

產地 莫三比克、馬達加斯加、斯里蘭卡、緬甸、印度、巴西、澳洲

礦物種 鐵鋁榴石

代表石榴石家族的寶石

鐵鋁榴石英文為 Almandine，其名源於自古便開始切磨這種礦物的土耳其都市艾拉班達（Alabanda。現為艾拉費薩〔Araphisar〕）。與鎂鋁榴石相比，呈現的紅色稍帶粉紅色調。有時亦是鑽石的內含物。

馬拉亞石榴石
5.01ct

凸圓面形鐵鋁榴石

礦物種：鐵鋁榴石【貴榴石】

Almandine Garnet

顏色範圍與主要寶石 透明度

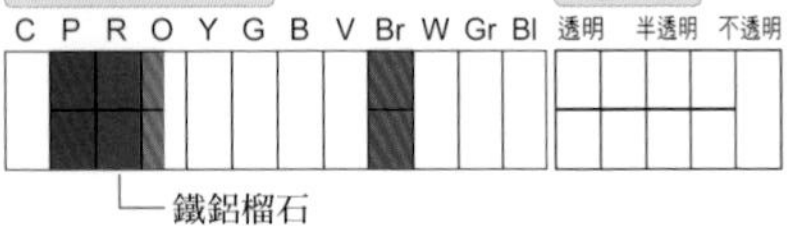

化學成分	$Fe_3Al_2(SiO_4)_3$		
晶系	立方晶系	晶形	菱形12面體、偏方24面體
折射率	1.790	密度	4.05
光澤	玻璃	解理	無
摩氏硬度	7—7½	耐久性	5 4 3 2 1

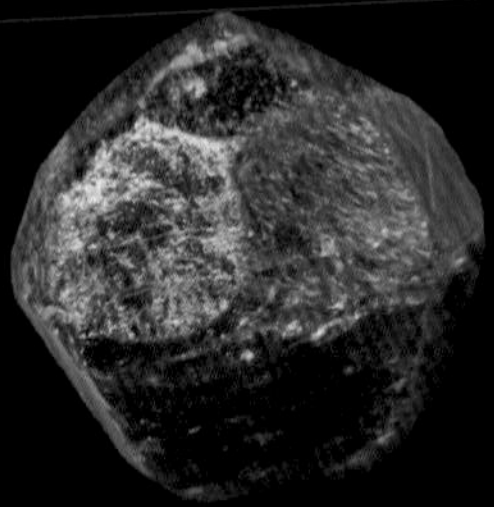

鐵鋁榴石的原石

玫瑰榴石 無處理

Rhodolite Garnet, Untreated

礦物種 鎂鋁榴石／鐵鋁榴石

以紫色調的紅為特徵

玫瑰榴石是鎂鋁榴石與鐵鋁榴石的固溶體，1882 年於美國北卡羅萊納州發現。其英文 Rhodolite 是由希臘語中意指玫瑰的 Rhodo，以及意指石頭的 lite（=Lithos）所構成。而色調偏紫的紅色石榴石，還是人們心中的上品。

品質與市場價值參考標準（3 克拉）

GQ	JQ	AQ

7 萬日圓	3萬日圓	1萬日圓

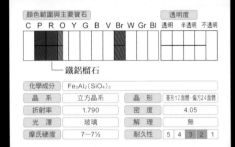

玫瑰榴石墜飾
（個人收藏⑲）

玫瑰榴石戒指
3.80ct
（POLA ⑱）

從砂積礦床開採到的玫瑰榴石原石

錳鋁榴石 無處理

Spessartite Garnet, Untreated

產地 納米比亞、奈及利亞、坦尚尼亞
礦物種 錳鋁榴石

色彩鮮豔，宛如柑橘
暱稱柑橘石榴石

錳鋁榴石的英文 Spessartite 源自產地，也就是德國巴伐利亞（Bavaria）的佩薩（Spessart）。就化學成分來講，比較單純的錳鋁榴石呈淺黃色，但如果摻入其他元素的話，就會變成橘色～深紅色。橙色的錳鋁榴石 1992 年產出於納米比亞的西北部，日後稱為柑橘石榴石（Mandarin Garnet。亦稱曼陀鈴石或馬達加斯加石榴石）。之後奈及利亞亦有產出。

具有變色效應的錳鋁榴石（下）是錳鋁榴石與鎂鋁榴石的固溶體，在日光燈底下會顯現出紫色調，但是在鎢絲燈下卻會變成紅色調。

礦物種：錳鋁榴石【荷蘭石】

Spessartite Garnet

顏色範圍與主要寶石

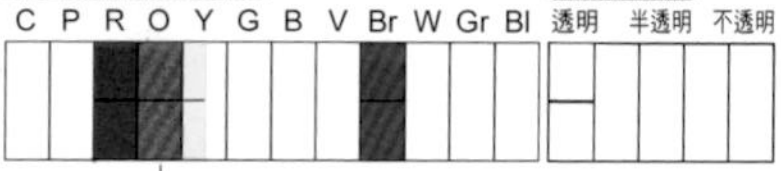

化學成分	$Mn_3Al_2(SiO_4)_3$

晶系	立方晶系	晶形	菱形12面體、偏方24面體
折射率	1.810	密度	4.15
光澤	玻璃	解理	無
摩氏硬度	7—7½	耐久性	5 4 3 2 1

顏色效應	變色效應

錳鋁榴石的原石

產生變色效應的錳鋁榴石

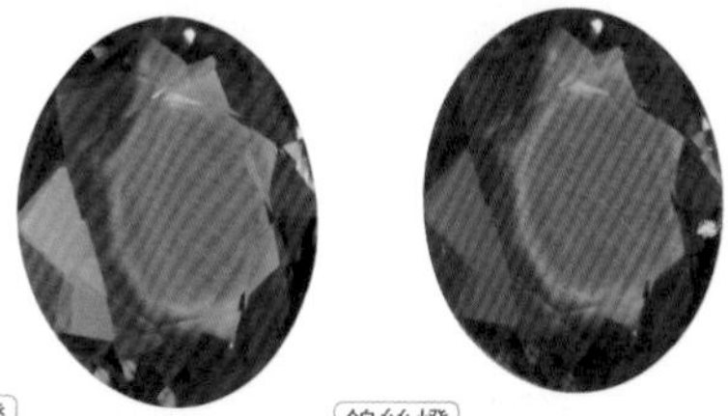

日光燈 鎢絲燈

從原石切磨成首飾配件

原石

5.77ct 的奈及利亞產原石

切磨

正面

側面

圓明亮形切工
2.44ct

首飾配件

呈現亮橘色的柑橘石榴石（個人收藏⑳）

其中一面用鈣鋁榴石展現出橘子瓣的模樣

沙弗萊 無處理

Tsavorite, Untreated

產地 肯亞、坦尚尼亞
礦物種 鈣鋁榴石

品質與市場價值參考標準（3 克拉）		
GQ	JQ	AQ

120萬日圓	80萬日圓	30 萬日圓

透過刻面，柔和亮麗

1968 年在肯亞查佛（Tsavo）公園發現了一顆透明清澈的綠色鈣鋁榴石。美國蒂芬尼（Tiffany）公司將其命名為「沙弗萊」，並且將這顆寶石販售。沙弗萊的折射率幾乎等同於藍寶石，將近 1.74，不僅燦爛閃亮，硬度也夠，寶石資質相當出色。而明亮度居中、透明度高，擁有綠色色彩深淺不一、馬賽克圖案優雅的沙弗萊更是堪稱上品。

梨形沙弗萊
1.86ct

沙弗萊的原石。
綠色的致色因素是釩。

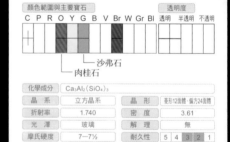

鈣鋁榴石 無處理

Grossularite Garnet, Untreated

產地 肯亞、坦尚尼亞、斯里蘭卡
礦物種 鈣鋁榴石

除了綠色，橘色亦有產出

鈣鋁榴石除了綠色，還有無色、黃色與褐色。其英文名 Grossularite 源自醋栗（gooseberry）的學名，即 grossularia。而紅褐色的肉桂石（Hessonite，鐵鈣鋁榴石）也算是鈣鋁榴石的一種。

肉桂石

接近無色的
鈣鋁榴石

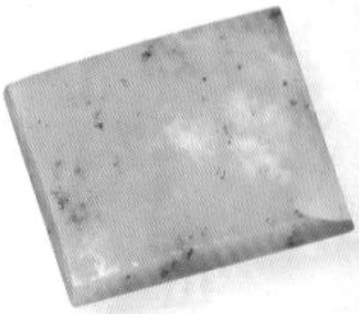

水鈣鋁榴石
（Hydrogrossular。
不透明）

礦物種：鈣鋁榴石

Grossularite Garnet

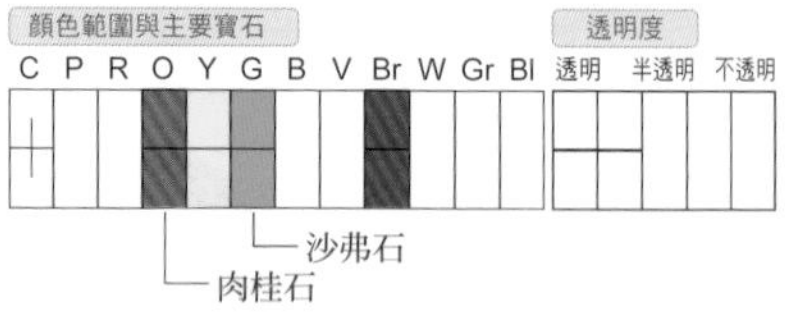

化學成分	$Ca_3Al_2(SiO_4)_3$		
晶　系	立方晶系	晶　形	菱形12面體、偏方24面體
折射率	1.740	密　度	3.61
光　澤	玻璃	解　理	無
摩氏硬度	7—7½	耐久性	5 4 3 2 1

多種顏色的鈣鋁榴石原石，南非產。產出的型態除了塊狀，還有高透明度的單一晶體。

Deutsches
Edelsteinmuseum 收藏

翠榴石 無處理 加熱

Demantoid Garnet, Untreated / Heated

產地 納米比亞、馬達加斯加
礦物種 鈣鐵榴石

品質與市場價值參考標準（1 克拉）		
GQ	JQ	AQ
120萬日圓	60萬日圓	20萬日圓

充滿活力的綠色寶石

1860 年代在俄羅斯烏拉山開採到的是翠榴石。納米比亞與馬達加斯加現在雖有產出，但仍以俄羅斯的品質評價最好，並以強烈的色散與馬尾狀內含物（horsetail inclusions）為特徵。

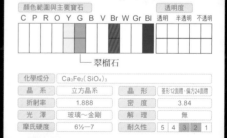

從中央橫切、宛如馬尾的馬尾狀內含物。

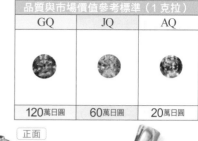

正面

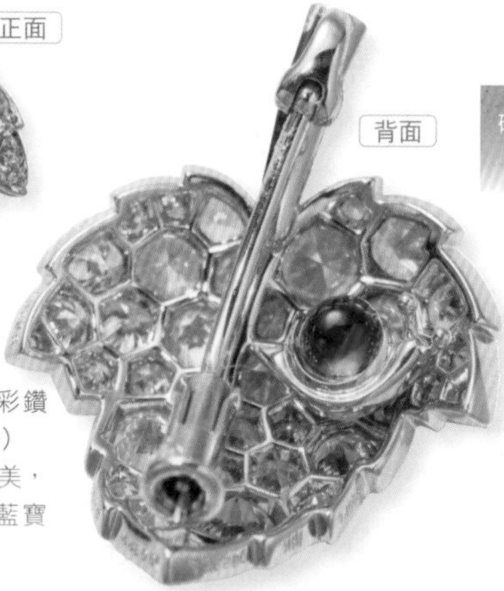

背面

翠榴石搭配黃色彩鑽的胸針（Gimel ⑪）鏤空技法十分完美，並且用凸圓面的藍寶石做成一隻蝸牛。

硬度 7

鈣鐵榴石 無處理

Andradite Garnet, Untreated

產地 俄羅斯、義大利、德國、美國、納米比亞、馬達加斯加
礦物種 鈣鐵榴石

火光閃耀，遠勝鑽石

黃色的鈣鐵榴石類似拓帕石，故名「黃榴石（Topazolite）」，綠色的稱為「翠榴石」，至於黑色的則是稱為「黑榴石（Melanite）」。鈣鐵榴石的色散為 0.057，遠遠超過鑽石（0.054），因而能展現出獨樹一格的色調。

黃綠色的黃榴石（鈣鐵榴石）

馬里石榴石（鈣鐵榴石與鈣鋁榴石的固溶體）

礦物種：鈣鐵榴石

Andradite Garnet

顏色範圍與主要寶石：C P R O Y G B V Br W Gr Bl（G — 翠榴石）

透明度：透明 半透明 不透明

化學成分	$Ca_3Fe_2(SiO_4)_3$		
晶系	立方晶系	晶形	菱形12面體、偏方24面體
折射率	1.888	密度	3.84
光澤	玻璃～金剛	解理	無
摩氏硬度	6½—7	耐久性	5 4 3 2 1

鈣鐵榴石的原石，奧地利提洛爾省（Tirol）產
Deutsches Edelsteinmuseum 收藏

董青石 無處理

Iolite, Untreated

產地 緬甸、斯里蘭卡、印度
礦物種 董青石

品質與市場價值參考標準（3克拉）		
GQ	JQ	AQ

7萬日圓	3萬日圓	2萬日圓

別名水藍寶

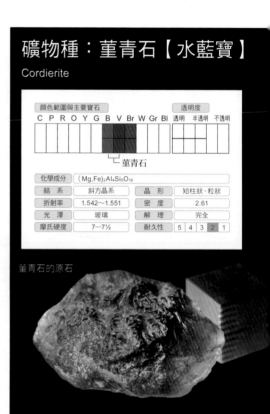

董青石的英文 Iolite 是希臘語中意指藍紫色的 Ios，與意指石頭的 lite（=Lithos）所構成的。其外形亦讓人聯想到藍寶石的蔚藍與清水的透明感，自古又稱為水藍寶。其在礦物世界稱為 Cordierite，是以法國地質學家 Pierre Louis Antoine Cordier 為名。

透明度高，多向色性強

董青石是一種多向色性非常強烈的寶石。從底下照片中的面 1 這個方向可以看到深藍色，但從面 2 看時，卻是帶著淡淡褐色的無色色調。從面 3 來看雖然同樣都是無色，卻顯現出極為淺淡的藍色。

無色的董青石在放射線照射之下可以變成藍色或者是淺綠色。

礦物種：董青石【水藍寶】

Cordierite

顏色範圍與主要寶石：C P R O Y G **B V** Br W Gr Bl — 董青石（B、V）

透明度：透明　半透明　不透明

化學成分	$(Mg,Fe)_2Al_4Si_5O_{18}$		
結　系	斜方晶系	晶　形	短柱狀、粒狀
折射率	1.542～1.551	密　度	2.61
光　澤	玻璃	解　理	完全
摩氏硬度	7—7½	耐久性	5 4 3 **2** 1

董青石的原石

紅柱石 無處理

Andalusite, Untreated

產地 巴西
礦物種 紅柱石

讓人心情平靜的褐色寶石

因產於西班牙安達魯西亞州（Andalucía）而得到 Andalusite 這個名字的紅柱石硬度高達 7-7½，具備了足以佩戴在身的寶石硬度。多向色性這個性質讓紅柱石微微顯示出顏色因為受光而產生變化、乍看之下會以為變成另外一種顏色，彷彿變色效果較差的亞歷山大變色石（→ P.86）。

斯里蘭卡墊形紅柱石

礦物種：紅柱石

Andalusite

顏色範圍

C	P	R	O	Y	G	B	V	Br	W	Gr	Bl

透明度

透明	半透明	不透明

化學成分	Al_2SiO_5		
晶系	斜方晶系	晶形	柱狀
折射率	1.634～1.643	密度	3.17
光澤	玻璃	解理	完全
摩氏硬度	7—7½	耐久性	5 4 3 2 1

紅柱石的結晶
日本彩珠寶石研究所收藏

藍線石 無處理

Dumortierite, Untreated

產地 巴西、法國、印度、加拿大、馬達加斯加、莫三比克、納米比亞、斯里蘭卡、美國
礦物種 藍線石

不透明的藍色寶石照樣可以用來裝飾

這個礦物是法國古生物學家 M. E. Dumortier 發現的，故 1881 年人們便以他的名字為其命名。藍線石以纖維狀或微針狀結晶集合體為產出型態，而且大多含有大量的石英與矽石（silica stone），通常會切磨成凸圓面。雖然罕見，但偶爾還是會產出透明度相當高的結晶，有的甚至可以切磨成明亮形。

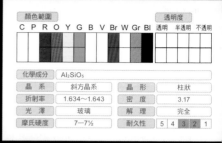

切磨成明亮形的藍線石

礦物種：藍線石

Dumortierite

顏色範圍

C	P	R	O	Y	G	B	V	Br	W	Gr	Bl

透明度

透明	半透明	不透明

化學成分	$(Al,Fe)_7(BO_3)(SiO_4)_3O_3$		
晶系	斜方晶系	晶形	纖維狀集合體
折射率	1.678～1.689	密度	3.30
光澤	玻璃	解理	完全
摩氏硬度	7—8½	耐久性	5 4 3 2 1

藍線石的原石

藍柱石 無處理

Euclase, Untreated

產地 巴西、剛果民主共和國、俄羅斯、辛巴威、坦尚尼亞、薩伊
礦物種 藍柱石

容易碎裂的脆弱寶石

藍柱石的解理性非常強，即使硬度超過7，依舊容易斷裂，所以才會以希臘語中意指良好的「Eu」與裂縫「Klasis」為名。

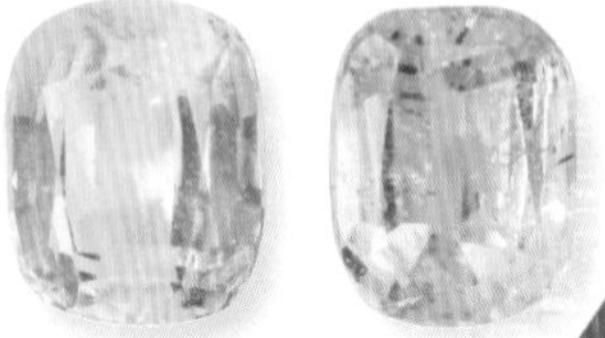
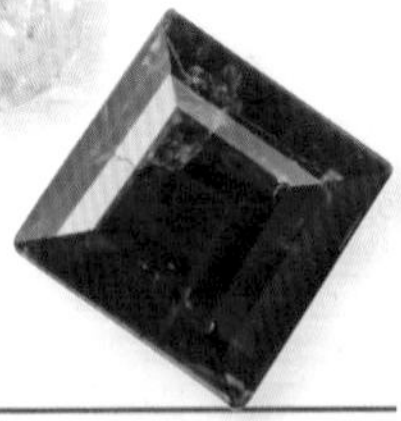

由左依序為無色、淺藍色與深藍色的藍柱石。左邊為無處理，中間與右邊無法確定是否經過放射線照射。

礦物種：藍柱石

Euclase

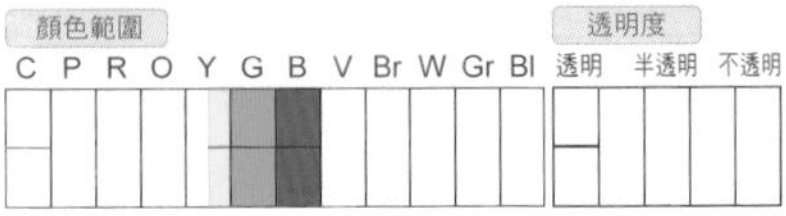

化學成分	$BeAlSiO_4(OH)$		
晶 系	單斜晶系	晶 形	柱狀
折射率	1.652～1.671	密 度	3.08
光 澤	玻璃	解 理	完全
摩氏硬度	7½	耐久性	5 4 3 2 **1**

呈柱狀，而且平行線條非常發達的藍柱石原石。

賽黃晶 無處理

Danburite, Untreated

產地 緬甸、日本、馬達加斯加、墨西哥、俄羅斯
礦物種 賽黃晶

品質若是出色，甚至會比水晶清澈

這種寶石1830年因為是在美國康乃狄克州丹伯里（Danbury）發現，故以此為名。高品質的切石所呈現的透明感遠超過水晶與拓帕石，過去有段時間被視為是鑽石的內含物 。不過賽黃晶毫無解理性，適合當作切面寶石。

由左依序為透明、淺棕色以及色調居中的棕色

礦物種：賽黃晶

Danburite

化學成分	$CaB_2(SiO_4)_2$		
晶 系	斜方晶系	晶 形	柱狀
折射率	1.630～1.636	密 度	3.00
光 澤	玻璃	解 理	無
摩氏硬度	7	耐久性	5 4 **3** 2 1

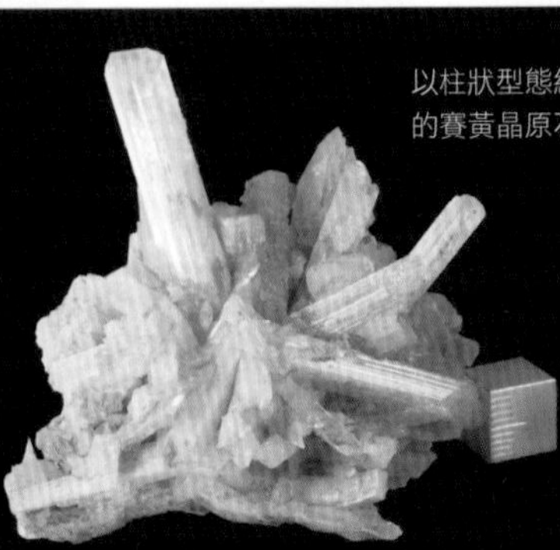

以柱狀型態結晶的賽黃晶原石

紫水晶戒指
～橋本珍藏～

這是橋本貫志寄贈給上野國立西洋美術館的 800 多件戒指珍藏品當中的兩件。

左邊這只戒指的歷史約 4000 年，是一只雕刻成金龜子模樣的凸圓面紫水晶。金龜子別名聖甲蟲，在古代的埃及等國家象徵重生與復活，雕刻的材質形形色色。古埃及人的壽命平均只有 35 歲，因此人們以聖甲蟲為護身符，以渴求「生命永恆」。這只戒指是法老王之墓的埋葬品，約一百年前出土。縱使經過數千年，形狀依舊完美如初，讓人著實感受到寶石散發而出的力量。

《聖甲蟲》
中王國時代，第 12 至 13 王朝，
西元前 1991-1650 年左右
國立西洋美術館 橋本珍藏
photo：上野則宏

Column

喬治 · 亨特作品《紫水晶與對鳥》
1920 年左右 國立西洋美術館 橋本珍藏
photo：上野則宏

左邊這只戒指是 1920 年左右美術工藝運動（Arts & Crafts Movement）盛行之際，出自英國喬治 · 亨特（George E. Hunt）手下、洋溢著一股寧靜安詳、小巧玲瓏的作品。圖案精巧、引人注目的兩隻小鳥（瓷釉）之間鑲嵌著紫水晶與貴橄欖石。從寶石保持良好的狀態，不難看出擁有者對其極為珍惜，才得以流傳至今。

橋本珍藏

古美術鑑賞家橋本貫志（1924 ～）從 1989 年起耗時 14 年的時間網羅蒐集的戒指。將近 800 件的作品時間橫跨 4000 年前的古埃及時代到現代，不僅可以欣賞到從古代到 20 世紀的寶飾文化，還能廣泛探索人類的文化史。

國立西洋美術館
東京都台東區上野公園 7-7
http://www.nmwa.go.jp/

紫水晶 無處理

Amethyst, Untreated

產地　巴西、尚比亞、烏拉圭
礦物種　石英→ P.130

品質與市場價值參考標準（10 克拉）		
GQ	JQ	AQ

15萬日圓	6萬日圓	2萬日圓

自古至今的首飾配件 高貴典雅的紫色寶石

水晶當中，紫色的稱為紫水晶（Amethyst）。其作為寶石的歷史相當悠久，在歐洲甚至可以從 2 萬 5 千年的遺跡當中挖掘到紫水晶首飾配件。紫色在（約 4000 年前的）古埃及人心目中是高貴的顏色。之後從中世紀到現代，不論東西，均傳承了這項傳統。不僅如此，古希臘人還認為紫水晶是「不會喝醉」的護身符。

紫水晶的品質重點，在於顏色深淺、透明度高低，以及用肉眼是否能看出斑點或裂縫。

部分紫水晶會經過放射線照射處理。

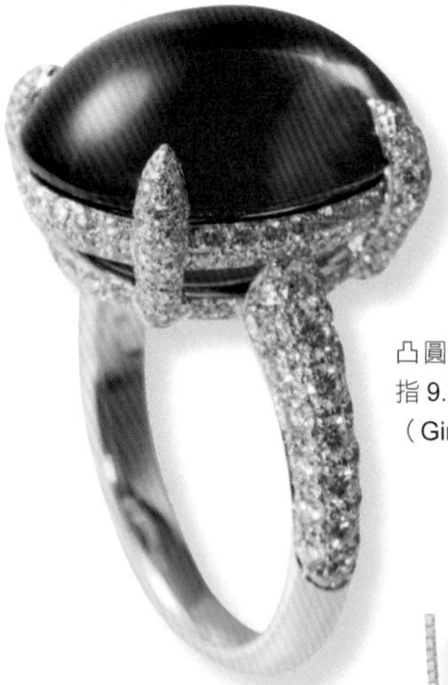

凸圓面的紫水晶戒指 9.70ct（Gimel ⑫）

從原石切磨成首飾配件

原石

巴西紫水晶原石，50.14ct。透明度高，色調宛如紅葡萄。

切磨

最後切磨成 17.21ct 的祖母綠形。略厚的亭部讓寶石看起來更加深邃。

首飾配件

紫水晶上方裝飾著當作樹葉點綴的馬眼形鑽石墜飾（SUWA ⑬）

合成紫水晶

為了工業使用而開發的合成水晶可用來製作合成紫水晶。雖然無法憑肉眼判斷，但可透過機器斷定真偽。

左為合成紫水晶的素材，右為切割的合成石。

紫黃晶（Ametrine）

紫水晶與黃水晶合而為一的結晶體稱為紫黃晶。以南美的玻利維亞為主要產地。

黃水晶 加熱

Citrine, Heated

產地 巴西

礦物種 石英→ P.130

品質與市場價值參考標準（10 克拉）		
GQ	JQ	AQ

12萬日圓	4萬日圓	1萬日圓

馬德拉黃水晶墜飾
2.10ct
〔加熱〕（POLA ㉔）

市場上罕見天然黃水晶 幾乎為加熱紫水晶

黃水晶的英文 Citrine 來自法語中意指檸檬的 Citron。天然黃水晶的黃來自於鐵，產量非常有限。

1883 年，人們偶然發現紫水晶加熱後會變成鮮黃色，故直到現在，市面上的黃水晶幾乎都是紫水晶加熱而來的。另外，加熱變成深橘色的黃水晶色澤非常像西班牙的馬德拉葡萄酒（Vinho da Madeira），故名馬德拉黃水晶（Madeira Citrine）。

巴西戈亞斯州（Goiás）的黃水晶 40.14ct。呈現的是色調偏暗的黃〔無處理〕。

黃水晶顏色深淺的參考標準

顏色深淺範圍廣泛的黃水晶

黃水晶顏色是否單純、是否帶有灰色或黑色色調決定了品質的好壞。深淺範圍固然廣泛，但是只要顏色單純，就算色調偏淺，依舊亮麗迷人。

紫水晶加熱

大部分的黃水晶都是紫水晶加熱製成的。例如底下照片中的寶石，就是放入試管的紫水晶用酒精燈加熱 10 分鐘之後變化的模樣。在 450 度左右的溫度之下，顏色會產生這樣的變化，不過這個變化只會出現在某一特定礦床所開採的紫水晶上。另外，顏色一旦產生變化，就不會再回到原有的色彩。順帶一提，尚比亞產的紫水晶就算加熱，顏色也不會產生任何變化的。

加熱前 加熱後

白水晶 無處理

Rock Crystal, Untreated

產地 巴西
礦物種 石英→ P.130

無色透明的石英

白水晶在日本稱為水晶石，其實就是透明清澈的石英。古人以為水晶是過度凍結、無法融化的冰塊，故將其稱為 crystal，並且製成容器，或者是琢磨成球形。

不過中世後期出現了一種透明無色的玻璃，稱為「Crystal Glass」，故原有的透明水晶便改名為「白水晶（Rock Crystal）」，不再單以水晶來稱呼。

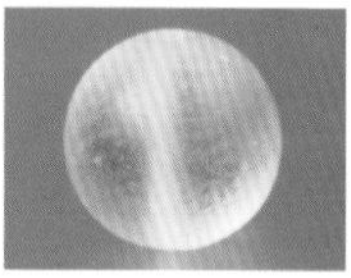

白水晶珠

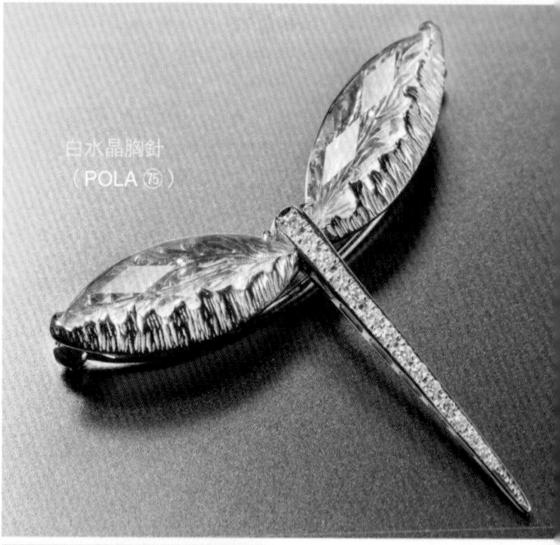

白水晶胸針（POLA ⑮）

「赫基蒙鑽（閃靈鑽）（Herkimer Diamond）」是白水晶的結晶暱稱。照片中的赫基蒙鑽為美國產，價值數百日圓。

石英貓眼石 無處理

Quartz Cat's eye, Untreated

產地 斯里蘭卡等地
礦物種 石英→ P.130

展現貓眼效應的石英

石英貓眼石的「眼睛」是石棉與金紅石等纖維狀內含物平行排列形成的，主要產地為斯里蘭卡。人們將金綠寶石貓眼石稱為「Oriental Cat's eye」，也就是東方貓眼石；相對地，石英貓眼石則是以意指西方貓眼石的「Occidental Cat's eye」來稱呼。

左方為擁有一條星光的貓眼石，下方則是可以看出六條光芒的凸圓面石英。

煙水晶 無處理 放射線照射
鈦晶 無處理

Smoky Quartz, Untreated / Irradiated
Rutilated Quartz, Untreated

產地 巴西
礦物種 石英→ P.130

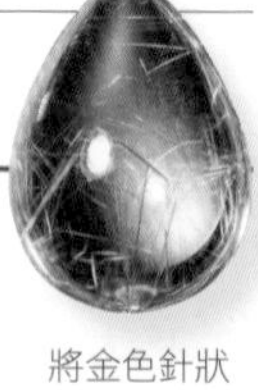

將金色針狀結晶包裹在內的鈦晶

即日本的煙水晶與針水晶

顏色為淺褐色至黑色的石英稱為煙水晶，而以針狀的金紅石結晶為內含物的稱為鈦晶（髮晶）。而鈦晶最重要的，在於內部包裹的金紅石是否均勻。

經過放射線照射的煙水晶

煙水晶通常都會經過放射線照射。

粉晶 無處理

Rose Quartz, Untreated

產地　巴西、馬達加斯加、納米比亞、美國
礦物種　石英→ P.130

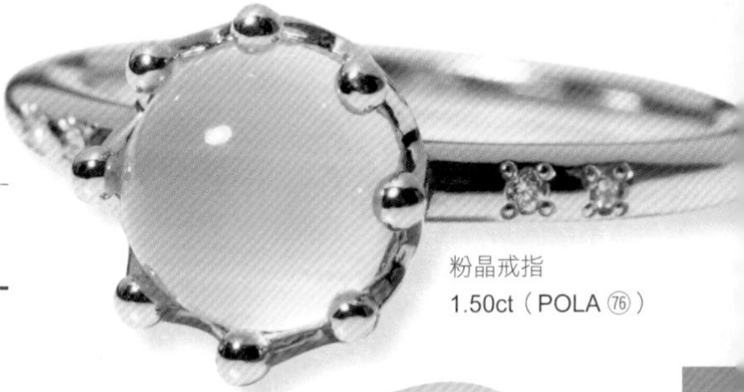

粉晶戒指
1.50ct（POLA ⑯）

聯想到玫瑰、適合切磨成凸圓面或雕刻的粉紅色石英

擁有淡淡粉紅色彩的石英，別名薔薇石英。以金紅石細微的針狀結晶體為內含物，故顏色顯現白濁。至於粉紅色的致色元素，則是來自微量的鈦。

粉晶的產出型態幾乎都是塊狀，長久以來常作為雕刻素材，亦會琢磨成串珠，做成項鍊，是值得拭目以待的首飾素材。

凸圓面的粉晶

色調優雅的粉晶串珠項鍊

虎眼石 無處理

Tiger's-eye, Untreated

產地　南非
礦物種　石英→ P.130

圖案與虎斑雷同的石英

別名虎睛石。這種寶石的圖案是青石棉（Crocidolite）當中所含的鐵因為分解而產生氧化作用，轉換成二氧化矽之後，形成宛如虎斑圖紋而來的。主要產地為南非，但是僅能出口切石，原石禁止運送至國外。

切磨成凸圓面的虎眼石

讓人聯想到老虎、滾光打磨（Tumble Cut）的虎眼石。

灑金石 無處理

Aventurine Quartz, Untreated

產地　巴西、印度、澳洲、俄羅斯、坦尚尼亞
礦物種　石英→ P.130

光芒閃爍，宛如撒上金粉

灑金石的英文 Aventurine 源自 1700 年左右的義大利，因其外型類似展現微微灑金亮彩的金星玻璃（aventurine glass），故名。這種寶石褐色、紅褐色、黃色、綠色與青綠色均有產出。不僅如此，灑金石還會跟隨著細微結晶朝某一處排列的方向釋放光芒。

灑金石通常會做成串珠或裝飾品

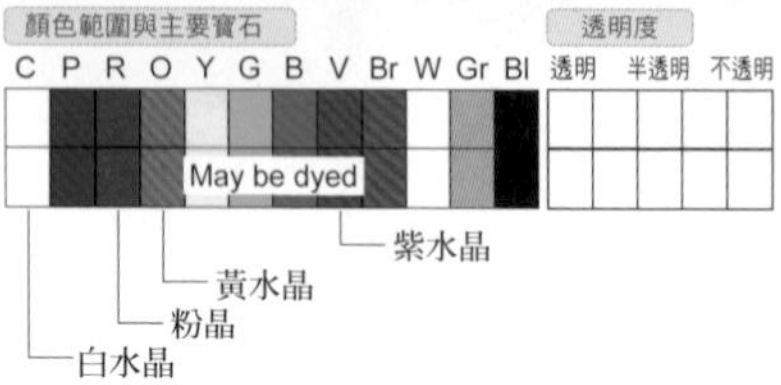

化學成分	SiO_2		
晶　系	六方晶系／三方晶系	晶　形	柱狀
折射率	1.544～1.553	密　度	2.66
光　澤	玻璃	解　理	無
摩氏硬度	7	耐久性	5 4 3 2 1
顏色效應	星光效應、灑金效應、貓眼效應、暈彩		

地殼構成要素、最熱門的礦物 世界各地均有產出

石英的英文Quartz來自斯拉夫語的Tware，意指「堅硬」。其化學結構為二氧化矽，除了從在河底與砂礫混合的狀態之下採取小石英結晶之外，岩石空洞中亦可開採挖掘。

石英的透明度有高有低，範圍十分廣泛透明的石英稱為水晶，並且在寶石名前冠上色，例如紫水晶、黃水晶、紅水晶。除了當寶石，石英還可以用來製作時間的鐘擺、醫用雷射、清潔劑與陶瓷器。

形形色色的結晶體

水晶產出的結晶體形狀包羅萬象，因此明度高、形狀出色的自形晶體與雙晶就成了門的珍藏品項。另外，石英的主要產地巴西至還曾經發現了一個可以容納整個人的大型洞，簡直就是寶石打造的隧道。

可以琢磨成寶石的礦物與有機物

用來琢磨成寶石的礦物與有機物可以分為有結晶體與無結晶體（非晶質礦物）這兩種。而有結晶體的礦物又可分為肉眼可見的結晶質礦物以及肉眼不可見的塊狀結晶礦物。

另外，礦物聚集的岩石以及生物形成的有機物長久以來亦作為寶石來佩戴。

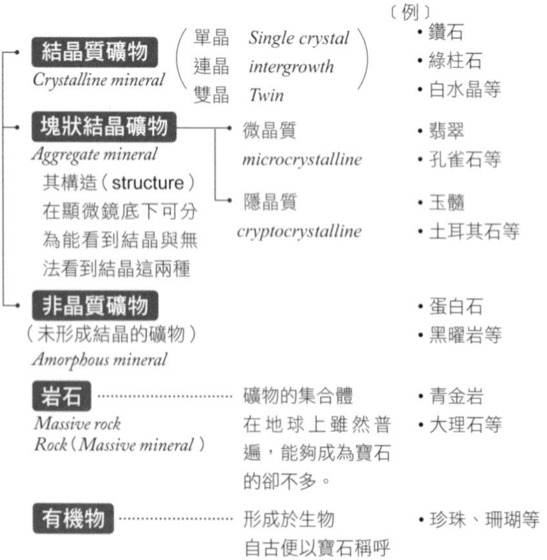

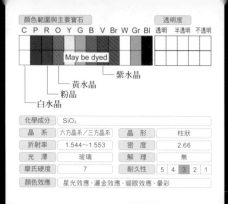

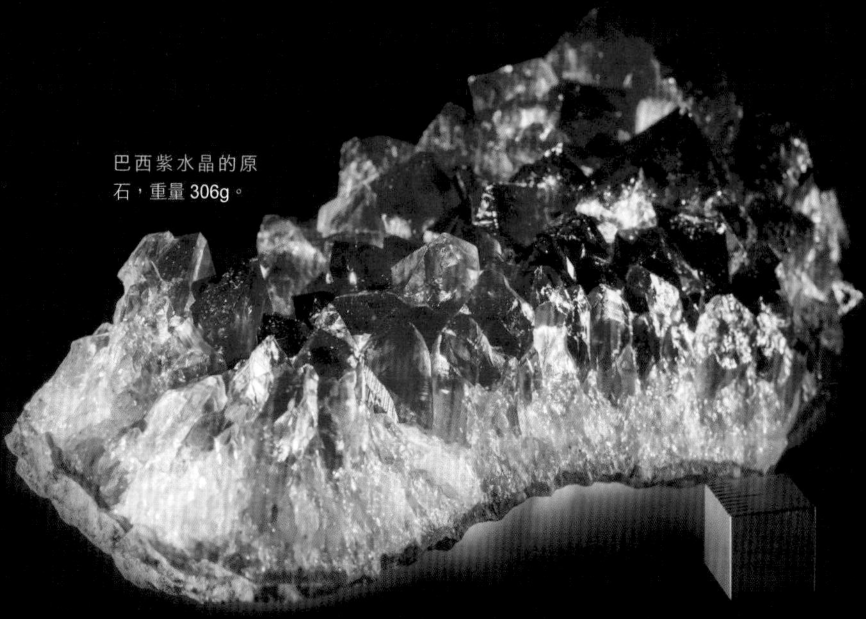

巴西紫水晶的原石，重量 306g。

石英貓眼石的原石

煙水晶的原石

巴西水晶的岩石，總重量為 72.92g。

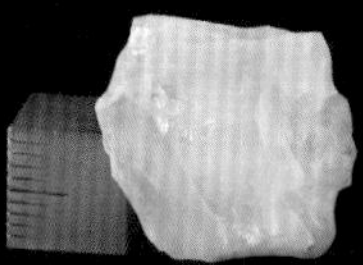

粉晶（薔薇石英）的結晶

虎眼石的原石

巴西黃水晶的原石，19.50g。

煙水晶的原石

藍玉髓 無處理

Blue Chalcedony, Untreated

產地　納米比亞、土耳其
礦物種　玉髓→ P.136

玉髓的原點 來自帶藍的白灰色

狹義的玉髓，指的是藍白灰色的品種。右下方這顆滾光打磨的藍玉髓產出於納米比亞，透明度高，十分美麗。以彩石切磨地而聞名的德國伊達 ‧ 奧伯施泰因（Idar-Oberstein）便曾經提到，藍玉髓的原石僅剩數公斤，庫存用完之後就會枯竭。土耳其雖可開採到美麗的藍玉髓，但是有些經過數個月就會褪色，故不適合製成首飾。

有些藍玉髓會經過染色處理。

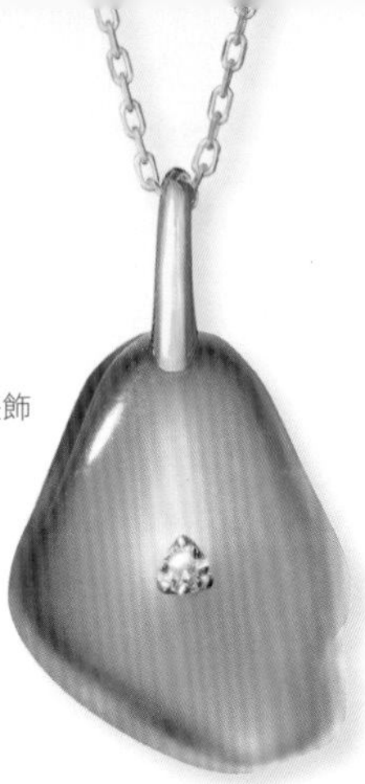

搭配鑽石的藍玉髓墜飾（個人收藏⑰）

正面　側面

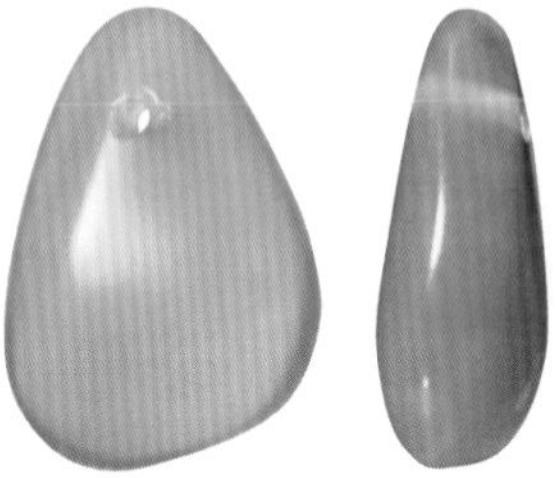

滾光打磨的藍玉髓〔無處理〕。上方鑿了一個可以穿線的洞。

綠玉髓 無處理

Chrysoprase, Untreated

產地　澳洲、俄羅斯、美國
礦物種　玉髓→ P.136

玉髓家族當中 最美、最有價值的寶石

綠玉髓是帶有翠綠色彩的玉髓。所展現的綠，色澤透澈，在玉髓當中堪稱價值最高的寶石。長久以來人們在布置教堂、禮拜堂與城堡時，都將綠玉髓當作奢華的裝飾石來使用。及至今日，人們依舊會將這款寶石切磨成凸圓面、串珠，或者是滾光打磨，之後再鑲嵌在首飾上。綠玉髓的綠起因於鎳，長時間曝晒在陽光底下或者是加熱會導致褪色，故鑲嵌在裝飾配件上時要特別留意。

澳洲綠玉髓串珠項鍊

正面　側面

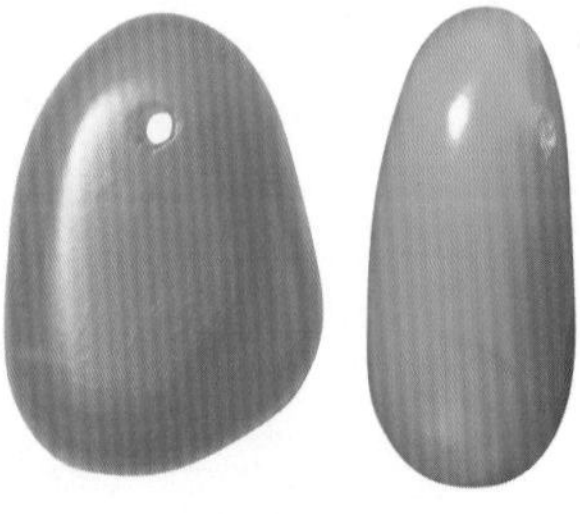

滾光打磨的綠玉髓

紅玉髓 無處理

Carnelian, Untreated

產地 南非
礦物種 玉髓→ P.136

色相偏紅的
橘色玉髓

紅玉髓的特徵，就是橘中帶有半透光的紅。自古以來，人們相信這種寶石具有散熱功能。

其所呈現橘色色調來自於鐵。只要切磨成凸圓面、串珠，或者是滾光打磨，就能做出自然美麗的首飾配件。未經任何優化處理的天然色彩獨樹一幟，品味深邃，而且充滿格調。

有些紅玉髓會經過染色處理。

紅玉髓串珠項鍊
〔無處理〕

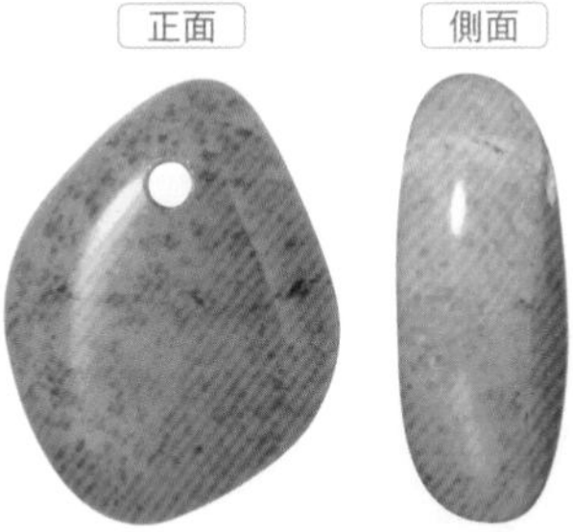

滾光打磨的
紅玉髓
〔無處理〕

硬度
6

山水瑪瑙 無處理

Landscape Agate, Untreated

產地 巴西、印度、美國
礦物種 玉髓→ P.136

顯現於石面的「風景」
是大自然渾然天成的藝術品

山水瑪瑙又稱為風景瑪瑙（Scenic Agate），也就是在透明的玉髓上以棕色與紅色顯現出宛如風景圖案的寶石。這些圖案應該是瑪瑙結晶化時因為融入其他元素所致成的。而呈現樹木或蕨類植物圖案的，則稱為樹枝瑪瑙（Dendritic Agate）。

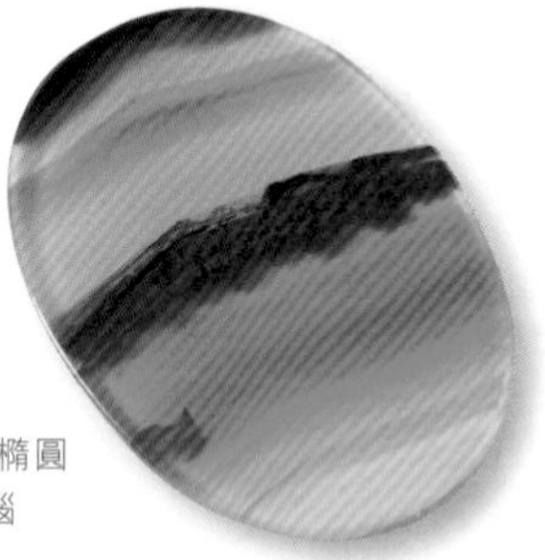

琢磨成扁平橢圓
形的山水瑪瑙

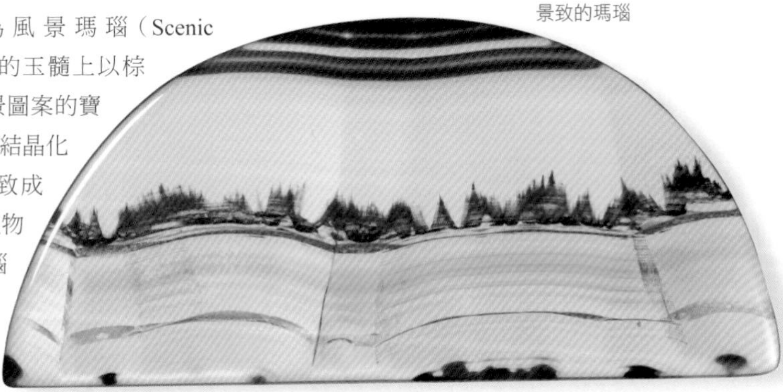

讓人聯想到自然田園
景致的瑪瑙

碧玉 無處理

Jasper, Untreated

產地　美國、埃及、澳洲、巴西
礦物種　玉髓→ P.136

歷史悠久的裝飾配件

碧玉是不透明的褐色玉髓，自舊石器時代便用來製作寶石與裝飾品，例如做成浮雕飾品，或者是切磨成凸圓面，歷史傳統，而且悠久。

上方是以亞歷山大大帝為主題、用機器雕刻的浮雕飾品，左方是切磨成凸圓面的碧玉，充分展現出寶石原有的風格氣質。

紅斑綠玉髓 無處理

Bloodstone, Untreated

產地　巴西、澳洲
礦物種　玉髓→ P.136

深信具有神奇力量的寶石

紅斑綠玉髓又稱為血玉髓（Heliotrope），是一種帶有紅色碧玉斑點的深綠玉髓。外觀圖案正如其名，宛如血滴，中世紀的歐洲人認為這種寶石具有預防鼻血、平息怒氣的效果，同時還是治療出血與炎症等疾病的藥物。

凸圓面的紅斑綠玉髓

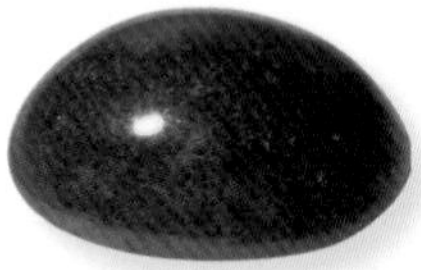

苔蘚瑪瑙 無處理

Moss Agate, Untreated

產地　印度、中國、美國
礦物種　玉髓→ P.136

展現美麗苔蘚圖案的瑪瑙

苔蘚瑪瑙是無色的半透明玉髓，以宛如苔蘚的綠色角閃石為內含物，裁切成薄片狀的話苔蘚圖紋會更清楚。切磨成凸圓面時，除了鑲嵌在戒指、胸針與墜飾上之外，還可以磨成串珠，串成項鍊。品質方面，以印度產的苔蘚瑪瑙為上品。

風格獨特的苔蘚瑪瑙串珠

紅縞瑪瑙 無處理

Carnelian Onyx, Untreated

產地　印度、南非
礦物種　玉髓→ P.136

帶有白色條紋的紅色瑪瑙

縞瑪瑙（Onyx）指的是白色條紋清晰可見的瑪瑙。底色如果是黑色的話單純稱為「縞瑪瑙」，紅色～橘色的話稱為纏絲瑪瑙（Sard Onyx）；透明度如果比纏絲瑪瑙還要高的話，便稱為紅縞瑪瑙。如果和這個浮雕飾品一樣分成兩層來處理，或者是切磨成凸圓面與串珠的話，就能呈現顏色交替的圖案。紅縞瑪瑙通常是不透明的，不過有些半透明的紅縞瑪瑙反而愈顯迷人。

周圍鑲嵌了一圈天然珍珠的紅縞瑪瑙浮雕飾品，1875 年英國製（個人收藏⑱）。

瑪瑙 無處理

Agate, Untreated

產地　巴西
礦物種　玉髓→ P.136

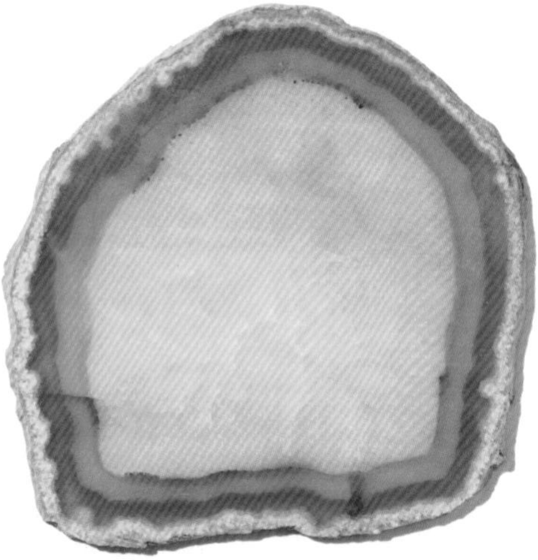

巴西天然瑪瑙切片

自古以來開採於全世界
擁有條紋圖案的玉髓

瑪瑙是條紋圖案十分特別、屬於棕色系列的玉髓。瑪瑙在日本青森縣與石川縣亦可開採。這種寶石是以顆粒較小的半透明結晶體凝聚成塊狀的型態產出，人們通常會保留其原有型態，直接滾光打磨，做成圖案琳瑯滿目、各有千秋的療癒石，或者是染色處理，以作為首飾素材。

瑪瑙染色（人工著色）

玉髓具有多孔性質，容易經由表面染色，自古以來人們將其染成各種不同的顏色。這種寶石素材數量多，加上價格低廉，在市面上流通時往往不會特地區別是否經過優化處理。不過有些用綠玉髓與藍玉髓製成的項鍊由於保留了自然色彩，因而使得價值超過數千美元，於是人們便開始要求明確標示是否經過優化處理。1997 年，自從世界珠寶聯盟（CIBJO）與美國的聯邦貿易委員會（Federal Trade Commission，FTC）規定瑪瑙優化處理的方式必須明確標示之後，這項規則在世界上已經漸漸為人所接受了。

染色黑縞瑪瑙
大致裁切、染色的黑縞瑪瑙（左）與切磨成凸圓面的黑縞瑪瑙。

染色綠瑪瑙
經過人工染色的綠瑪瑙（左）與切磨成凸圓面的綠瑪瑙。

染色紅玉髓
將原石染色、裁切成形的紅玉髓（左）與切磨成凸圓面的紅玉髓。

染色藍瑪瑙
雖然染成藍色，透過光線卻可看出條紋圖案。

顯現出條紋圖案的染色瑪瑙串珠

染色纏絲瑪瑙
染成白色以凸顯出紅褐色條紋圖案的裝飾品（左）與切磨成凸圓面的染色纏絲瑪瑙。

礦物種：玉髓

Chalcedony

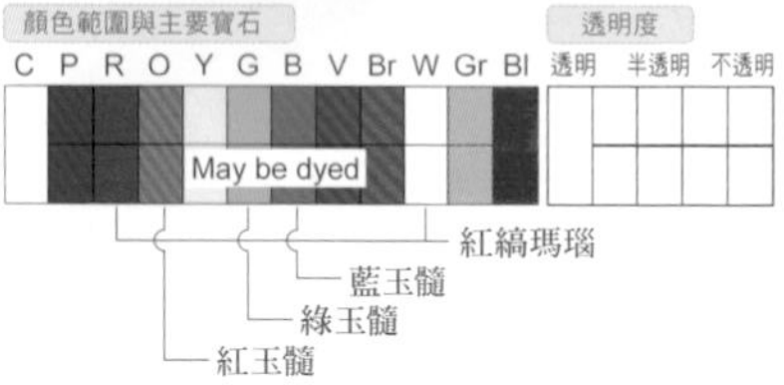

化學成分	SiO_2		
晶　系	六方晶系、三方晶系	晶　形	塊狀
折射率	1.535～1.539	密　度	2.60
光　澤	油脂～玻璃	解　理	無
摩氏硬度	6½—7	耐久性	5 4 3 2 1

擁有各種色彩與質感、半透明到不透明的石英

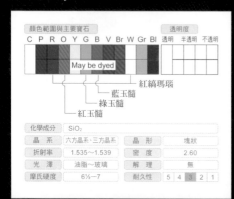

玉髓是無法用肉眼看見結晶體、屬於塊狀結晶礦物的石英。就礦物學來講，這是一種與可以用肉眼看見結晶體的水晶擁有相同化學結構，也就是以二氧化矽為成分的礦物。在自然界中施以乳房狀、葡萄果房狀或者是鐘乳石狀等塊狀型態產出，而且絕大部分為半透明狀。不僅如此，玉髓還遍布全世界，擁有不少產地。

紅斑綠玉髓原石

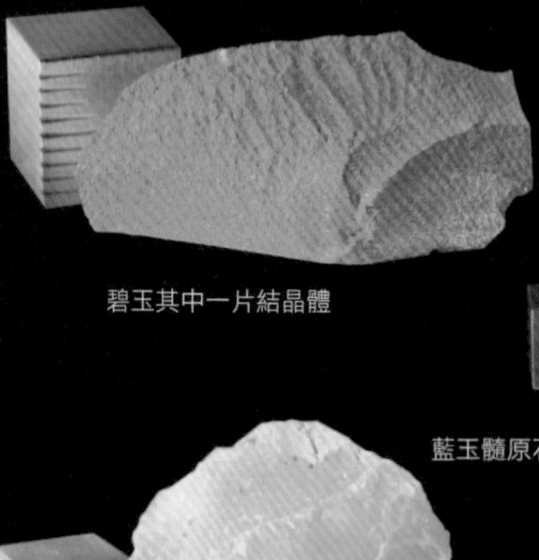

碧玉其中一片結晶體

色彩天然的瑪瑙片，可成為染色瑪瑙的材料。

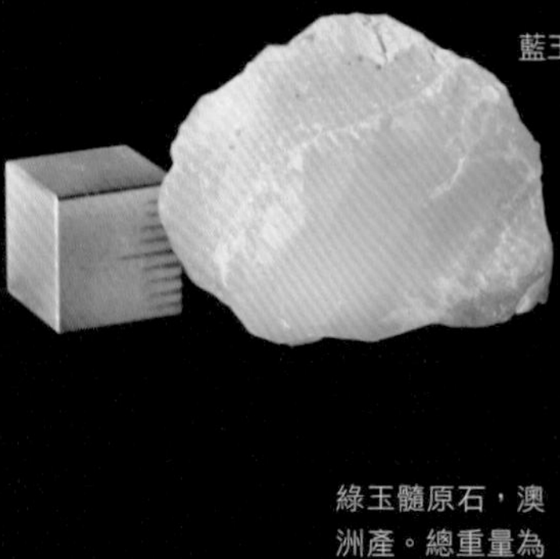

藍玉髓原石

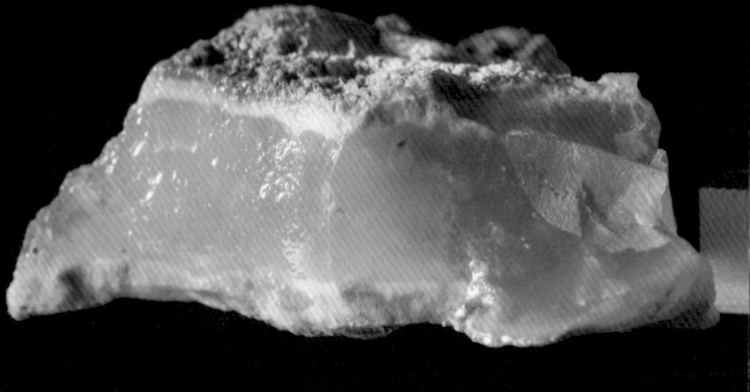

綠玉髓原石，澳洲產。總重量為48.44g。

貴橄欖石 無處理

Peridot, Untreated

產地　緬甸、挪威、中國、美國、巴基斯坦
礦物種　橄欖石

品質與市場價值參考標準（3克拉）		
GQ	JQ	AQ
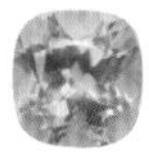		
8萬日圓	3萬日圓	0.7萬日圓

貴橄欖石搭配白金打製的項鍊
0.20ct（POLA ⑲）

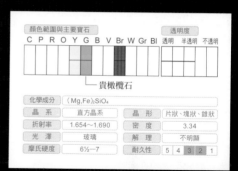

翠色欲滴、歷史悠久的寶石

貴橄欖石在礦物世界的英文為Olivine，字源來自拉丁語的橄欖，因其產出的顏色與橄欖果非常類似。位在埃及亞斯旺（Aswan）以東300公里處，也就是紅海之中的聖約翰島（St. John's Island）早在3500年前就已經產出這種礦石。而來到德國德勒斯登（Dresden）的寶飾博物館「綠穹珍寶館（Grünes Gewölbe）」，還能夠欣賞到上頭鑲嵌著大顆貴橄欖石、18世紀打造的皇家寶劍與錫杖等珍藏品。

戒指要用凸圓面

貴橄欖石的雙折射率高，採用主刻面切工時，從桌面（上面）可以看出腰圍（girdle）這個部分會出現兩條稜線。但因考量到硬度，做成戒指時建議切磨成凸圓面；若是採用主刻面切工，那麼最好是做成墜飾。記得要挑選清澈透明、不帶褐色的貴橄欖石。這種寶石產量少，當中尤以挪威的貴橄欖石格外亮麗。

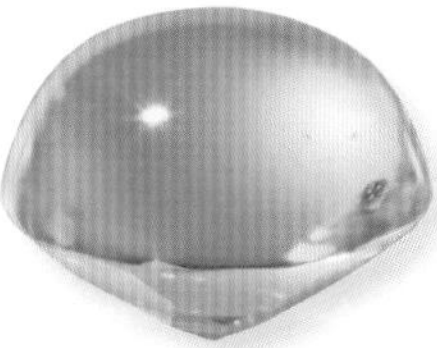

切磨成凸圓面的貴橄欖石

切磨成馬眼形的挪威貴橄欖石

礦物種：橄欖石

Olivine

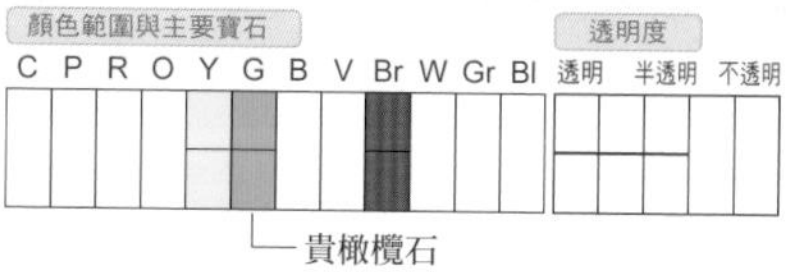

化學成分	$(Mg,Fe)_2SiO_4$		
晶系	直方晶系	晶形	片狀、塊狀、錐狀
折射率	1.654～1.690	密度	3.34
光澤	玻璃	解理	不明顯
摩氏硬度	6½—7	耐久性	5 4 3 2 1

有些橄欖石的表面和這顆結晶一樣，充滿油脂光澤（greasy luster）。橄欖石是構成地殼深處與地函上層的主要礦物，也就是鎂橄欖石（Frosterite。$Mg_2[SiO_4]$）與鐵橄欖石（Fayalite。Fe_2+$[SiO_4]$）混合構成的。成分比較接近鎂橄欖石時，顏色會從黃綠色變成綠色；成分比較接近鐵橄欖石時，褐色色彩就會變深，甚至偏黑。

貴橄欖石的切磨

～從礦物變成寶石～

一切始於原石挑選

自古以來以彩石切磨地而聞名的伊達・奧伯施泰因這個位在德國西南部的小鎮網羅了世界各地品質出色的原石，並交由技術熟練的寶石切磨師切磨。筆者到目前為止已經拜訪了 64 次。這次我買了一顆坦尚尼亞貴橄欖石的原石，委託他們幫我切磨成梨形（照片 1）。這顆原石內含物少，色調偏濃，相當美麗。首先決定好切工（車工）與大致的輪廓，再利用電腦計算縱橫比例與模擬刻面的切割方法，進而決定細節（照片 2）。開始切磨之後約過 5 個小時，就是一顆美麗的梨形貴橄欖石了（照片 3）。

利用切磨成梨形的貴橄欖石做成的項鍊
10.17ct
（個人收藏⑧⓪）

原石
照片 1

裸石
照片 3

（正面）　（側面）

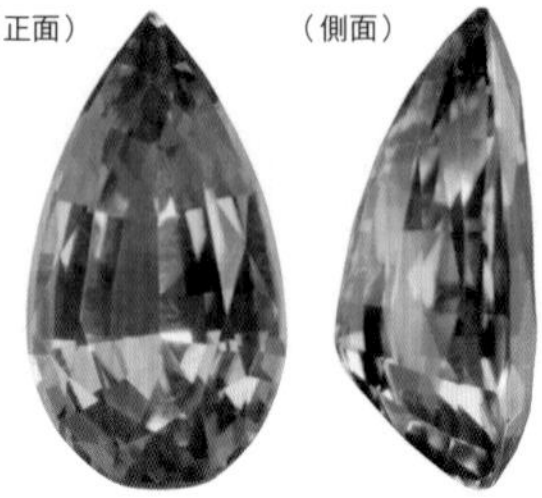

照片 2
切工結構詳細圖。經過電腦計算模擬之後，決定冠部採用星形切工法，亭部採用階梯形切工法。

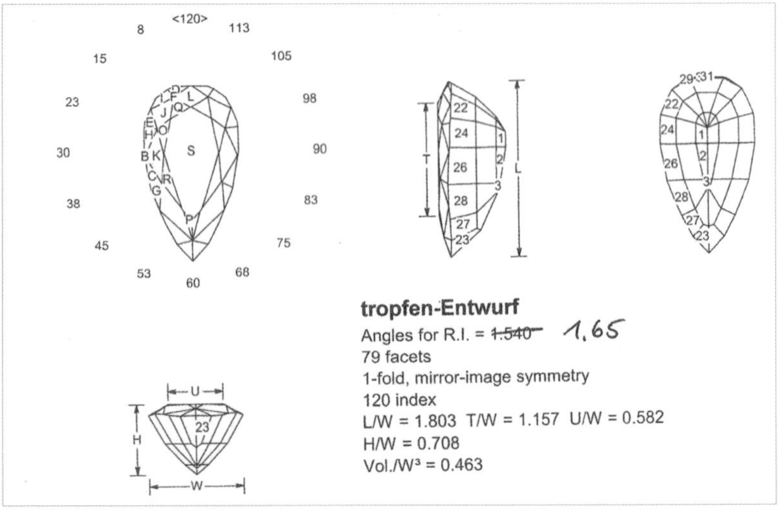

切磨的過程

將原石最美的樣貌整個展現出來是寶石切磨師的工作。接下來要介紹貴橄欖石從原石切磨成梨形的步驟。

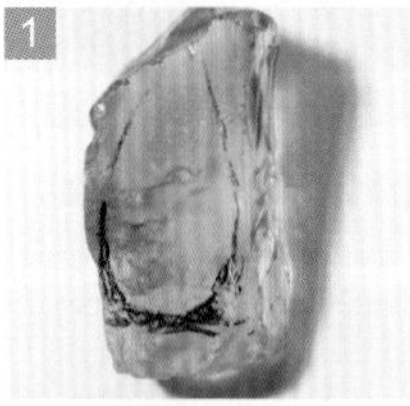

標記畫線
用麥克筆在原石（31.12ct）上畫出梨形線條

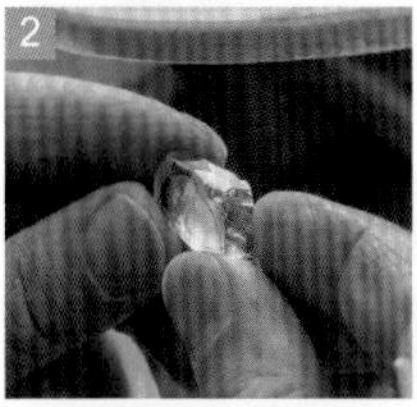

打圓成形
用輪磨機沿著畫好的線條鋸開寶石

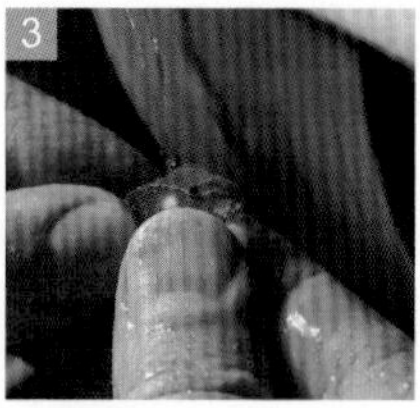

切磨桌面
用水磨片切磨，以降低摩擦熱。

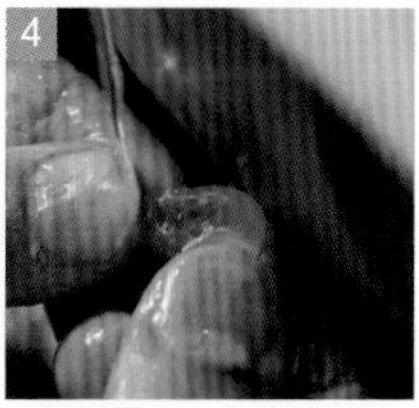

切磨亭部
一邊調整角度，一邊切磨側面。

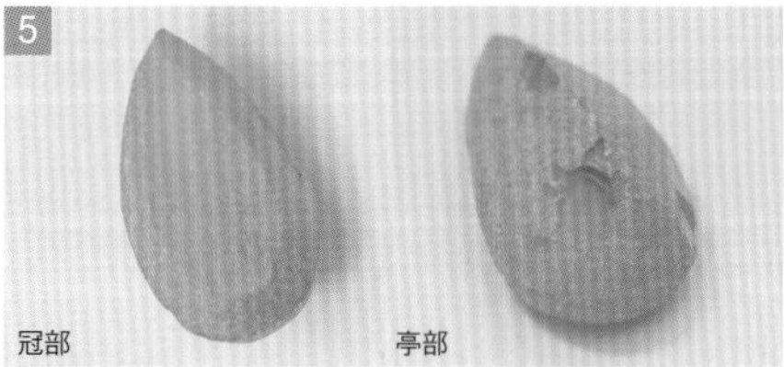

粗磨定型
縱橫比例、輪廓以及影響火光的厚度在這個步驟決定。

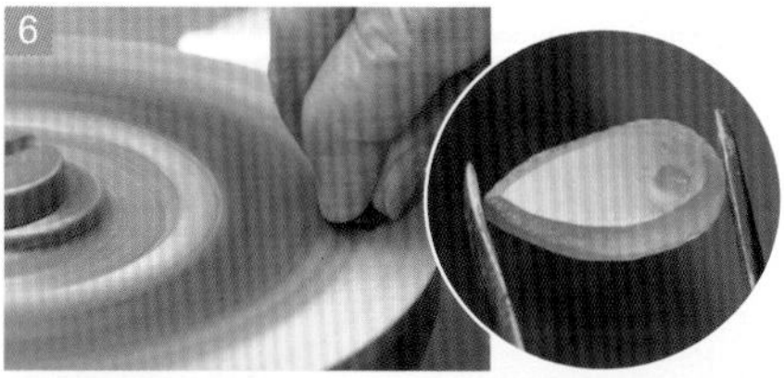

桌面拋光
切磨圓盤塗上切磨劑，切磨寶石。

琢磨表面，讓桌面略顯光澤。

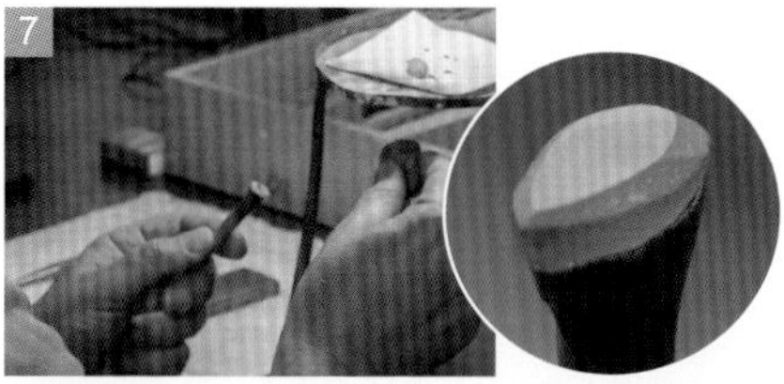

垂直固定
蠟塊融化之後將寶石固定在銅棒上，以便琢磨。

寶石必須垂直固定在銅棒上，這點非常重要。

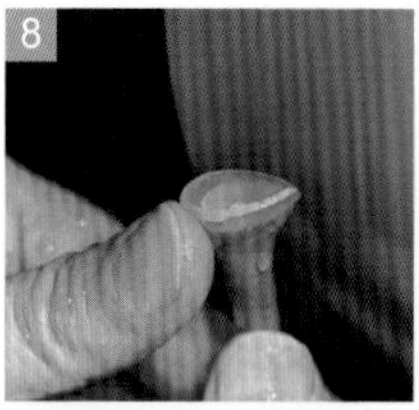

細磨輪廓
手持銅棒，細心琢磨。

切磨冠部
用輪磨機大致切磨出腰部與冠部

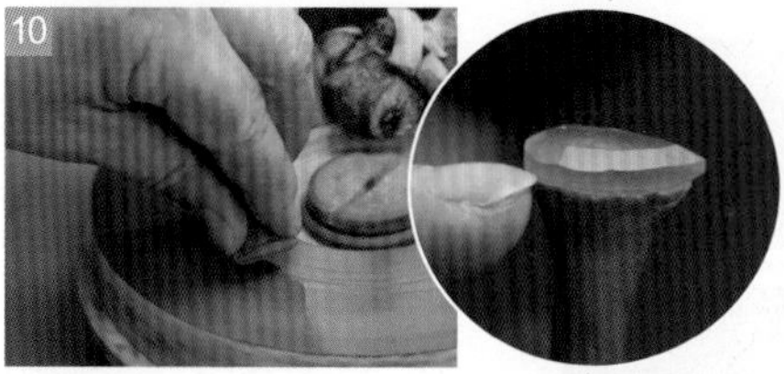

細磨冠部
寶石貼放在切磨圓盤上，拋光打亮。

可以看出側面變得非常亮麗，同時也切磨出刻面。

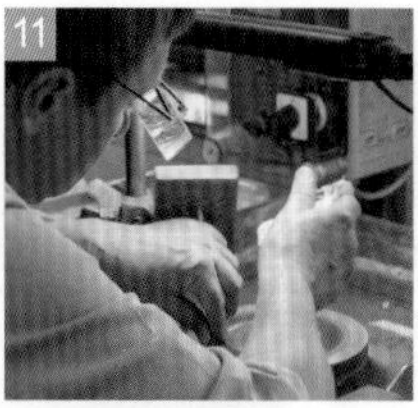

車磨細部刻面
銅棒伸向切磨圓盤，細心車磨出細部刻面。

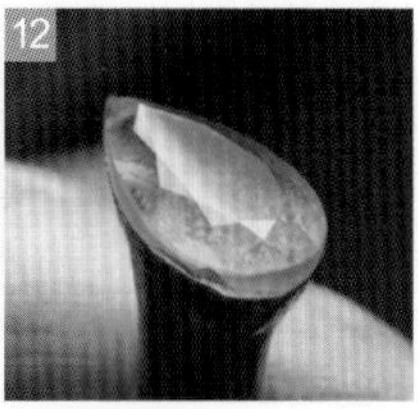

完成冠部
之後按照相同步驟，琢磨冠部。

翡翠 無處理

Imperial Jade, Untreated

產地　緬甸、瓜地馬拉、日本
礦物種　硬玉→ P.143

品質與市場價值參考標準（3 克拉）		
GQ	JQ	AQ

220萬日圓	60萬日圓	12萬日圓

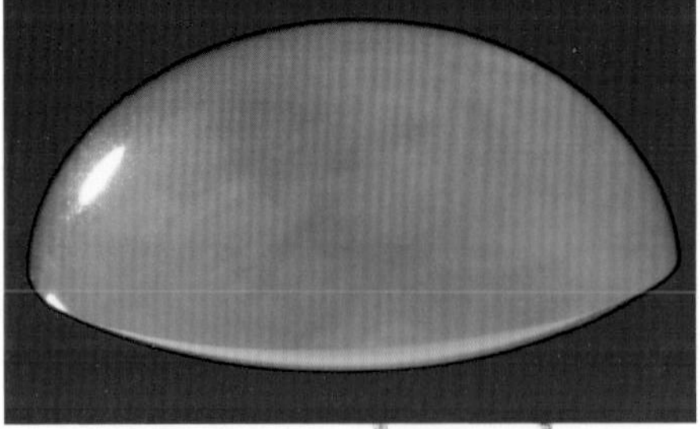

清澈透明、碧綠青翠的琅玕。

深受亞洲喜愛的綠色寶石

半透明的綠色硬玉稱為翡翠，亦可稱為帝王玉，硬度為 6½-7，韌性優於鑽石，持久性相當出色。

翡翠的品質關鍵在於透明度。上等玉片放在報紙上時，底下的文字清晰可見。若要切磨成凸圓面，隆起的高度與圓潤的曲線是否恰到好處就顯得非常重要。而清澈透明、色澤翠綠的翡翠，稱為「琅玕」。

若要購買翡翠戒指，切磨成 10×8mm（3ct）以上的凸圓面翡翠比較均衡協調，戴在手上會顯得更加迷人。另外，翡翠會隨著光源呈現不同風貌，是一種對光非常敏銳的寶石。專業寶石商甚至還會隨身攜帶比色石，以便比較，鑑定品質。

刻上圖案的翡翠墜飾（個人收藏㉜）

翡翠環戒（個人收藏㉝）

1960 年代款式相當受歡迎的翡翠戒指（個人收藏㉛）

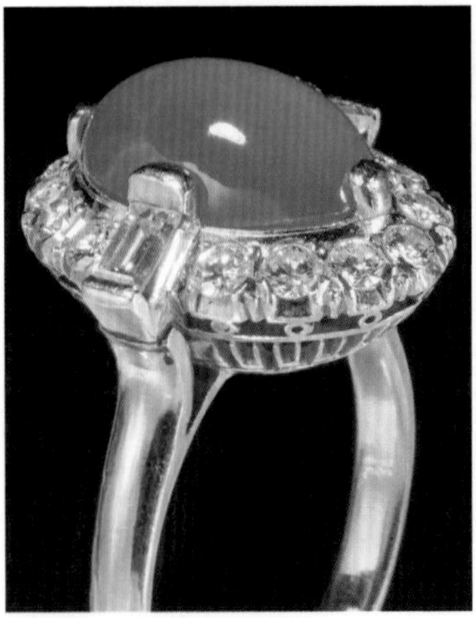

切磨成橢凸圓面的翡翠墜飾（個人收藏㉞）

紫羅蘭翡翠 無處理

Lavender Jade, Untreated

產地 緬甸、日本

礦物種 硬玉→ P.143

主要色相均有產出

翡翠是一種色彩相當豐富的寶石，除了白色與黑色，還有其他色相。

當中以白色～無色的「冰種翡翠」最為罕見。玉石當中，色澤翠綠的翡翠更是出類拔萃，要價不菲，不過紫色系列的藍紫翡翠（紫羅蘭翡翠）也極為珍貴。

部分紫羅蘭翡翠會經過染色。

翡翠的色相

所有色相均有產出，但是透明度高的翡翠為數並不多。

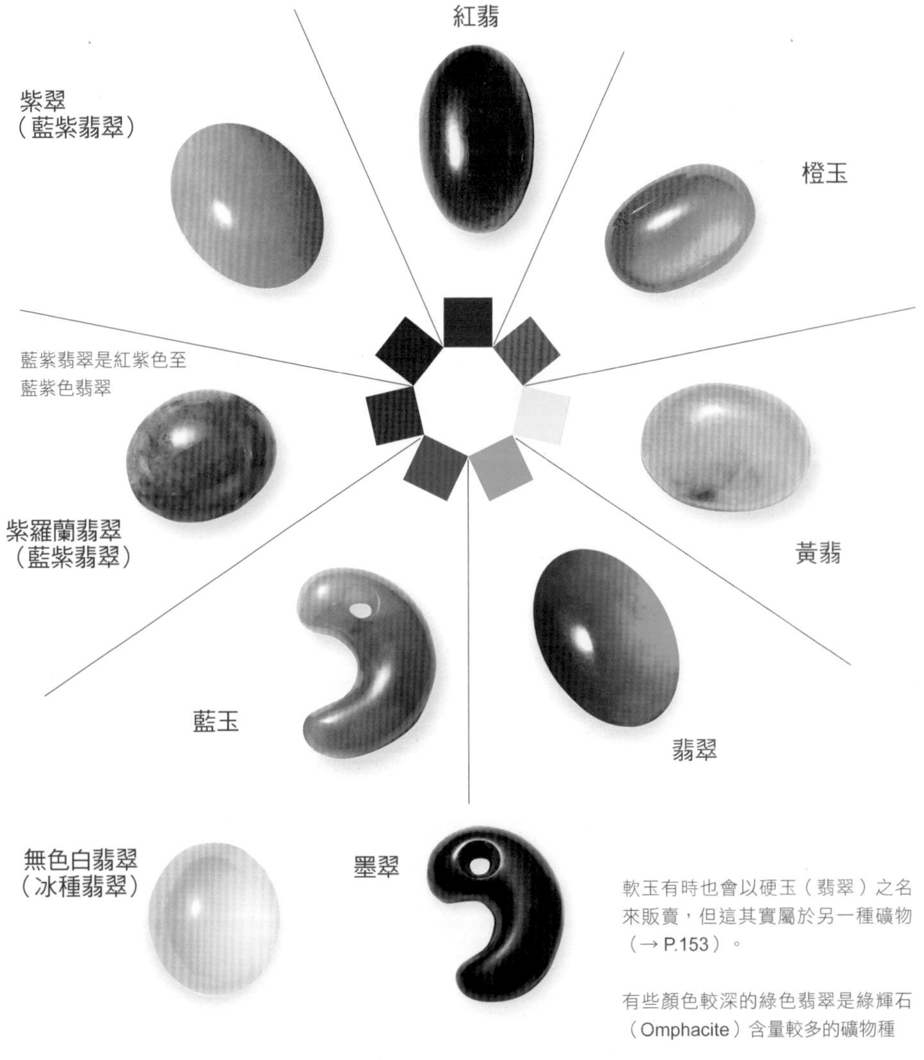

翡翠的樹脂含浸處理與仿冒品

企圖魚目混珠的優化處理
與仿冒品不勝枚舉的翡翠

翡翠的礦物種硬玉內部是微小結晶的集合體，容易進行樹脂含浸處理與染色。特別是經過樹脂含浸的硬玉乍看之下根本就難以與無處理的硬玉區別，必須用 FTIR（傅立葉轉換紅外線光譜）測試鑑定才行，畢竟樹脂含浸的硬玉是毫無寶石價值的。

在 FTIR 檢測之下，無處理的硬玉在 3000 cm-1 左右會出現一條非常滑順的曲線；但如果是經過樹脂含浸的硬玉，就會得到一張線條高高低低的圖譜（下方照片）。

樹脂含浸硬玉的雕刻品

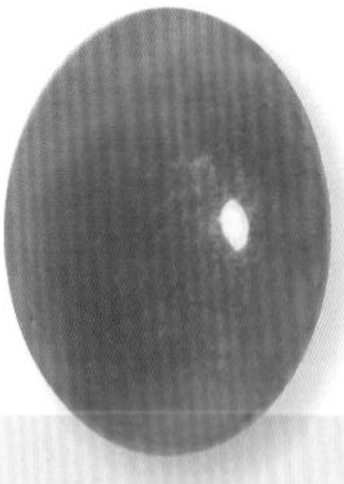

切磨成凸圓面的樹脂含浸硬玉，別名 B-Jade。

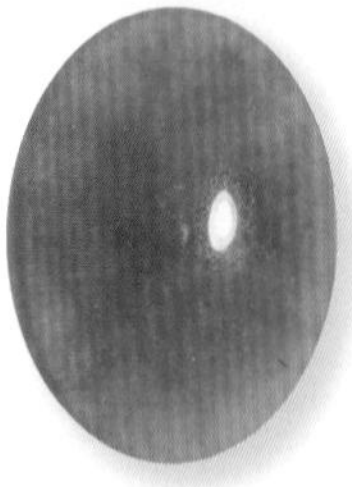

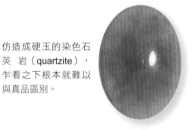

仿造成硬玉的染色石英岩（quartzite），乍看之下根本就難以與真品區別。

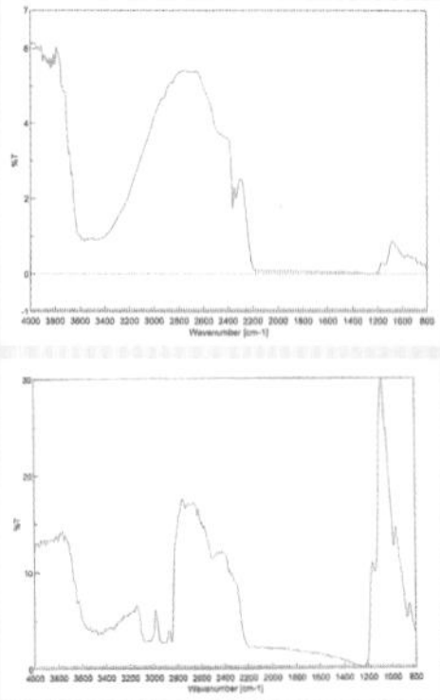

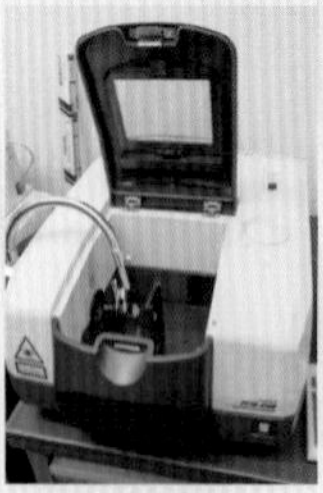

FTIR 與分析結果。上圖為天然硬玉，下圖為經過樹脂含浸的硬玉。只要一比較，便可看出這兩條曲線的不同。

翡翠原石館

這是一座網羅了緬甸等來自世界各地的翡翠原石以及各種寶石，並且展示在世人面前的私人博物館。將糸魚川產出的翡翠原石開鑿而成的浴缸更是不容錯過。春天到來時，入口前方含苞待放的櫻花樹就會朵朵綻放，迎接訪客的到來。

電話／3-6408-0312
地址／東京都品川區北頻傳 4-5-12
營業時間／10:00～17:00
休館日／週一及國定假日
交通／京急北品川站步行 5 分鐘

新潟縣・糸魚川產的翡翠勾玉

礦物種：硬玉

Jadeite

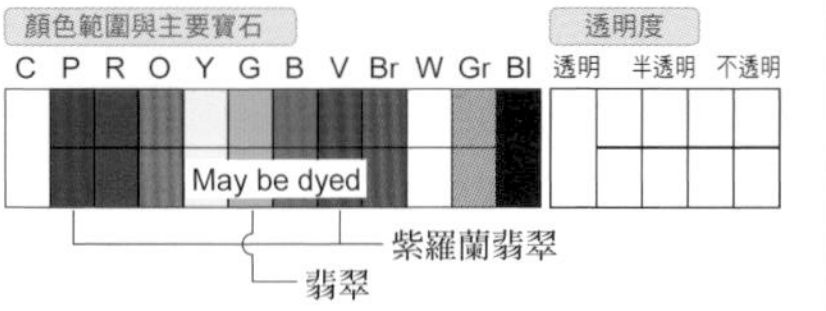

化學成分	Na（Al,Fe）Si_2O_6		
晶　系	單斜晶系	晶　形	塊狀
折射率	1.660～1.680	密　度	3.34
光　澤	玻璃～油脂	解　理	不明顯
摩氏硬度	6½—7	耐久性	5 4 3 2 1

難以判斷價值的原石

在日本稱為翡翠的寶石，指的是礦物中的硬玉，英文為 Jadeite，如此稱呼的目的是為了與軟玉（Nephrite）有所區別（→ P.153）。其英文來自西班牙語的「piedra de ijada」，意指有效治療腰痛的石頭。剛玉在變質岩中以不透明的塊狀產出，是一種難以判斷內部有多少部分可以成為寶石的礦物。另外，有時在海岸等砂積礦床中亦可找到礫石與玉石。

歷史悠久的產地，糸魚川

日本各地遺跡均曾經挖出不少勾玉。而製造這些勾玉的硬玉應該是繩文中期（西元前 3000 年～）在新潟縣糸魚川附近開採而來的。然而勾玉到了奈良時代卻突然消失匿跡，其因至今依舊謎團重重，尚未得到闡明。經過一段空白期之後，到了 19 世紀，緬甸玉從中國大陸傳來日本，並且應用在戒指與腰帶扣等配件上。昭和初期（1938 年左右），糸魚川青海地區再次挖掘到硬玉。自此之後，這個地方便成為硬玉迷注目的焦點。

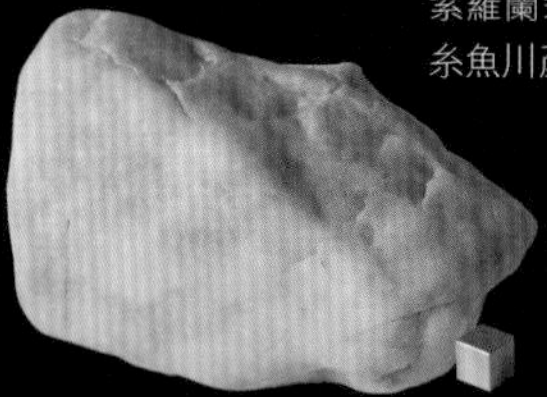
紫羅蘭翡翠原石，新潟縣糸魚川產。

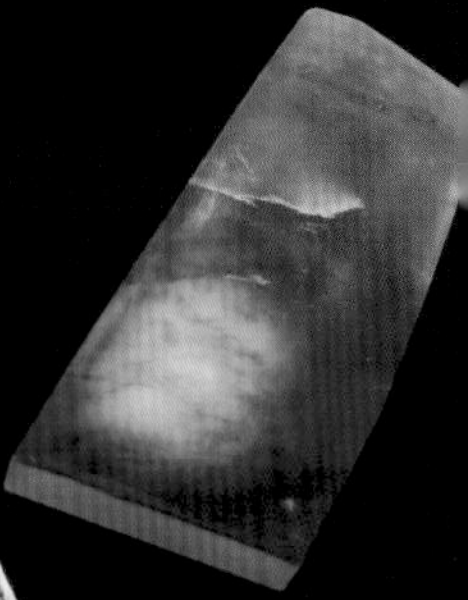
藍玉原石，緬甸產。

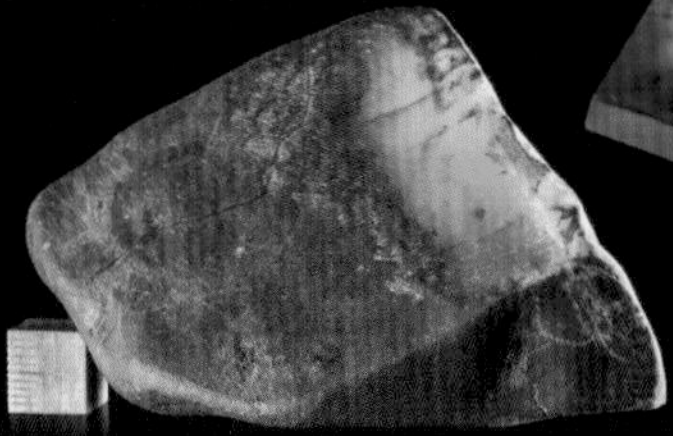
翡翠原石，緬甸產。

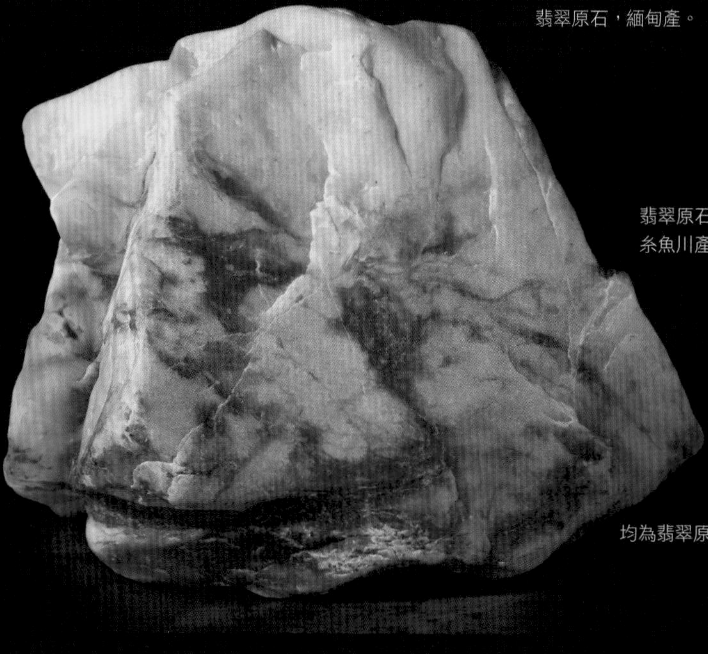
翡翠原石，新潟縣糸魚川產。

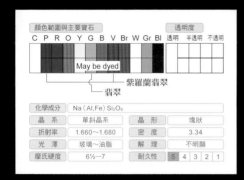

均為翡翠原石館收藏

紫鋰輝石 無處理 放射線照射

Kunzite, Untreated / Irradiated

產地 巴西、阿富汗
礦物種 鋰輝石

不易切磨的寶石

紫鋰輝石是一種會讓寶石切磨師欲哭無淚的寶石，因為這種寶石解理性非常強，只要稍微撞到，就會破損。

不過紫鋰輝石多色性強，通常會採用階梯形切工，這樣就能夠從桌面欣賞到絢麗的色彩了。阿富汗產出的紫鋰輝石屬於藤紫色（lilac），一旦直接照射在陽光底下，僅 30 分鐘就會變成粉紅色，並且趨於穩定。這種粉紅色的紫鋰輝石透明清澈、亮麗動人。不過據說巴西產出的紫鋰輝石若是長久照射在陽光底下的話，反而會讓顏色變淡。

近年來，經過放射線照射好讓粉紅色更加深邃的紫鋰輝石有越來越多的趨勢，而且難以與無處理寶石區別，所以除了追根溯源，還必須判斷手上的紫鋰輝石是否為人工染色品。

橢圓階梯形紫鋰輝石，巴西產〔無處理〕。

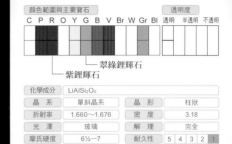

礦物種：鋰輝石

Spodumene

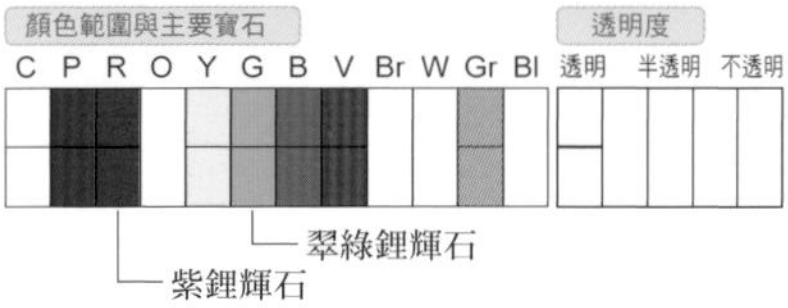

化學成分	$LiAlSi_2O_6$		
晶　系	單斜晶系	晶　形	柱狀
折射率	1.660～1.676	密　度	3.18
光　澤	玻璃	解　理	完全
摩氏硬度	6½—7	耐久性	5 4 3 2 1

奈及利亞產出的原石，色相明顯較淡。由左依序為黃色、無色、粉紅色（紫鋰輝石）、綠色（翠綠鋰輝石，Hiddenite）的鋰輝石。

相當完美的紫鋰石結晶，阿富產，長約 15cm。

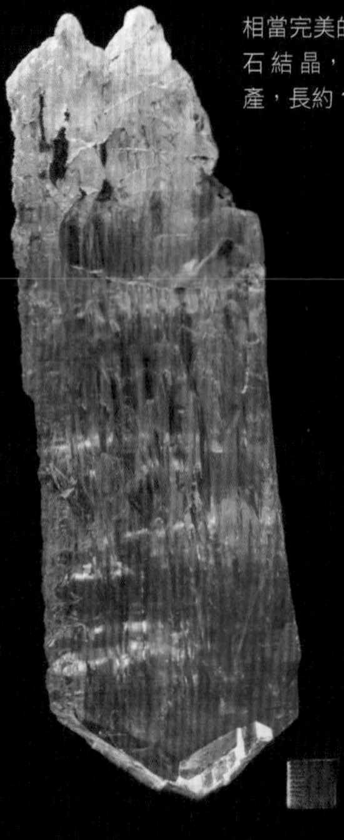

斧石 無處理

Axinite, Untreated

產地　緬甸、泰國、斯里蘭卡、越南、馬達加斯加

礦物種　斧石

結晶形狀宛如斧頭
名副其實的寶石

斧石因其外型看似斧頭，故名。一般來講，這種寶石相當清透，通常為茶褐色，不過藍紫色亦有產出，但因裂縫多，故以珍藏居多。有時會與顏色、形狀相似的「煙水晶」混淆。

兩顆幾乎透明的祖母綠形斧石

礦物種：斧石

Axinite

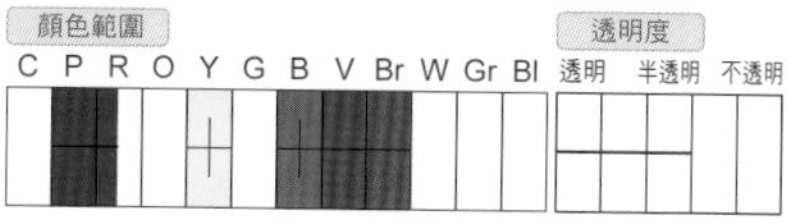

化學成分	$Ca_2FeAl_2(BSi_4O_{15})(OH)$		
晶　系	三斜晶系	晶　形	斧刃狀
折射率	1.678～1.688	密　度	3.29
光　澤	油脂～玻璃	解　理	完全
摩氏硬度	6½—7	耐久性	5 4 3 2 1

斧石是礦物家族名，可以根據所含的微量成分之不細分為鐵斧石（Ferro-axinite）、鎂斧石（Magne axinite）、錳斧石（Mangan-axinite）與錳鐵斧（Tinzenite）。而當人們提到斧石時，所指的通常是中的鐵斧石。

水鋁石 無處理

Zultanite, Untreated

產地　土耳其

礦物種　硬水鋁石

隨著光源，變換顏色

硬水鋁石這種礦物種的英文 Diaspore 來自於希臘語的 Diaspora，意指分散，因為這種礦物的性質是只要一加熱，就會發出啪嚓啪嚓的聲音。近年來深受世人矚目的是水鋁石，這種寶石只要受光，就會從綠色變成粉紅色。

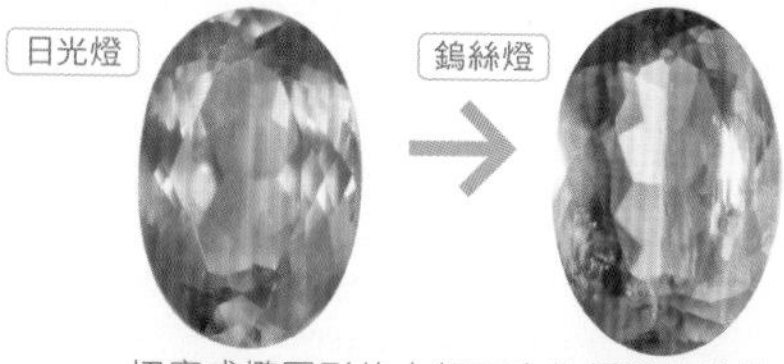

切磨成橢圓形的水鋁石會從偏褐的淺綠色變成略為顯紅的顏色

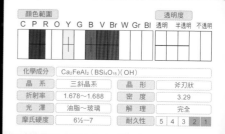

礦物種：硬水鋁石

Diaspore

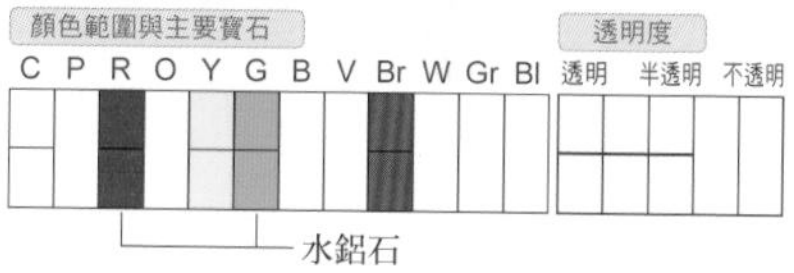

化學成分	AlO(OH)		
晶　系	斜方晶系	晶　形	薄板狀
折射率	1.702～1.750	密　度	3.30
光　澤	玻璃	解　理	完全
摩氏硬度	6½—7	耐久性	5 4 3 2 1
顏色效應	變色效應		

受到光源影響而產生的顏色變化

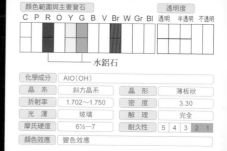

原本放在日光燈底下的水鋁石原石（土耳其產）只要直接放在鎢絲燈下，就能明顯看出顏色變化。

硼鋁鎂石 無處理

Sinhalite, Untreated

產地 斯里蘭卡、緬甸
礦物種 硼鋁鎂石

類似貴橄欖石的色調，百看不厭

長久以來人們一直誤以為硼鋁鎂石是棕色的貴橄欖石，一直到了 20 世紀才知道這是新礦物。1952 年，人們根據梵語中的 Sinhara 一詞，將這款寶石命名為 Sinhalite，意指其主要產地，亦即斯里蘭卡的寶石。硼鋁鎂石通常都是褐色，是一種讓人心情平和、不易生厭的色調。

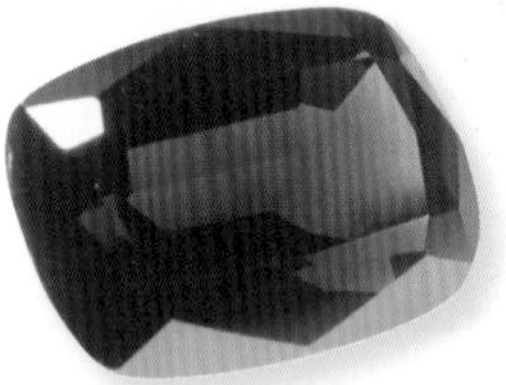

墊形硼鋁鎂石

礦物種：硼鋁鎂石

Sinhalite

化學成分	$MgAlBO_4$		
晶系	斜方晶系	晶形	塊狀
折射率	1.668～1.707	密度	3.48
光澤	玻璃	解理	不明顯
摩氏硬度	6½—7	耐久性	5 4 3 2 1

硼鋁鎂石這種礦物極為罕見，斯里蘭卡與緬甸的砂礫中均可採集。但是作為寶石的知名度並不高，主要是礦物收藏家心目中的稀少礦石。

符山石 無處理

Idocrase, Untreated

產地 俄羅斯、美國
礦物種 維蘇威石

透明原石不多，適合收藏

符山石在礦物界稱為「維蘇威石（Vesuvianite）」，因為這種寶石是在義大利的維蘇威火山發現的，故名。維蘇威石通常會與石榴家族的礦物一同產出，但因不易辨識，故將希臘語的「找到（Eidos）」與「混合（Kasis）」這兩個字組合在一起，另外將其命名為 Idocrase。符山石的顏色從棕色系列到綠色、淺黃綠色都有，通常會切磨成凸圓面。

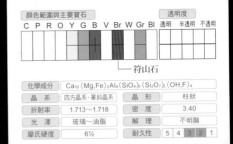

採用主刻面切工，將寶石切磨成圓形的符山石，內含不少內含物。

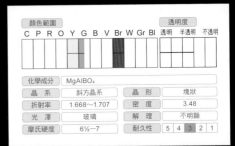

礦物種：維蘇威石

Vesuvianite

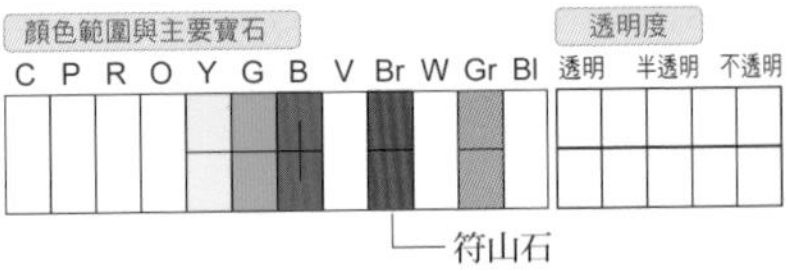

化學成分	$Ca_{10}(Mg,Fe)_2Al_4(SiO_4)_5(Si_2O_7)_2(OH,F)_4$		
晶系	四方晶系、單斜晶系	晶形	柱狀
折射率	1.713～1.718	密度	3.40
光澤	玻璃～油脂	解理	不明顯
摩氏硬度	6½	耐久性	5 4 3 2 1

可以看出柱狀結晶體的符山石

丹泉石 加熱

Tanzanite, Heated

品質與市場價值參考標準（1 克拉）		
GQ	JQ	AQ

50萬日圓	25萬日圓	12萬日圓

產地　坦尚尼亞
礦物種　黝簾石

青出於藍，媲美藍寶

1960 年代在坦尚尼亞發現的藍色黝簾石，1967 年代由蒂芬妮公司將其命名為丹泉石。

1989 年左右產出開始增加，再加上外觀優美、價格合理，因而格外受到美國人的喜愛。這種寶石固然亮麗，但因硬度低，容易破損，所以挑選時要盡量選擇鑲嵌在戒指上的，或者是切磨成凸圓面的形狀為佳。

經過加熱處理的丹泉石原石，坦尚尼亞產。

丹泉石的裸石，11.15ct。多色性強，可以從不同角度欣賞到青色、藍色與偏紅的棕色這三種顏色。

黝簾石 無處理

Zoisite, Untreated

產地　西班牙、德國、蘇格蘭、義大利、坦尚尼亞
礦物種　黝簾石

黝簾石的英文 Zoisite 是以斯洛維尼亞的礦物收藏家 Sigmund Zois 來命名的。這款寶石 1805 年在奧地利發現，但是市場上卻要到近年才出現寶石品質的等級。至於可作為寶石的黝簾石，有色彩蒼翠欲滴的綠黝簾石（Green Zoisite）與不透明、色呈粉紅的錳黝簾石（Thulite）。

礦物種：黝簾石

Zoisite

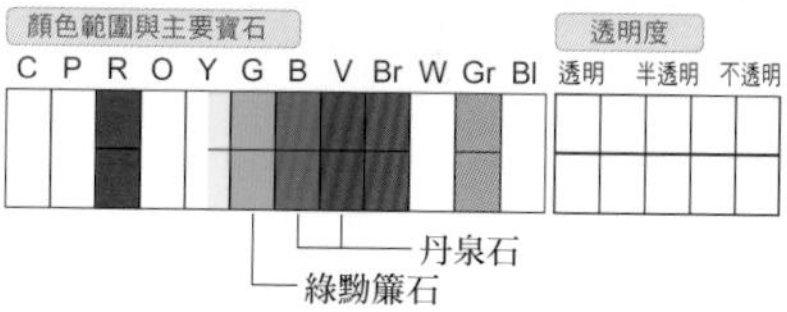

化學成分	$Ca_2Al_3(SiO_4)(Si_2O_7)O(OH)$		
晶系	斜方晶系	晶形	柱狀
折射率	1.691～1.700	密度	3.35
光澤	玻璃	解理	完全
摩氏硬度	6～7	耐久性	5 4 3 2 1

保持自然狀態的綠黝簾石

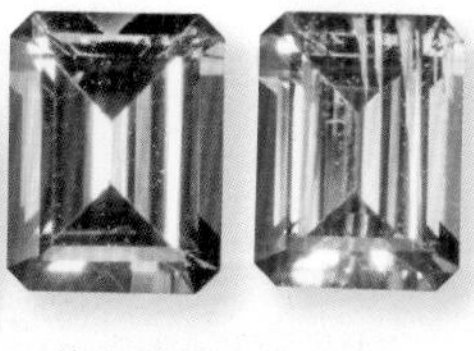

棕色黝簾石加熱之後，就會變成丹泉石（右）。

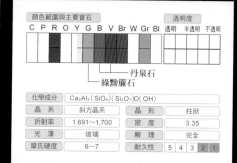

不同顏色的黝簾石原石

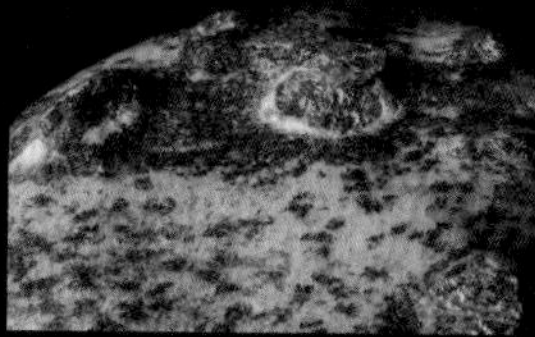

將不透明的紅寶石包裹在內的綠色黝簾石稱為紅寶黝簾石（Anyolite）

長石家族

The Feldspar Group

獨特寶石種類繁多的礦石家族

長石是由20多種礦物組成的家族，是地殼中含量最多的火成岩形成的造岩礦物。這種礦石家族大致可以分為含有鉀或鈉，或者是兩者的鉀長石類，以及含有鈉與鈣，或者是兩者的斜長石類。在本書中被歸納為寶石的長石類礦物有正長石（Orthoclase）、微斜長石（Microcline）、鈣鈉長石（Oligoclase）與拉長石（Labradorite）。

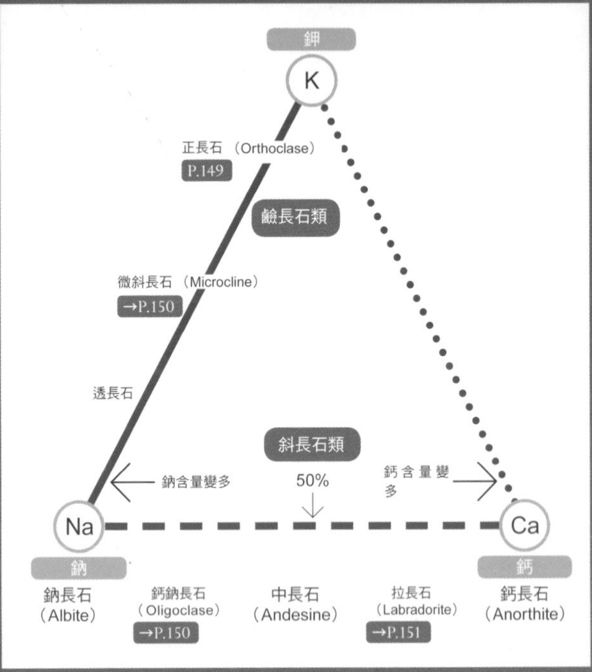

月長石 無處理

Moonstone, Untreated

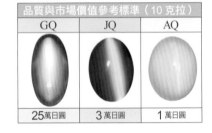

品質與市場價值參考標準（10克拉）		
GQ	JQ	AQ

25萬日圓	3萬日圓	1萬日圓

產地 緬甸、斯里蘭卡、印度、坦尚尼亞

礦物種 正長石→ P.149

讓人聯想到月光、色彩偏青的寶石

自古以來印度人深信月長石是月光凝結而成的寶石，能夠帶來好運，甚至還認為滿月時分只要將這顆寶石含在口中，就能看到自己的未來。月長石歷史悠久，在西元100年的羅馬時代便已出現在裝飾配件上。19世紀後半，歐洲開始在首飾上鑲嵌月長石；到了20世紀，卡地亞（Cartier）與蒂芬妮亦採用月長石來製作首飾。

月長石亦有橘色與黃色，但以白色系列最受歡迎。這種寶石最大的特徵就是白色閃光（shimmer。青白光彩）。如此現象，是因為正長石在與鈉長石形成夾層構造時，散發出青白色光芒而來的。

月長石的透明度、白色閃光顯現的方式，以及型態是挑選時必須注意的重點。特別是斯里蘭卡所產的月長石人稱藍光月長石（Blue Moonstone），會散發出一道柔和的藍光，格外珍貴。

斯里蘭卡藍光月長石（個人收藏㉟）

從原石切磨成首飾配件

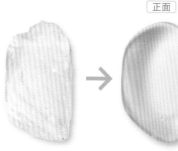

15.62ct 的月長石原石

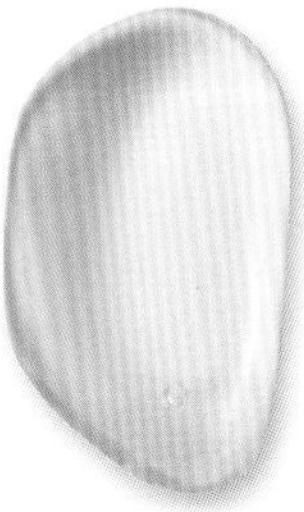

正面

側面

滾光打磨，讓表面變得光滑

上方鑽孔，穿過鍊子

展現出月光的月長石墜飾 10.83ct（個人收藏⑯）

將月長石放在金屬上方可以顯現出和右上照片一樣的光芒，美麗倍增。

正長石 無處理

Orthoclase, Untreated

產地　緬甸、斯里蘭卡、印度、巴西、坦尚尼亞
礦物種　正長石

月長石最具代表性的礦物

正長石是一種解理垂直交錯的礦物，故其英文 Orthoclase 以意指「直向斷裂」的希臘語，也就是「ortho」和「kalo」為其命名。其寶石種有月長石，通常會先在原始狀態之下確認白色閃光，切磨時再盡量讓這個部分顯現在凸圓面的正上方。除了正長石，透長石、鈉長石、鈣鈉長石等礦物亦能散發出鈉石光彩。

正長石中透明度較高的原石可以採用主刻面切工，但是若要做成戒指配戴身上的話可能會過於脆弱。

礦物種：正長石

Orthoclase

顏色範圍與主要寶石

C	P	R	O	Y	G	B	V	Br	W	Gr	Bl

月長石

透明度

透明	半透明	不透明

化學成分	$KAlSi_3O_8$		
晶　系	單斜晶系	晶　形	短柱狀
折射率	1.518～1.526	密　度	2.58
光　澤	玻璃	解　理	完全
摩氏硬度	6—6½	耐久性	5 4 3 2 1
顏色效應	鈉石光彩、貓眼效應、星光效應		

鈉石光彩

將礦石慢慢朝 90 度方向迴轉　一眼就能夠看出白色閃

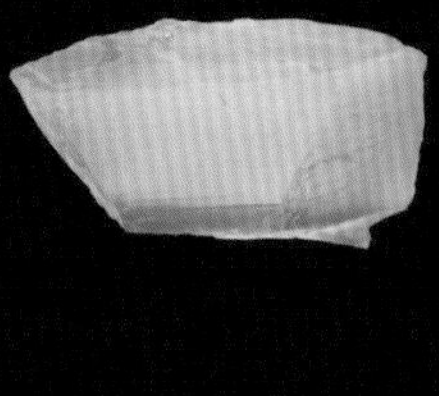

天河石 無處理

Amazonite, Untreated

產地　俄羅斯、美國、巴西、祕魯
礦物種　微斜長石

可以聯想亞馬遜河的迷人魅力

微斜長石是一種可以當作窯業原料或切磨材的礦物。當中含鉛的青綠色微斜長石以天河石之名在市面上流通，又稱亞馬遜石。這個名字雖然是以南美的亞馬遜河為概念，然而這一帶並未產出這種寶石。天河石解理強，是一種無法承受衝擊與溫度驟變的脆弱寶石。

有些天河石會利用染料著色，或者是經過放射線著色，要注意。

切磨成凸圓面的天河石

日長石 無處理

Sunstone, Untreated

產地　挪威、美國、印度
礦物種　鈣鈉長石

比喻成太陽的閃亮寶石

鈣鈉長石是長石家族中最普遍的礦物，以塊狀或粒狀型態產出。其寶石種日長石如果琢磨成凸圓面的話，包裹在內的細小赤鐵礦就會反射光線，散發出紅色光芒。有時還會因為內含物的排列方式而展現出貓眼或星光效應。

切磨成凸圓面的日長石

礦物種：微斜長石

Microcline

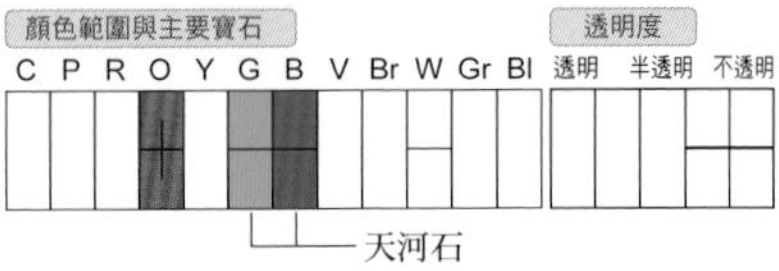

化學成分	$KAlSi_3O_8$		
晶系	三斜晶系	晶形	短柱狀
折射率	1.522～1.530	密度	2.56
光澤	玻璃～油脂	解理	完全
摩氏硬度	6—6½	耐久性	5 4 3 2 1

微斜長石的原石。其解理的角度稍微偏離直角，故以意指「稍微傾斜」的希臘語為名。

礦物種：鈣鈉長石

Oligoclase

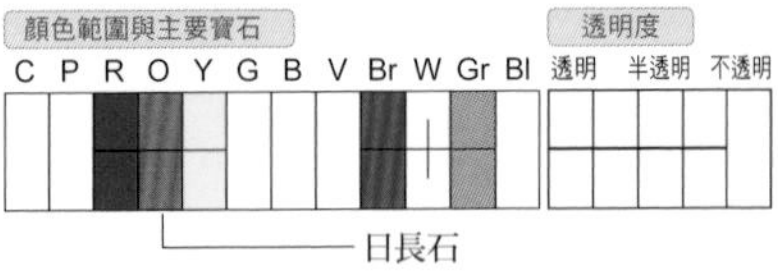

化學成分	$(Na、Ca)Al_2Si_2O_8$		
晶系	三斜晶系	晶形	塊狀
折射率	1.539～1.547	密度	2.65
光澤	玻璃	解理	完全
摩氏硬度	6—6½	耐久性	5 4 3 2 1
顏色效應	灑金效應		

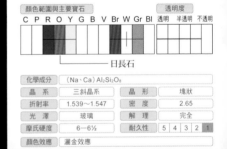

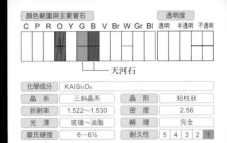

日長石的原石

日長石 無處理

Sunstone, Untreated

灑金效應非常顯著的凸圓面日長石

透明清澈的紅色日長石 0.74ct。內含的自然銅結晶體越細小，灑金效應就越不明顯，甚至變得透明。

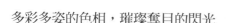

產地　美國奧勒岡州、西藏
礦物種　拉長石

多彩多姿的色相，璀璨奪目的閃光

在長石家族中，日長石指的是可以觀賞到灑金效應（結晶體中因含有自然銅等內含物而反射出耀眼光芒）的礦石總稱。美國奧勒岡州產出的日長石是拉長石的變種礦石，以閃亮的光芒為特徵。除了拉長石，鈣鈉長石、中性長石、鈣長石、正長石，以及微斜長石等礦物種亦具備灑金效果。

西藏這個地方生產的日長石屬於中性長石，在天然狀態下其所內含的自然銅會反射出紅色光芒，然而內蒙古產出的日長石顯現的卻是淺黃色光芒，為此中國將其置於 1000 ～ 1200 度的高溫環境下，利用銅擴散處理讓日長石散發出紅色光芒，以當作紅色的中性長石來販賣 。然而人工著色這事實被揭發後，也讓中性長石的市場大受打擊。

可以隱約看出自然銅結晶內含物的雕刻品

各種顏色的比色石

色彩獨特的比色石。由左依序為紅色、橘色，以及偏藍的綠色。

拉長石 無處理

Labradorite, Untreated

產地　馬達加斯加、芬蘭、俄羅斯、印度、墨西哥
礦物種　拉長石

綻放光芒的奇特寶石

1770 年，人們在加拿大東北部拉布拉多半島（Labrador Peninsula）的聖保羅島（St. Paul Island）發現拉長石之後，緊接著俄羅斯與芬蘭也跟著挖掘出相同的寶石。芬蘭 Ylämaa 所產的拉長石又稱為「光譜石（Spectrolite）」，展現了豔麗萬分的鈉石光彩（→ P.250）。而那些不會展現鈉石光彩的橘、黃、綠、藍等顏色的透明寶石，通常會採用主刻面切工。

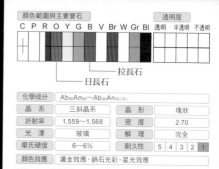

從某個角度可以欣賞到鈉石光彩的凸圓面拉長石

毫無鈉石光彩、施以主刻面切工的拉長石。

礦物種：拉長石

Labradorite

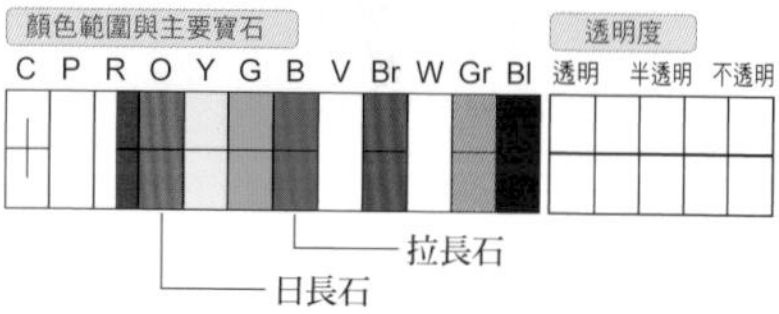

化學成分	$Ab_{50}An_{50}$～$Ab_{30}An_{70}$（※）		
晶系	三斜晶系	晶形	塊狀
折射率	1.559～1.568	密度	2.70
光澤	玻璃	解理	完全
摩氏硬度	6－6½	耐久性	5 4 3 2 **1**
顏色效應	灑金效應、鈉石光彩、星光效應		

（※）Ab…鈉長石（$NaAlSi_3O_8$）
An…鈣長石（$CaAl_2Si_2O_8$）

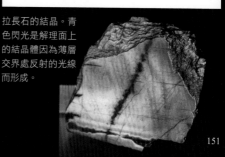

拉長石的結晶。青色閃光是解理面上的結晶體因為薄層交界處反射的光線而形成。

綠簾石 無處理

Epidote, Untreated

產地　澳洲、巴基斯坦
礦物種　綠簾石

綠簾石的英文Epidote來自希臘語的Epidosis，意指增加，因為這種寶石的結晶體其中一邊的柱面在形成時會比其他柱面還要來的寬，故名。再加上其外觀成把的狀態又與簾子形狀雷同，因此日本也將其稱為綠簾石。這種寶石一旦含鐵量多，就會呈現類似開心果的綠色，故別名「Pistacite」，意指豆石。綠簾石不僅身兼礦物名與寶石名，同時也是囊括超過10種礦物的礦物家族名。只可惜這種礦物持久性差，在市場流通的數量其實不多。

祖母綠型綠簾石，以素雅的綠色為特徵。

礦物種：綠簾石

Epidote

顏色範圍

C	P	R	O	Y	G	B	V	Br	W	Gr	Bl

透明度

透明	半透明	不透明

化學成分	$Ca_2Al_2(Fe,Al)(SiO_4)(Si_2O_7)O(OH)$		
晶　系	單斜晶系	晶　形	短柱狀、長柱狀
折射率	1.729～1.768	密　度	3.40
光　澤	玻璃～油脂	解　理	完全
摩氏硬度	6—7	耐久性	5 4 3 2 1

宛如綠色簾子的長柱狀綠簾石

方柱石 無處理

Scapolite, Untreated

產地　緬甸、斯里蘭卡、坦尚尼亞
礦物種　方柱石

模樣、形狀與光芒類似石英的寶石

方柱石因其結晶體呈柱狀，故將希臘語中意指棍棒的Scapos與意指石頭的lite（=Lithos）這兩個字組合在一起，為其命名。其所呈現的模樣，與折射率相近的紫水晶以及拓帕石相當類似，時而讓人誤判。而將管狀內含物包含在內的方柱石結晶體如果切磨成凸圓面，就能顯現出貓眼效應了。

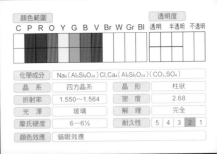

有些方柱石會利用放射線照射的方式來改變顏色。

上方是採用主刻面切工、顏色不同的方柱石，右邊是方柱貓眼石。

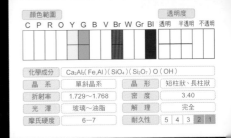

礦物種：方柱石

Scapolite

顏色範圍

C	P	R	O	Y	G	B	V	Br	W	Gr	Bl

透明度

透明	半透明	不透明

化學成分	$Na_4(Al_3Si_9O_{24})Cl,Ca_4(Al_6Si_6O_{24})(CO_3,SO_4)$		
晶　系	四方晶系	晶　形	柱狀
折射率	1.550～1.564	密　度	2.68
光　澤	玻璃	解　理	完全
摩氏硬度	6—6½	耐久性	5 4 3 2 1
顏色效應	貓眼效應		

從岩石中取出的柱狀方柱石結晶體

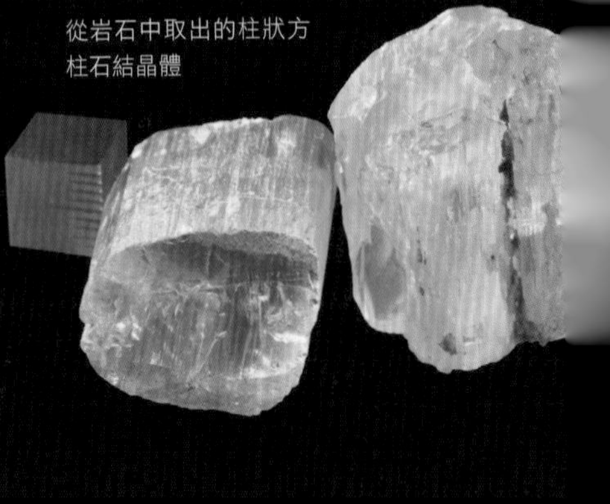

葡萄石 無處理

Prehnite, Untreated

產地　澳洲、蘇格蘭、南非
礦物種　葡萄石

外型宛如白葡萄的礦物

葡萄石的英文 Prehnite 來自 1788 年在南美第一次發現這個礦物的荷蘭陸軍上校，Hendrik Von Prehn。其結晶體讓人聯想到葡萄果房，故在日本亦稱為「葡萄石」。這種寶石產出時大多為半透明的淺綠色，所以通常會切磨成凸圓面或是滾光打磨。

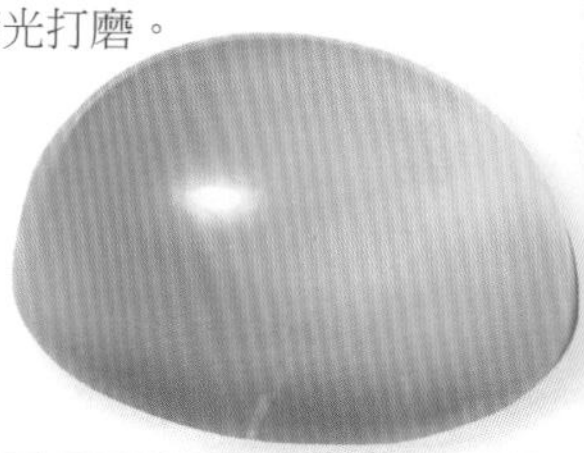

凸圓面的葡萄石

礦物種：葡萄石

Prehnite

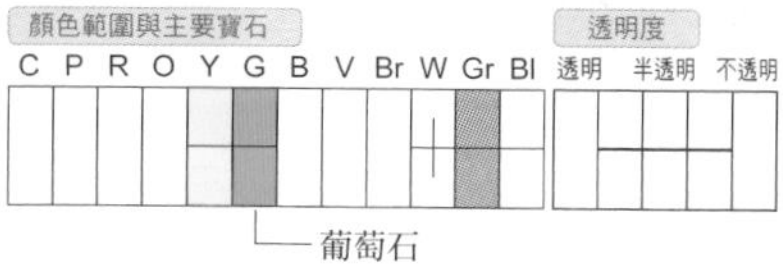

化學成分	$Ca_2Al_2Si_3O_{10}(OH)_2$		
晶系	直方晶系	晶形	片狀、葡萄狀集合體
折射率	1.616～1.649	密度	2.90
光澤	玻璃～珍珠	解理	完全
摩氏硬度	6—6½	耐久性	5 4 **3** 2 1

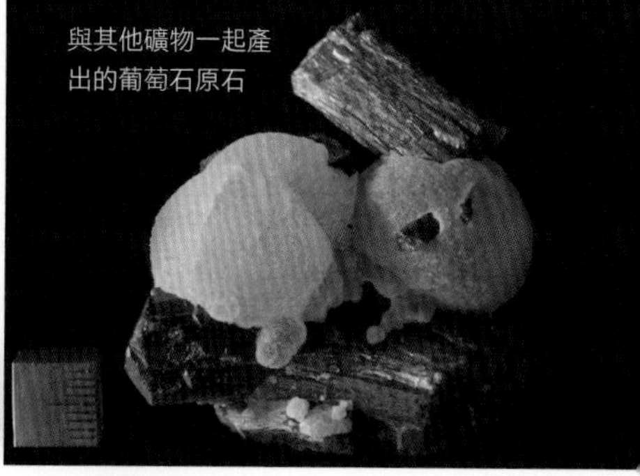

與其他礦物一起產出的葡萄石原石

軟玉 無處理

Nephrite Jade, Untreated

產地　中國、俄羅斯、加拿大、澳洲、紐西蘭
礦物種　軟玉

古代中國相當重視的雕刻素材

過去人們一直以為軟玉與硬玉為同種礦物，直到 1863 年才斷定這是新種礦物。軟玉在中國古代稱為玉，也就是西域突厥的和田玉（和闐玉），不僅用來製作工具與武器，同時也是重要的雕刻素材。

刻有雕工的和田玉片

軟玉串珠項鍊（個人收藏）

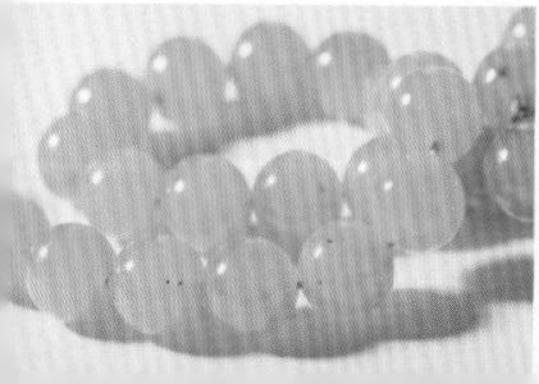

礦物種：軟玉【閃玉】

Nephrite

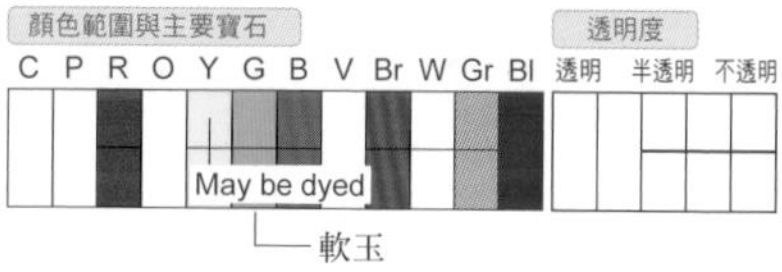

化學成分	$Ca_2(Mg,Fe^{2+})_5(Si_8O_{22})(OH)_2$		
晶系	單斜晶系	晶形	塊狀
折射率	1.606～1.632	密度	2.95
光澤	玻璃～油脂	解理	不明顯
摩氏硬度	6—6½	耐久性	**5** 4 3 2 1

裁切成片的軟玉原石。軟玉是有兩種緻密纖維狀結晶的集合體，屬於持久性高、不易磨損的礦物。

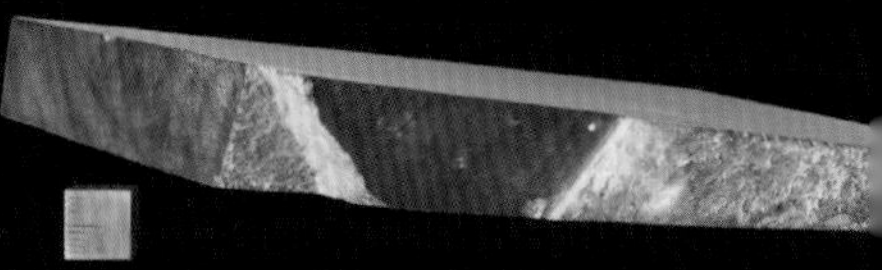

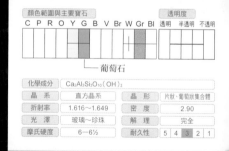

矽線石 無處理

Sillimanite,Untreated

產地　斯里蘭卡、緬甸、巴西
礦物種　矽線石

與紅柱石相同化學結構的礦物

矽線石與紅柱石（→ P.123）以及藍晶石（→ P.172）屬於同質異象的礦物。這三者的化學結構雖然相同，但結晶時卻因為溫度與壓力不同而產生相異的結晶構造。至於其礦物名的英文 Sillimanite，則是取自美國化學家班傑明 ・ 西利曼（Benjamin Silliman）教授之名。

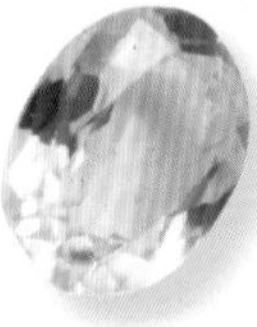

橢圓形的矽線石呈現淡淡的黃綠色

切磨成圓形的矽線石展現出淺淡的藍色

矽線貓眼石

礦物種：矽線石

Sillimanite

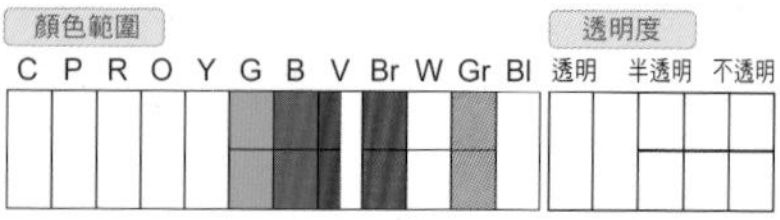

化學成分	Al_2SiO_5		
晶　系	斜方晶系	晶　形	柱狀、針狀
折射率	1.659～1.680	密　度	3.25
光　澤	玻璃～絲絹	解　理	完全
摩氏硬度	6—7½	耐久性	5 4 3 2 1
顏色效應	貓眼效應		

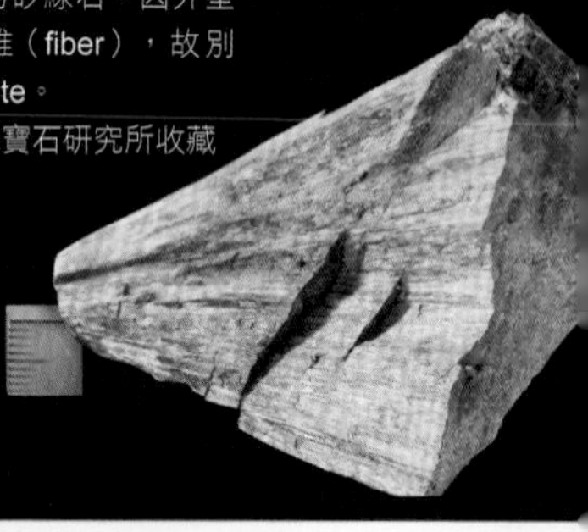

纖維狀的矽線石。因外型類似纖維（fiber），故別名 Fibrolite。
日本彩珠寶石研究所收藏

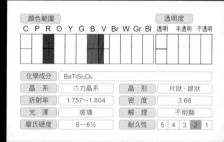

藍錐礦 無處理

Benitoite,Untreated

產地　美國
礦物種　藍錐礦

類似藍寶石的小巧稀少礦石

藍錐礦在 1907 年發現的當下，曾經讓人誤以為是藍寶石。藍錐礦通常呈藍色，無色與粉紅色亦有產出。不過這種礦物的色散與雙色性強，所以藍色切石通常會隨著欣賞角度的不同而呈現無色。第一次發現藍錐礦的地方，同時也是其英文名 Benitoite 來源的美國加州聖貝尼托礦山（San Benito County）至今依舊是主要產地。

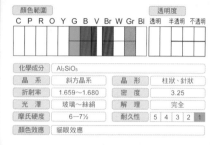

礦物種：藍錐礦【矽鋇鈦礦】

Benitoite

化學成分	$BaTiSi_3O_9$		
晶　系	六方晶系	晶　形	片狀、錐狀
折射率	1.757～1.804	密　度	3.68
光　澤	玻璃	解　理	不明顯
摩氏硬度	6—6½	耐久性	5 4 3 2 1

切磨成星形刻面（Star Facet）、讓寶石更加璀璨動人的藍錐礦。

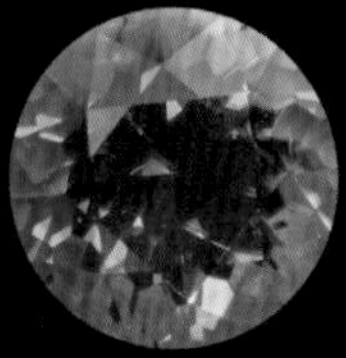

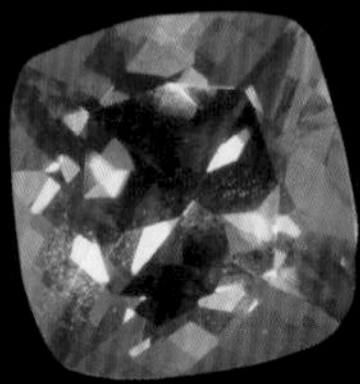

這是一種色散強、複折射高的礦物，大多以較小的晶體產出。

黃鐵礦 無處理

Pyrite,Untreated

產地 西班牙、玻利維亞、祕魯、墨西哥、羅馬尼亞、瑞典、美國

礦物種 黃鐵礦

人們口中的愚人金

黃鐵礦呈現的黃銅色深如黃金，因而別名愚人金（Fool's gold）。雖然這當中的黃金比重僅有 ¼，但因呈現金屬光澤，加上色調類似，往往讓淘金者誤解。商品名為「白鐵礦（Marcasite）」的黃鐵礦是 18 世紀中葉採用玫瑰形切工的小顆黃鐵礦結晶體，在當時是用來替代價格昂貴的鑽石。

採用玫瑰形切工的小顆黃鐵礦胸針（個人收藏）

礦物種：黃鐵礦【愚人金】

Pyrite

顏色範圍												透明度		
C	P	R	O	Y	G	B	V	Br	W	Gr	Bl	透明	半透明	不透明

化學成分	FeS_2		
晶系	立方晶系	晶形	立方體、八面體
折射率	above 1.81	密度	5.00
光澤	金屬	解理	無
摩氏硬度	6—6½	耐久性	5 4 **3** 2 1

黃鐵礦原石的產出型態有塊狀、粒狀、結核狀以及葡萄狀集合體。

硬度 6

礦物種：白鐵礦

Marcasite

產地 英國、法國、捷克、烏茲別克、墨西哥、加拿大、日本、玻利維亞

顏色範圍												透明度		
C	P	R	O	Y	G	B	V	Br	W	Gr	Bl	透明	半透明	不透明

化學成分	FeS_2		
晶系	直方晶系	晶形	片狀、柱狀
折射率	—	密度	4.9
光澤	金屬	解理	完全
摩氏硬度	6—6½	耐久性	5 4 3 2 **1**

與黃鐵礦密不可分的寶石

白鐵礦與黃鐵礦一樣，都是因為硫磺與鐵結合而形成的。白鐵礦屬於斜方晶系，而黃鐵礦屬於等軸晶系，兩者是同質異象的關係，因此過去以白鐵礦為素材製成的首飾配件其實使用的並不是白鐵礦，而是黃鐵礦與赤鐵礦。

白鐵礦的結晶體

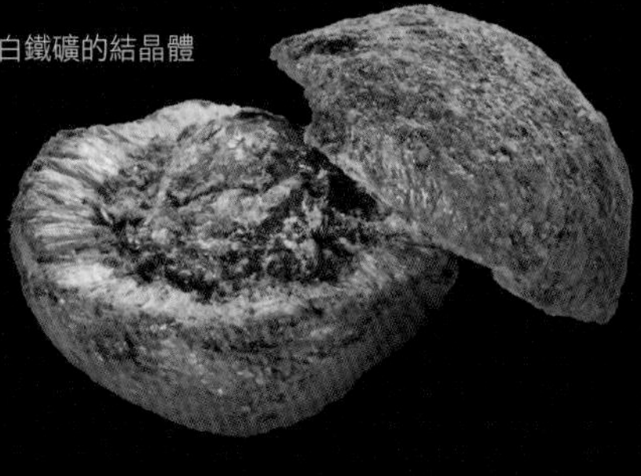

白鐵礦的結晶體一接觸到空氣就會分解，表面變色，並且生產出粉狀的變質物。

鋯石 無處理 加熱

Zircon,Untreated / Heated

產地 緬甸、斯里蘭卡、坦尚尼亞、柬埔寨、泰國
礦物種 鋯石

產出的色相琳瑯滿目，過去為鑽石替代品的寶石

鋯石這種寶石歷史相當悠久。其英文名 Zircon 的字源，是阿拉伯語中意指朱紅色的 Jargon。不過日本人是將紅色到黃色這個色區的鋯石稱為 Hyacinth，故名風信子石。

無色的鋯石若是切磨成圓明亮形，就能夠欣賞到高折射率與色散所帶來的璀璨火光。在人工鋯石，也就是合成二氧化鋯石普及之前，鋯石是深受矚目的鑽石替代品。可惜這種寶石硬度低，往往會因為切磨而動輒磨損。

無色鋯石〔加熱〕。出色的雙折射率讓稜線呈現重影現象

半透明略顯灰色的鋯石貓眼

褐鋯石

單顆藍色鋯石戒指約 2ct（個人收藏）

礦物種：鋯石【風信子石】

Zircon

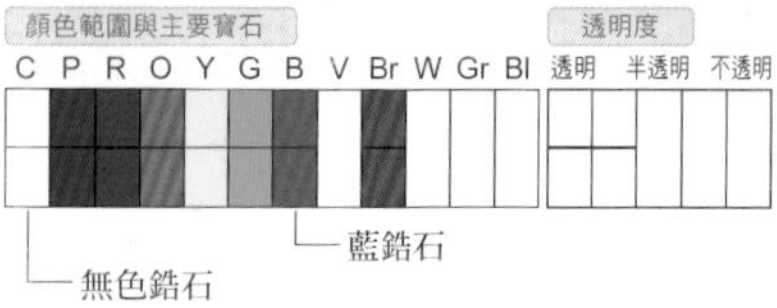

化學成分	$ZrSiO_4$		
晶系	四方晶系	晶形	柱狀、雙錐狀
折射率	1.925～1.984	密度	4.70
光澤	金剛～玻璃	解理	無
摩氏硬度	6—7½	耐久性	5 4 3 2 1
顏色效應	貓眼效應		

※無處理的鋯石耐久性為2～3，經過熱處理的鋯石則為1～2。

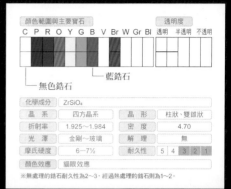

應為採自砂積礦床的鋯石原石。棕色產量多，經過 800 ～ 1000 度加熱之後，有時會變成無色或藍色，但是顏色未必穩定。

鋯石的色相

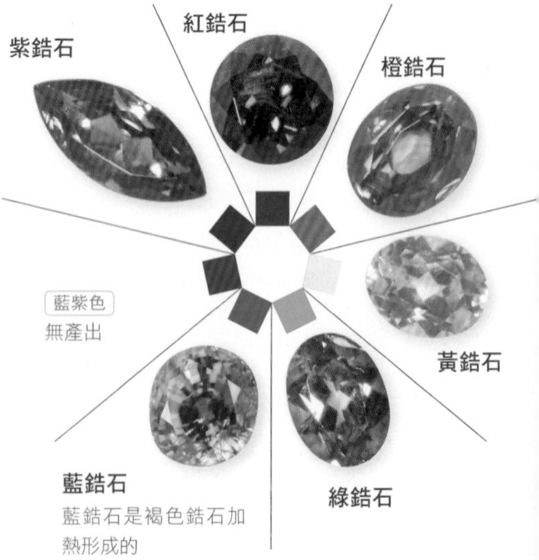

赤鐵礦 無處理

Hematite,Untreated

產地 英國、孟加拉、巴西、中國、紐西蘭、捷克
礦物種 赤鐵礦

從前的「喪禮首飾」

赤鐵礦的英文 Hematite 在希臘語中意指血液。這種寶石切磨成凸圓面時會釋放出金屬光澤，琢磨成薄片狀時顏色會愈顯紅潤而且透明清澈。古時是弔唁的首飾配件，今日則用來製作戒指與串珠項鍊，應用範圍非常廣泛。

市面上有不少號稱再造赤鐵礦（Haematein, Hematein），也就是赤鐵礦的仿冒石，要留意。

凸圓面的赤鐵礦

礦物種：赤鐵礦

Hematite

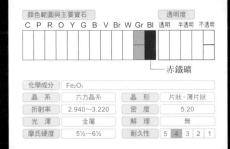

顏色範圍與主要寶石　C P R O Y G B V Br W Gr Bl　透明度　透明 半透明 不透明

赤鐵礦

化學成分	Fe_2O_3		
晶系	六方晶系	晶形	片狀、薄片狀
折射率	2.940～3.220	密度	5.20
光澤	金屬	解理	無
摩氏硬度	5½－6½	耐久性	5 **4** 3 2 1

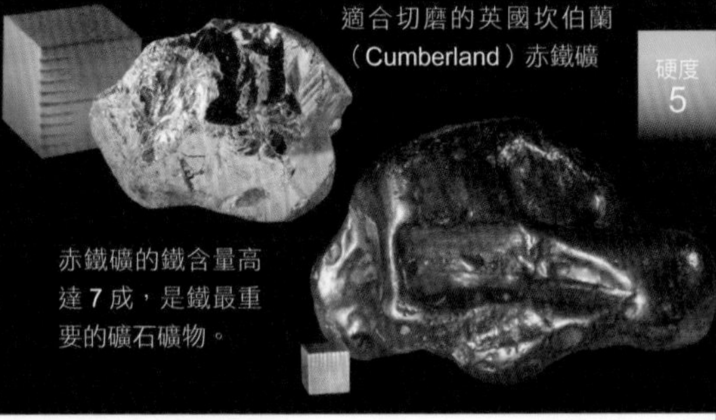

適合切磨的英國坎伯蘭（Cumberland）赤鐵礦

赤鐵礦的鐵含量高達 7 成，是鐵最重要的礦石礦物。

硬度 5

舒俱徠石 無處理

Sugilite,Untreated

產地 加拿大、日本、南非、義大利
礦物種 舒俱徠石

琢磨成凸圓面，欣賞豔麗色彩的紫色礦物

日本岩石礦物學家杉健一博士是其中一位發現舒俱徠石的人，故以他的名字命名。這種寶石發現於 1944 年，1976 年被認定為是新礦物。產出狀態有塊狀與粒狀，粉紅色～紫色的致色元素是錳，通常會切磨成凸圓面。

切磨成橢圓形、外型略為飽滿的舒俱徠石片。

礦物種：舒俱徠石【杉石】

Sugilite

顏色範圍　C P R O Y G B V Br W Gr Bl　透明度　透明 半透明 不透明

化學成分	$KNa_2(Fe^{2+},Mn^{2+},Al)_2Li_3Si_{12}O_{30}$		
晶系	六方晶系	晶形	塊狀
折射率	1.607～1.610	密度	2.74
光澤	蠟狀～玻璃	解理	無
摩氏硬度	5½－6½	耐久性	5 4 **3** 2 1

雖說是玻璃光澤，但也能夠感受到宛如上蠟、光彩油亮的舒俱徠石。
Deutsches Edelsteinmuseum 收藏

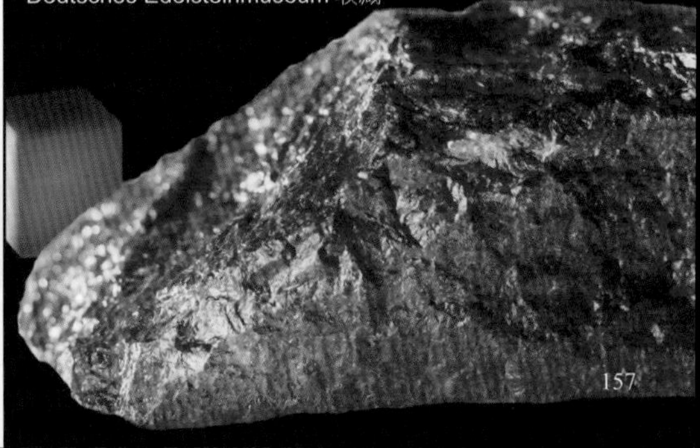

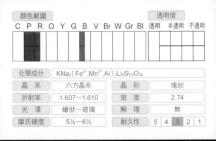

鉻透輝石 無處理

Chrome Diopside,Untreated

產地 緬甸、芬蘭、印度、馬達加斯加、澳洲、斯里蘭卡、南非、美國
礦物種 透輝石

翠綠宛如祖母綠的亮麗寶石

透輝石屬於輝石家族之一，包含了鈣與鎂這兩種元素。這種寶石雙折射率高，故以希臘語為字源，將其取名為 Diopside，意指「雙重影像」。包含鉻的透輝石會顯現出綠色，透明清澈，璀璨亮麗。但是考量到硬度與解理，若要做成首飾配件，建議切磨成凸圓面會比較恰當。

凸圓面的鉻透輝石，有的還會顯現出四條光芒，甚至貓眼效果。

礦物種：透輝石

Diopside

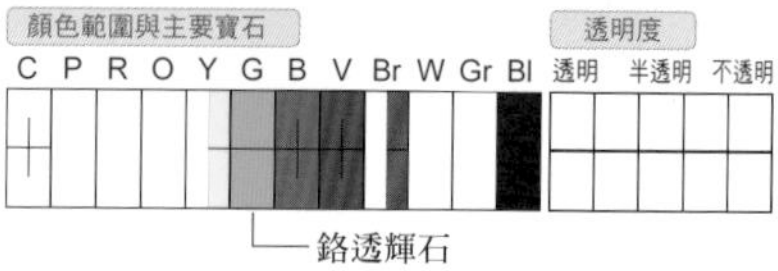

化學成分	$CaMgSi_2O_6$		
晶系	單斜晶系	晶形	立方體、柱狀
折射率	1.675～1.701	密度	3.29
光澤	玻璃～樹脂	解理	完全
摩氏硬度	5½－6	耐久性	5 4 3 2 1
顏色效應	星光效應、貓眼效應		

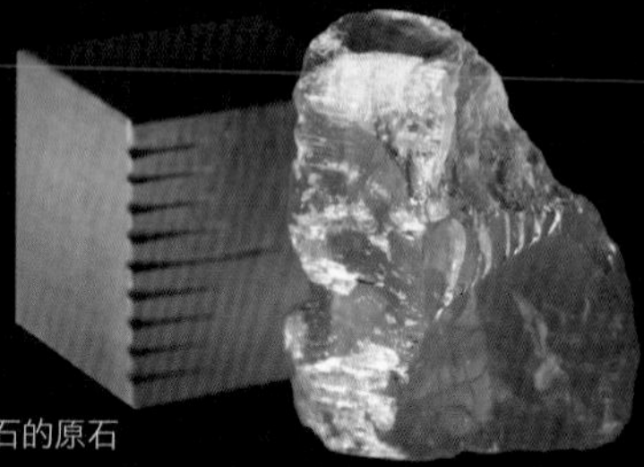

鉻透輝石的原石

藍方石 無處理

Hauyne,Untreated

產地 德國、義大利、俄羅斯、中國、法國、美國
礦物種 藍方石

有的價格不菲，甚至超過小顆藍寶石

曾為法國祭司的 René Just Haüy（1743-1822）於 1784 年提到，所謂結晶，是由微小的構造單位所組成，故其形狀決定了結晶體的外型。此觀點在結晶學上留下了一段豐功偉業。為讚揚他的業績而命名紀念的就是 Hauyne，即藍方石（Hauynite）。此寶石雖色彩亮麗，卻容易破損，加上裂縫多，僅適合收藏。

採用主刻面切工的藍方石，展現出有別於藍寶石、純粹無瑕的藍。

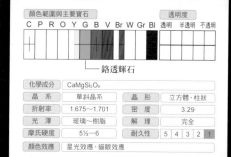

礦物種：藍方石

Hauyne

化學成分	$(Na,Ca)_{4\sim8}Al_6Si_6(O,S)_{24}(SO_4,Cl)_{1\sim2}$		
晶系	立方晶系	晶形	菱形12面體、8面體
折射率	1.496～1.510	密度	2.50
光澤	玻璃	解理	完全
摩氏硬度	5½－6	耐久性	5 4 3 2 1

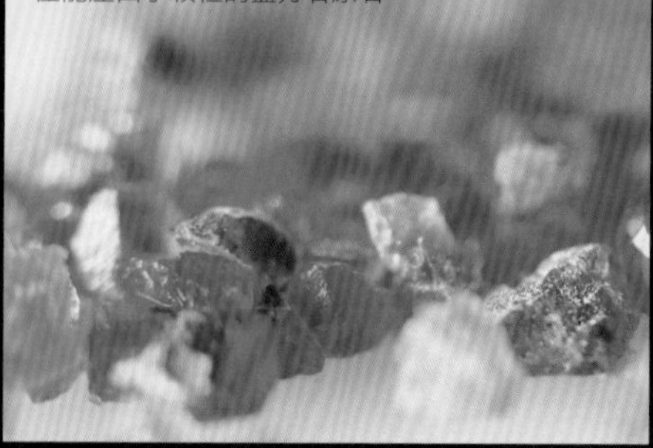

僅能產出小顆粒的藍方石原石

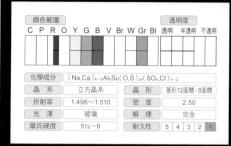

莫爾道玻隕石 無處理

Moldavite,Untreated

產地　捷克
礦物種　似曜岩

隕石墜落時偶然形成的玻璃

　　似曜岩屬於渾然天成的玻璃，綠色的稱為莫爾道玻隕石。似曜岩是巨大隕石墜落地面時，因為衝擊力而四處彈飛的地表岩石所形成的。此時出現的壓力與熱讓岩石瞬間溶解，在空中飛散時又因為急速冷卻而凝固。姑且不提莫爾道玻隕石與褐色的似曜岩，一般來講，似曜岩通常和下面這顆凸圓面的寶石一樣，呈現黑色。

採用主刻面切工的莫爾道玻隕石

幾乎所有的似曜岩都是呈黑色，泰國、中國與澳洲均可開採。

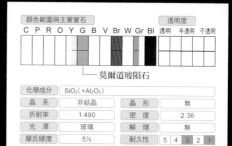

礦物種：似曜岩【泰國隕石】

Tektite

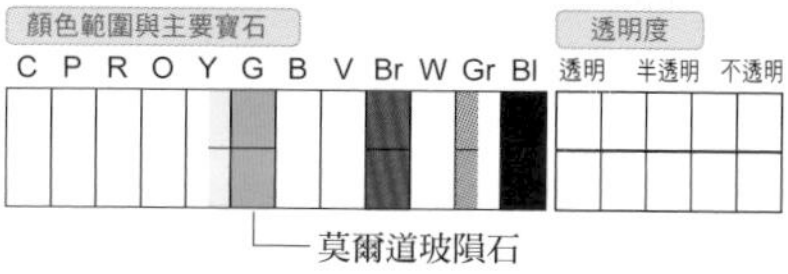

化學成分	$SiO_2(+Al_2O_3)$		
晶系	非結晶	晶形	無
折射率	1.490	密度	2.36
光澤	玻璃	解理	無
摩氏硬度	5½	耐久性	5 4 3 2 1

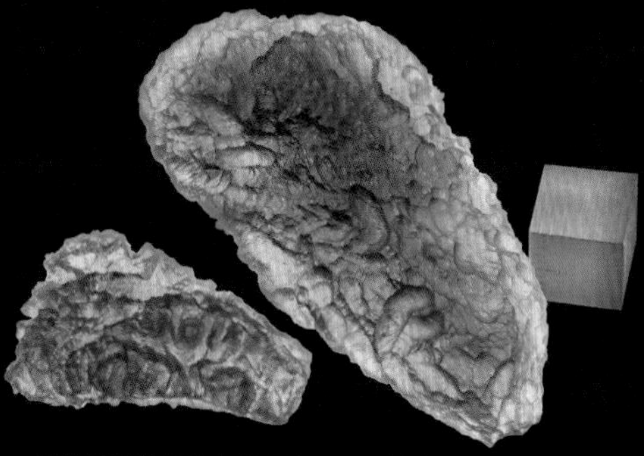

清澈透明的深綠色似曜岩原石，捷克產。

隕石～鎳鐵隕石（Meteorite）～

　　鎳鐵隕石的英文Meteorite原意指「流星」，也就是我們口中的隕石。「隕」是從高處落下的意思。隕石以極快的速度衝進地球的大氣層，通常會蒸發消失，能夠抵達地表的其實非常有限。隕石可以分為石隕石（stony meteorite）、鐵隕石（Iron meteorite）以及居中的石鐵隕石（stony–iron meteorite）這三種，雖然稱不上是寶石，卻是形成於宇宙、最後抵達地球的珍奇之物。

鐵隕石加工之後可用來製作手錶的文字盤

2013年3月在俄羅斯車里雅賓斯克（Chelyabinsk）墜落之後，一週內撿拾的鎳鐵隕石。

玫瑰石 無處理

Rhodonite,Untreated

產地 澳洲、芬蘭、日本、加拿大、馬達加斯加、墨西哥、俄羅斯、瑞典、南非、坦尚尼亞

礦物種 玫瑰石【薔薇輝石】

擁有豔紅玫瑰色彩的寶石

玫瑰石的英文 Rhodonite 來自希臘語的 Rhodon，意指玫瑰。這種寶石大多都不透明，而且中間還會夾層黑色的二氧化錳。玫瑰石的魅力如何，端視這層黑色內含物如何呈現。這種寶石由於產量多，雖美，但價格卻偏低。

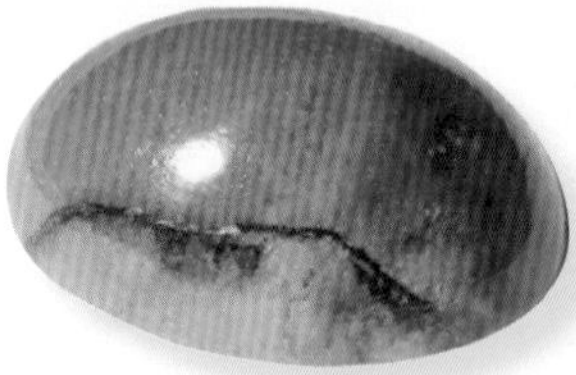

凸圓面的玫瑰石

礦物種：玫瑰石【薔薇輝石

Rhodonite

顏色範圍 C P R O Y G B V Br W Gr Bl

透明度 透明 半透明 不透明

化學成分	$(Mn,Ca)_5Si_5O_{15}$		
晶　系	三斜晶系	晶　形	片狀
折射率	1.733～1.747	密　度	3.50
光　澤	玻璃	解　理	完全
摩氏硬度	5½—6½	耐久性	5 4 3 2 1

大致切割的玫瑰石原石。可雕刻成工藝品、印章，或者製成裝飾用的磁磚。

磷灰石 無處理

Apatite,Untreated

產地 緬甸、巴西、印度、肯亞、馬達加斯加、墨西哥、挪威、斯里蘭卡、南非、美國、俄羅斯、納米比亞

礦物種 磷灰石

用來製造火柴等物品的含磷資源礦物

磷灰石的英文 Apatite 來自意指欺騙的希臘語 Apate。這種寶石透明亮麗，產出的色彩琳瑯滿目，通常採用主刻面切工。

部分磷灰石會經過放射線照射。

由左依序為磷灰石貓眼、淺黃綠色、綠色與藍色磷灰石。

礦物種：磷灰石

Apatite

顏色範圍 C P R O Y G B V Br W Gr Bl

透明度 透明 半透明 不透明

化學成分	$Ca_5(PO_4)_3(F,OH,Cl)$		
晶　系	六方晶系	晶　形	柱狀、片狀
折射率	1.634～1.638	密　度	3.18
光　澤	玻璃	解　理	不明顯
摩氏硬度	5	耐久性	5 4 3 2 1
顏色效應	貓眼效應		

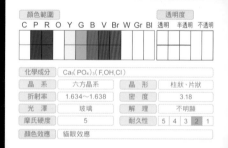

柱狀的磷灰石原石。產出的顏色琳瑯滿目，是世界上重要的含磷資源礦物，可用來製作火柴等物質。

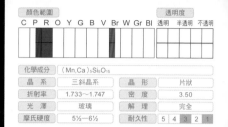

黑曜岩 無處理

Obsidian,Untreated

產地 厄爾瓜多、印尼、冰島等地，世界各地
礦物種 黑曜岩

亦可用來製作武器與石器的黑曜岩

黑曜岩是渾然天成的玻璃，以半透明～透明的黑色居多，而摻有灰色～白色內含物的稱為雪花黑曜岩（Snowflake Obsidian）。這種寶石斷口呈貝殼狀，故古人通常會利用其銳利的刀尖來製作武器或工具，至於會反射光線的那一面則是用來製作鏡子或驅魔工具。

凸圓面的黑曜岩。含有赤鐵礦時會呈現紅色或褐色。硬度比窗戶玻璃略佳。

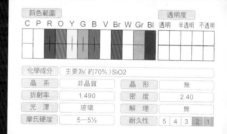

礦物種：黑曜岩

Obsidian

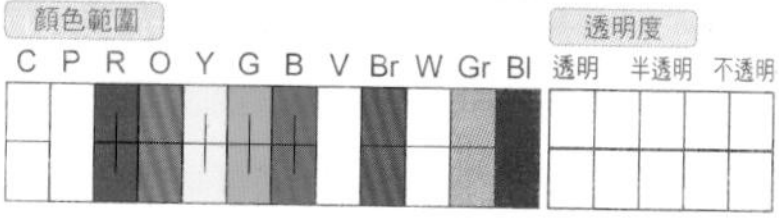

化學成分	主要為(約70%)SiO_2		
晶系	非晶質	晶形	無
折射率	1.490	密度	2.40
光澤	玻璃	解理	無
摩氏硬度	5—5½	耐久性	5 4 3 2 1

展現雪花模樣的黑曜岩原石

榍石 無處理

Sphene,Untreated

產地 澳洲、巴西、墨西哥、美國
礦物種 楔石

色散比鑽石還要強烈的寶石

榍石的礦物學名之所以為 Titanite（楔石），起因在於這是一種含有鈦（Titanium）的礦物，故名。榍石的寶石名英文為 Sphene，原因在於其結晶體的形狀呈楔形，故以希臘語的楔子 Sphene 來命名。這是一種色呈綠色或褐色、透明度非常高的寶石，而且釋放出來的火光還遠勝於鑽石。

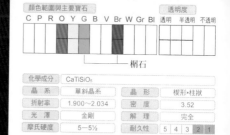

榍石的色散十分強烈，有紅、橙、黃、綠，折射率與雙折射性非常高，多色性的風格相當獨特。

礦物種：楔石

Titanite

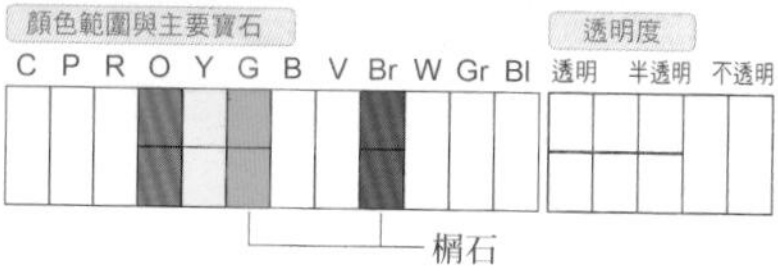

化學成分	$CaTiSiO_5$		
晶系	單斜晶系	晶形	楔形•柱狀
折射率	1.900～2.034	密度	3.52
光澤	金剛	解理	完全
摩氏硬度	5—5½	耐久性	5 4 3 2 1

展現典型楔形狀態的楔石

光蛋白石 無處理

Light Opal, Untreated

產地 澳洲

礦物種 蛋白石→ P.165

品質與市場價值參考標準（1 克拉）		
GQ	JQ	AQ

5 萬日圓	2 萬日圓	0.3 萬日圓

以澳洲為主要產地的蛋白石

光蛋白石一般稱為白蛋白石（White Opal）。不過白蛋白石這個名字本應用來稱呼乳白色或白色的蛋白石，透明度高的水晶蛋白石（Crystal Opal）其實是不適用的。光蛋白石在 19 世紀末之前以當今的斯洛伐克為主要產地，但是自從 1887 年在澳洲發現之後，該地便持續開採出品質極佳的光蛋白石，不僅遊彩效應（→ P.165）鮮豔亮麗，樣態與形狀更是卓越出色，堪稱上品。

由左依序為光蛋白石耳環 0.20ct（POLA）與項鍊 0.35ct（POLA ⑧⑦）

橢圓形的浮雕首飾。刻劃的女性雕像散發出燦爛光芒。

光蛋白石戒指（個人收藏⑧⑧

墨西哥蛋白石 無處理

Mexican Opal, Untreated

產地 墨西哥

礦物種 蛋白石→ P.165

品質與市場價值參考標準（3 克拉）		
GQ	JQ	AQ

100萬日圓	30萬日圓	7 萬日圓

遊彩效應相當明顯的兩種蛋白石

遊彩效應相當出色的墨西哥蛋白石當中，底色為藍色系列的是水蛋白石（Water Opal），橘色系列的是火蛋白石（Fire Opal）。這兩種蛋白石在阿茲特克文明（Aztecs。1428 年左右～1521 年）時期早已用來製作裝飾配件。水蛋白石的光彩清澈如水，火蛋白石的光芒則宛如環繞在火焰之中。這兩種寶石在 1960 年代曾經掀起一陣風潮，不少日本人相競購買，只可惜因為脫水而產生裂痕的情況層出不窮，因而失去了作為商品的競爭力。

左為水蛋白石戒指（個人收藏⑧⑨），右為火蛋白石戒指（個人收藏⑨⑩）

黑蛋白石 無處理

Black Opal, Untreated

產地　澳洲
礦物種　蛋白石→ P.165

品質與市場價值參考標準（3 克拉）		
GQ	JQ	AQ

200萬日圓	40萬日圓	4 萬日圓

底色深沉的黑蛋白石

黑蛋白石戒指左（個人收藏⑼）,右（個人收藏⑽）。

長久以來，人們從未知道黑蛋白石的存在，直到 1902 年才在澳洲新南威爾斯州的澳洲閃電嶺（Lightning Ridge）發現，時至今日。這是一種將光芒與色彩合而為一的美麗蛋白石。例如右邊這只名為「Harlequin」的戒指，鑲嵌的就是色調清澈、色彩深邃、整體造型絕佳絕妙的黑蛋白石。

礫背蛋白石 無處理

Boulder Opal,Untreated

產地　澳洲
礦物種　蛋白石→ P.165

品質與市場價值參考標準（3 克拉）		
GQ	JQ	AQ

60萬日圓	12萬日圓	2 萬日圓

英文名意指「大圓石」

礫背蛋白石在澳洲昆士蘭州的「圓石」中即可發現。附著在母岩，也就是鐵礦石之中的蛋白石會在縫隙中沉積形成一層條帶，並且隨同母岩產出。人們將其取出，加以切磨，讓礫背蛋白石於 1960 年代在寶石市場隆重登場。然而市場上常見價格稍低的雙層蛋白石（Doublet Opal）與三層蛋白石（Triplet Opal），難以與礫背蛋白石區別，建議從側面判斷確認。

扁平的礫背蛋白石。
與母岩一起切磨而成的。

雙層蛋白石與三層石

充分發揮遊彩效應而且品質出色的蛋白石物稀價高，故從 1900 年代初期起，人們便開始將光蛋白石切磨成薄片，以貼合的方式製造雙層蛋白石與三層蛋白石。

雙層蛋白石

將磨成薄片的光蛋白石塗上一層黑色膠，再與普通蛋白石（Common Opal）或者是母岩貼合而成的組合寶石。

三層蛋白石

由玻璃（或者是水晶）、蛋白石及瑪瑙構成的三層組合寶石。

火蛋白石 無處理
坎特拉蛋白石 無處理
普通蛋白石 無處理

Fire Opal, Untreated
Cantera, Untreated
Common Opal, Untreated

產地 墨西哥
礦物種 蛋白石→ P.165

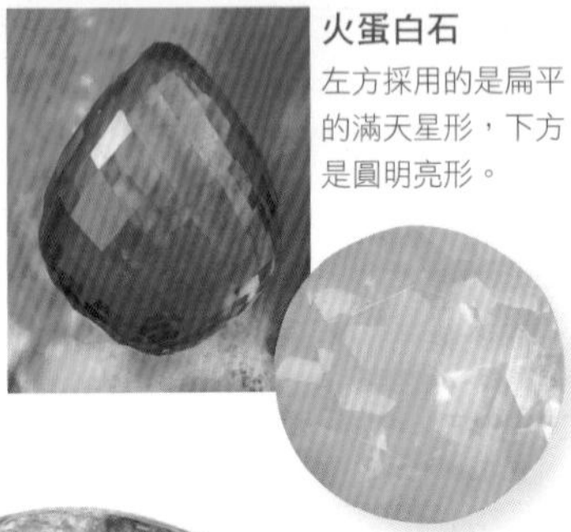

火蛋白石
左方採用的是扁平的滿天星形，下方是圓明亮形。

坎特拉蛋白石
連同母岩流紋岩（底部）一同切磨

普通蛋白石
上方為沒有遊彩效應的白色蛋白石。左方為普通蛋白石項鍊（個人收藏）。

毫無遊彩效應的蛋白石

不見任何遊彩效應的紅色與橘色系列蛋白石稱為火蛋白石。而坎特拉蛋白石則是連同母岩一起切磨的貴蛋白石（Precious Opal）（→ P.165），1980 年左右開始在市場上出現。這是因為資源減少以及為了抑制價格而誕生的寶石。普通蛋白石是不具遊彩效應的不透明寶石。雖然產量多，而且會附上各種商業名義，但就寶石來講，幾乎毫無價值可言。

吸收水分的蛋白石

近年來衣索比亞大量產出具有遊彩效應的光蛋白石，而且這種蛋白石會在短時間內吸收水分。以 8 顆 4.29ct 的衣索比亞蛋白石（照片Ⓐ）為例，只要浸泡在水中 2 小時，就會增加約 6.5% 的重量，不過遊彩效應會變差（照片Ⓑ）。相反地，使其乾燥脫水的話，有時反而會讓蛋白石出現裂紋（龜裂紋）。

儘管有些地方可以產出美麗永恆不滅的蛋白石，無奈大多數蛋白石的重量與美都和衣索比亞的蛋白石一樣相當不穩定，故當我們在購買寶石時要切記，一定要向熟知該種寶石的人購買。

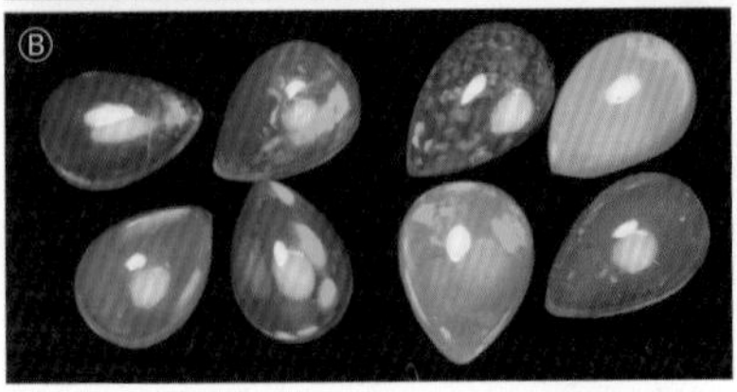

經過浸水實驗，在空氣中自然乾燥之後，才不過一週時間就恢復原狀的蛋白石（照片Ⓐ）

礦物種：蛋白石

Opal

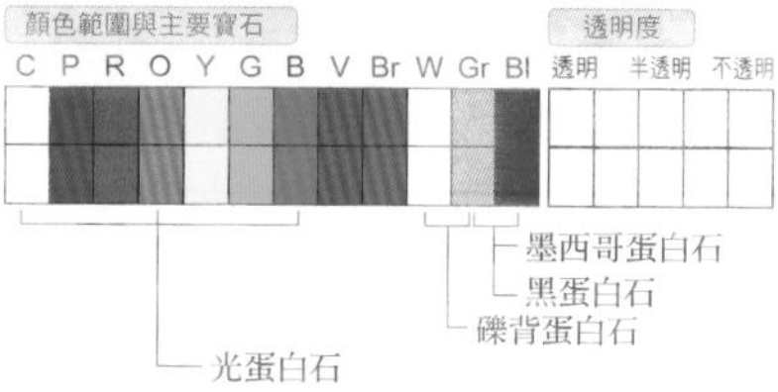

化學成分	$SiO_2 \cdot nH_2O$		
晶　系	非晶質	晶　形	塊狀
折射率	1.450	密　度	2.15
光　澤	玻璃～樹脂	解　理	無
摩氏硬度	5—6½	耐久性	5 4 3 2 1
顏色效應	遊彩效應		

彩虹光芒閃耀動人的寶石

蛋白石的英文Opal來自拉丁語的Opalus，意指頂級寶石。古羅馬人甚至相信蛋白石是一種充滿愛與希望的寶石。

顯現遊彩效應這個特徵的蛋白石稱為貴蛋白石，不帶遊彩效應的紅～黃色蛋白石稱為火蛋白石，而可用來當作切磨劑與隔熱材料的則是普通蛋白石。

何謂遊彩效應？

蛋白石獨特又靈活多變的閃爍光彩稱為遊彩效應。然而這種情況卻要到1960年以後，人們才知道那些可以用肉眼觀察細緻勻稱圖案的蛋白石，其實是細小球狀或者是塊狀粒子的集合體。蛋白石之所以會呈現遊彩效應，是因為裡頭顆粒均勻的球狀粒子整齊緊密排列而來的。只要光線一照射，顆粒較小的蛋白石就會呈現紫色，大小居中的呈現綠色，顆粒較大的就會變成紅色，充分展現出和彩虹一樣豐富多變的遊彩效應。

墨西哥蛋白石原石

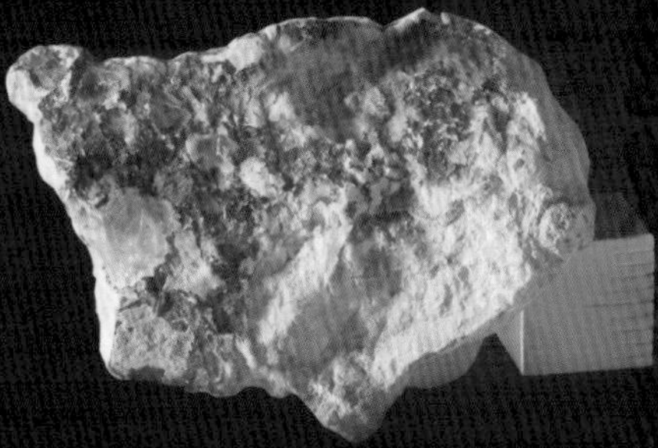

礫背蛋白石原石

光蛋白石原石，墨西哥產。

沒有遊彩效應的普通蛋白石原石

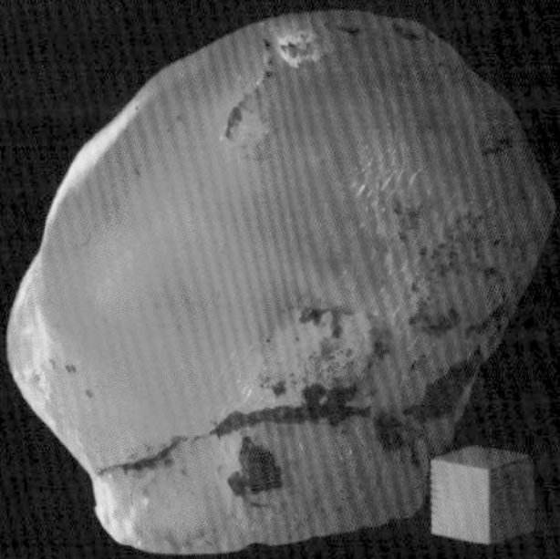

礫背蛋白石原石

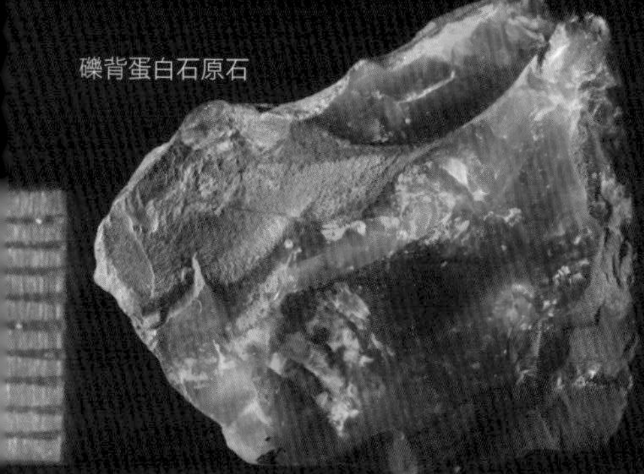

沒有遊彩效應的火蛋白石原石

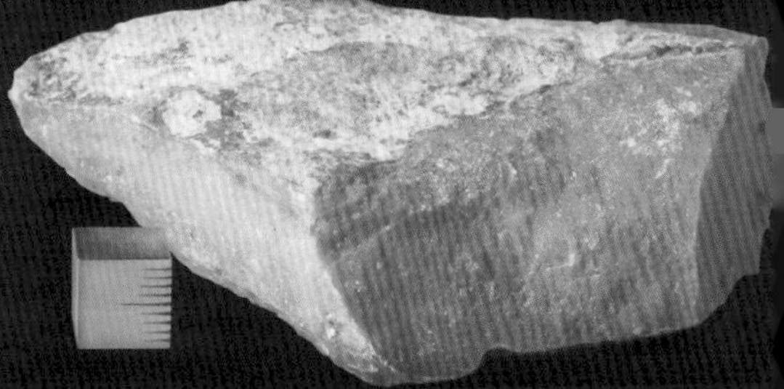

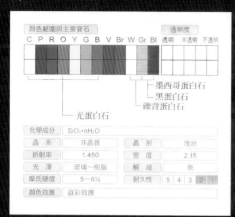

波斯土耳其石 無處理

Turquoise, Persian, Untreated

礦物種　土耳其石→ P.167

品質與市場價值參考標準（5 克拉）		
GQ	JQ	AQ

2 萬日圓	1 萬日圓	0.4 萬日圓

最佳品質，始終如一

在伊朗開採的土耳其石稱為「波斯土耳其石」，而且品質及至今日依舊深受好評。伊朗尼沙普爾礦山（Nishapur）挖掘的土耳其石質地硬，色調佳，不易變成綠色。但是像右上角這款品質較差（AQ）的土耳其石顏色就顯得比較淺淡，而且質地軟。

而展現和照片這只戒指一樣的「土耳其藍」是公認最美的天然土耳其石。上頭是否出現土耳其石獨一無二的母岩（→ P.249）脈紋以及紋路固然會影響個人喜好，不過最重要的，還是在於圖紋協調與否。

優美的波斯土耳其石做成首飾穿戴在身，可以展現出一股洗鍊的奢華氣息。不過這種寶石沾到清潔物品等藥劑會非常容易變色，要小心。

磨平的波斯土耳其石戒指（個人收藏⑨③）

切磨成凸圓面的波斯土耳其石

亞利桑那土耳其石 樹脂含浸

Turquoise, Arizona, Acrylic Impregnation

礦物種　土耳其石→ P.167

樹脂含浸，永保美麗

古墨西哥人相當讚賞土耳其石，而且還將其視為是一種勝於黃金的貴重寶石。儘管墨西哥王國（1428 年左右～ 1521 年）已經瓦解，但是看在美國印地安人中的培布羅族（Pueblo）與納瓦荷族（Navajo）眼裡卻依舊珍貴無比。不僅如此，美國亞利桑那州甚至還曾經大量出現以銅礦床為副產品的土耳其石。

大多數的土耳其石都會經過樹脂含浸，或者是柴克利（James E. Zachery）發明的柴克利電鍍法（Zachery Process）以預防寶石變色。

上為美國亞利桑那土耳其石戒指（個人收藏⑨④）
右為滿天星形土耳其石項鍊（POLA），以及搭配白金的土耳其石耳環（POLA⑨⑤）。

礦物種：土耳其石【綠松石】

Turquoise

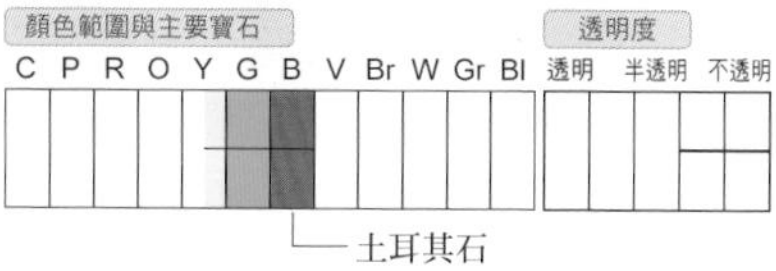

化學成分	$CuAl_6(PO_4)_4(OH)_8 \cdot 4H_2O$		
晶系	三斜晶系	晶形	塊狀
折射率	1.610～1.650	密度	2.76
光澤	蠟狀～玻璃	解理	無
摩氏硬度	5—6	耐久性	5 4 3 2 1

亙古綿長的寶飾品

土耳其石歷史悠久，早在西元前 5000 年，美索不達米亞（現伊拉克）就已經出現土耳其石串珠。13 世紀以前人們並不將其稱為土耳其石，而是以意指美麗石頭的「calläis」來稱呼。之後威尼斯商人經過土耳其，渡過地中海，把這種寶石帶到法國。當時買者將其稱為「土耳其之石」，因而漸漸成為現今流傳的名稱。

就歷史來講，與土耳其石關係密切的地方有兩個。其中一個是中東的埃及、伊拉克與伊朗等地。當地人非常重視土耳其石，並且相信這種寶石可以帶來好運。而另外一個地方是美國的內華達州、亞利桑那州與新墨西哥州。早在一千年前，美國印地安人就已經在開採土耳其石了。

圖紋獨特的土耳其石

土耳其石的顏色決定在鐵與銅的含量。鐵含量多，顏色就會偏綠；銅含量多，顏色就會偏藍。另外，有些土耳其石還會因為包裹作用讓母岩呈現褐色或黑色的脈紋，遍布其中。

只要一接觸到空氣，土耳其石的天藍色就會變成綠色，但限波斯（伊朗）尼薩普爾礦山（Neyshabur）生產的土耳其石。不僅如此，此處產出的土耳其石還鮮少因為接觸空氣而老化。不過土耳其石屬於多孔性，除了波斯土耳其石，其他地方產出的土耳其石通常都會用蠟或樹脂浸染，以防品質惡化。

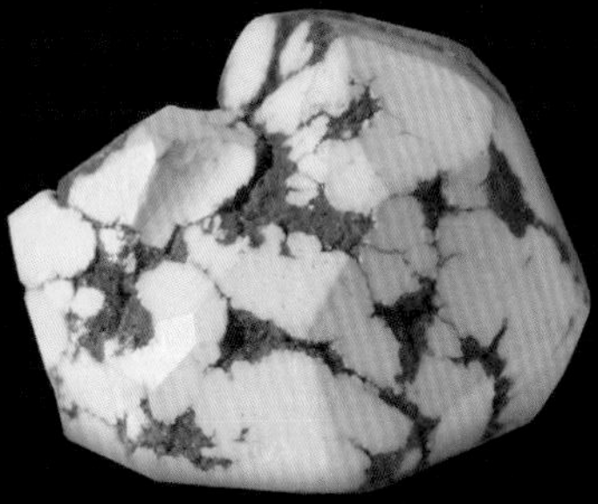

可以清楚看出母岩的波斯土耳其石原石〔無處理〕

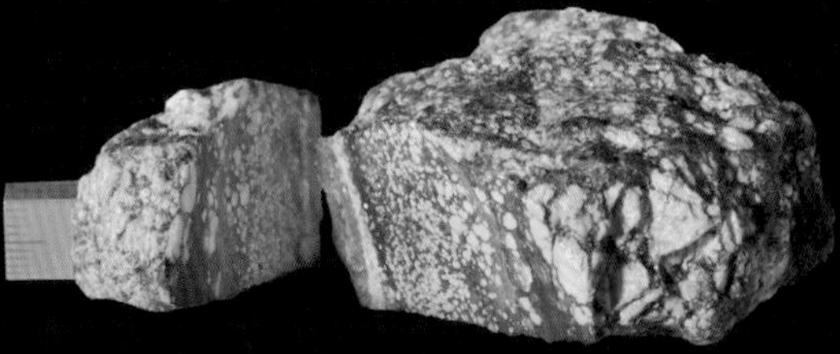

經過含浸處理的中國土耳其石原石，左邊是裁切下來的部分。此處產出的土耳其石絕大多數都會摻入不純物質，形成風格獨特的母岩。

柴克利電鍍法處理之後裁切的土耳其石原石，美國亞利桑那州產。

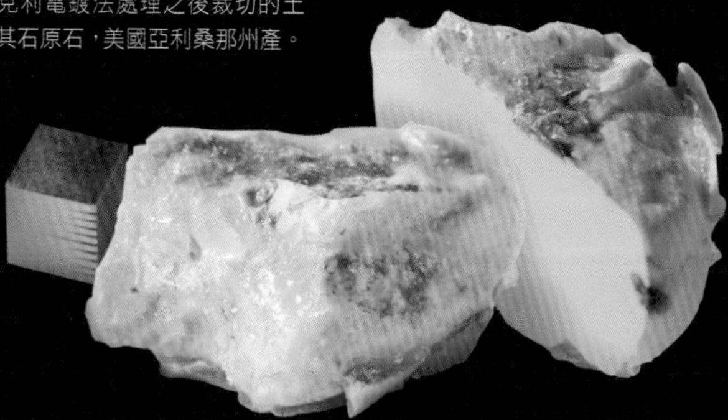

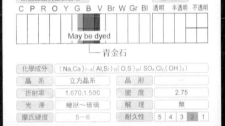

品質與市場價值參考標準（5 克拉）		
GQ	JQ	AQ
6 萬日圓	2 萬日圓	0.2 萬日圓

青金石 無處理

Lapis Lazuli, Untreated

產地　阿富汗、智利、安哥拉、緬甸、加拿大、巴基斯坦、美國（加州 ‧ 科羅拉多州）

礦物種　青金石

史前即為裝飾配件、碧藍純淨的岩石

青金石囊括的岩石種類非常豐富，有天藍石 20 ～ 40%、方解石、透輝石、頑火輝石（Enstatite）、藍方石與方鈉石。其英文名 Lapis-Lazuli 在阿拉伯語與拉丁語中意指藍色石頭。6000 年來，阿富汗西興都庫什山（the west the Hindu Kush）產出的青金石一直是人們心目中的上品。

品質最好的青金石呈現了深邃的琉璃色，上頭帶有微量的白色方解石斑點與黃鐵礦粒子。磨平時整顆寶石分布的琉璃色是否均勻、顯現的是否為天然色彩而非人工著色等因素，都是判斷青金石品質的根據。青金石的色彩必須均勻分布，否則難以與美麗劃上等號。

由左按順時針方向依序為作為寶飾品的凸圓面青金石、當作時鐘文字盤的青金石，以及裝飾配件其中一部分的青金石。不過這種寶石不耐酸，光是碰到檸檬汁就會變色。

青金石腰帶扣。由 2 片石板組成（個人收藏⑯）。

青金石串珠項鍊。色調雖然不透明，卻顯現出典雅的色彩。

礦物種：青金石【琉璃】

Lapis-Lazuli

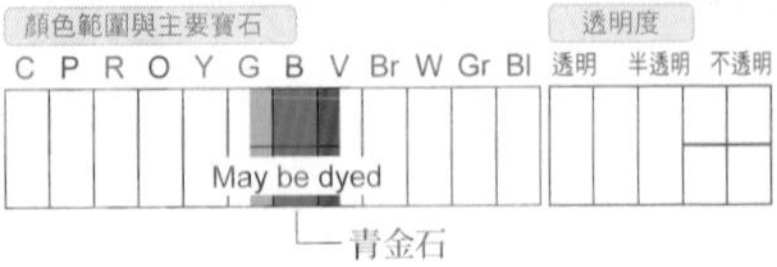

化學成分	$(Na,Ca)_{7\sim8}(Al,Si)_{12}(O,S)_{24}(SO_4,Cl_2,(OH)_2)$		
晶系	立方晶系	晶形	—
折射率	1.670,1.500	密度	2.75
光澤	蠟狀～玻璃	解理	無
摩氏硬度	5—6	耐久性	5 4 3 **2** 1

青金石原石（阿富汗產）

Ⓐ

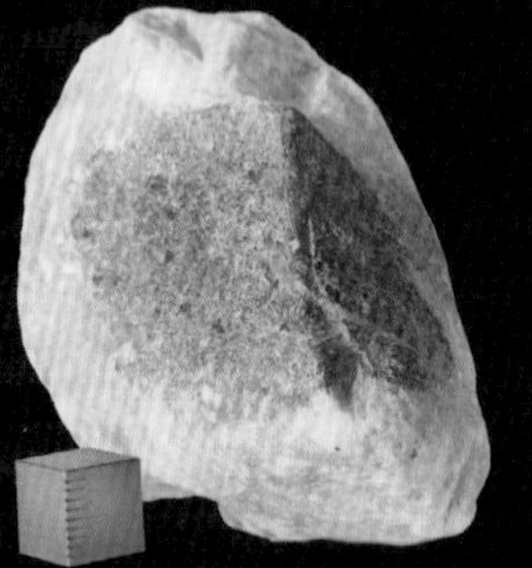

Ⓑ

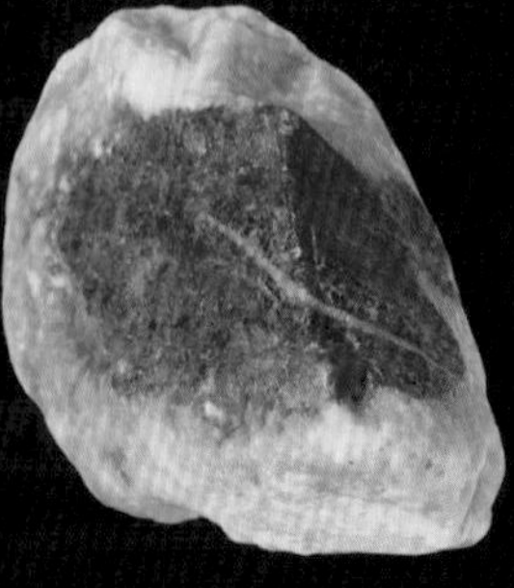

Ⓐ為乾燥狀態，Ⓑ為含有水分狀態。觀察原石時，通常會使其處於含有水分或油分的狀態之下，以便判斷顏色、透明度以及是否有其他缺點。

陽起石 無處理

Actinolite, Untreated

產地 中國、台灣、加拿大、馬達加斯加、坦尚尼亞、美國
礦物種 陽起石

與軟玉同一系列的寶石

陽起石的結晶體形狀相當獨特，故其英文 Actinolite 隱含著「放射的光芒」這個含義，為角閃石的一種。陽起石的化學結構含有鎂，若將其中一部分轉換成鐵，讓鐵的含量變多，顏色就會偏綠，所以日本人才會將其稱為綠閃石。而與陽起石同為角閃石家族的透閃石（Tremolite）透過顯微鏡觀察時，若是發現集合在一起的結晶體，那麼這顆礦石這就是軟玉。

左邊這顆透明度較高的陽起石採用了主刻面切工，而不透明的則是切磨成凸圓面。

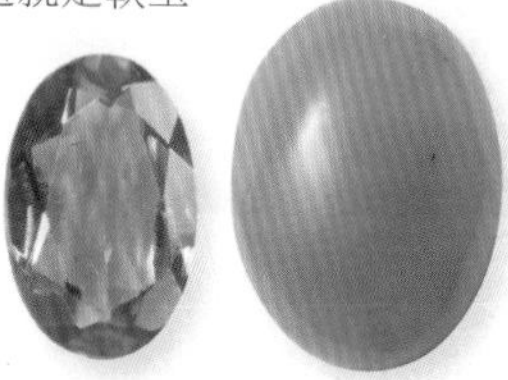

礦物種：陽起石

Actinolite

顏色範圍 C P R O Y G B V Br W Gr Bl　透明度 透明 半透明 不透明

化學成分	$Ca_2(Mg,Fe^{2+})_5(OH \mid Si_4O_{11})_2$		
晶系	單斜晶系	晶形	柱狀、針狀
折射率	1.614～1.641	密度	3.00
光澤	玻璃	解理	完全
摩氏硬度	5—6	耐久性	5 4 3 2 1
顏色效應	貓眼效應		

成形時通常會出現細長形的陽起石原石

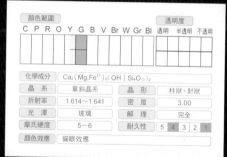

方鈉石 無處理

Sodalite, Untreated

產地 巴西、格陵蘭、印度、加拿大、納米比亞、俄羅斯
礦物種 方鈉石

顏色比青金石深邃且價廉的藍色寶石

方鈉石的鈉（soda）含有率高，因而在 1911 年得以命名為 Sodalite。其所顯現的藍紫色比青金石還要深，而且還摻了白色方解石的脈紋，構成的圖紋若是均衡協調，就能夠琢磨出一顆豔麗的寶石。底下的亞種礦物有包含微量硫磺在內的紫方鈉石（Hackmanite），只要一照射在紫外線之下，就會暫時顯現出略深的粉紅色與紫色。

礦物種：方鈉石

Sodalite

顏色範圍 C P R O Y G B V Br W Gr Bl　透明度 透明 半透明 不透明

化學成分	$Na_4Al_3Si_3O_{12}Cl$		
晶系	立方晶系	晶形	塊狀
折射率	1.483	密度	2.25
光澤	玻璃～油脂	解理	完全
摩氏硬度	5—6	耐久性	5 4 3 2 1

以塊狀集合體型態產出的方鈉石原石

帶有白色方解石脈紋、切磨成凸圓面的方鈉石。

天藍石 無處理

Lazulite,Untreated

產地 阿富汗、安哥拉、玻利維亞、巴西、印度、馬達加斯加

礦物種 天藍石

天藍石的英文Lazulite來自德語的Lazurstein，意指「藍色石頭」。這種寶石透明與不透明均有產出，不過顆粒碩大、清澈透明的天藍石卻為數不多，加上硬度低，若要配戴在身，建議切磨成凸圓面或者是做成串珠。

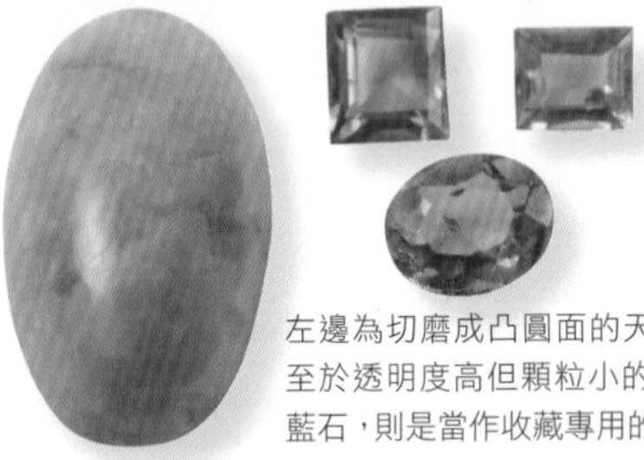

左邊為切磨成凸圓面的天藍石，至於透明度高但顆粒小的刻面天藍石，則是當作收藏專用的串珠。

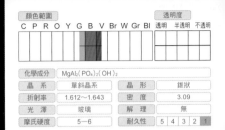

礦物種：天藍石

Lazulite

顏色範圍：C P R O Y G B V Br W Gr Bl

透明度：透明 半透明 不透明

化學成分	$MgAl_2(PO_4)_2(OH)_2$		
晶系	單斜晶系	晶形	錐狀
折射率	1.612～1.643	密度	3.09
光澤	玻璃	解理	無
摩氏硬度	5—6	耐久性	5 4 3 2 1

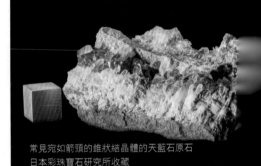

常見宛如箭頭的錐狀結晶體的天藍石原石
日本彩珠寶石研究所收藏

透視石 無處理

Dioptase, Untreated

產地 智利、吉爾吉斯共和國、剛果民主共和國、納米比亞、祕魯、俄羅斯、薩伊

礦物種 透視石【綠銅礦】

易與祖母綠混淆的寶石

長久以來人們一直將透視石誤認為祖母綠。直到1797年，在法國寶石學家René Just Haüy的重新研究之下才發現其實這是一種新的礦石。透視石只要透過光線，就能夠清楚看出內部解理，因此人們將希臘語中的穿透（Dia）與看見（Opazein）這兩個字組合，為其命名。不過透視石易碎裂、不透明，再加上大顆結晶體不多，故不適合琢磨成寶石。

將半透明的透視石切磨成祖母綠形與橢圓形，但是邊角破損。

礦物種：透視石【綠銅礦

Dioptase

顏色範圍：C P R O Y G B V Br W Gr Bl

透明度：透明 半透明 不透明

化學成分	$CuSiO_2(OH)_2$		
晶系	六方晶系、三方晶系	晶形	柱狀
折射率	1.655～1.708	密度	3.30
光澤	玻璃	解理	完全
摩氏硬度	5	耐久性	5 4 3 2 1

透視石的原石。綠色部分的致色元素是銅離子，有別祖母綠微量的致色因素，亦即鉻離子。

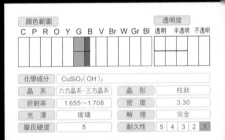

拉利瑪石 無處理

Larimar, Untreated

產地 多明尼加、加拿大、英國、美國、義大利、格陵蘭、俄羅斯、日本

礦物種 針鈉鈣石

加勒比海的三大寶石之一

1974 年，自從人們在多明尼加發現了顯現水藍色、品質出色的針鈉鈣石之後，徹底改變了這種礦物的命運。人們為其賦予 Larimar 這個寶石名。1985 年，美國的寶石商將拉利瑪石譽名為加勒比海的寶石，加以販售。Lari 是女孩的名字，至於 mar，在西班牙語中意指海洋。不僅如此，拉利瑪石甚至還與琥珀以及海螺珍珠（Conch Pearl）合稱加勒比海的三大寶石。

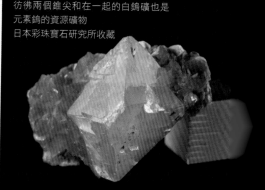

凸圓面的拉利瑪石。藍色色彩深邃，紋路鮮明清晰，堪稱上品。

礦物種：針鈉鈣石

Pectolite

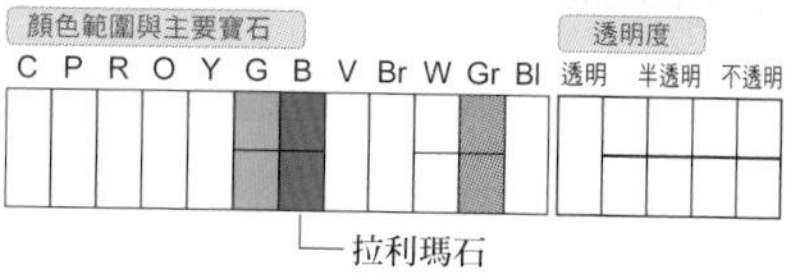

化學成分	$NaCa_2Si_3O_8(OH)$		
晶系	三斜晶系	晶形	針狀
折射率	1.599～1.628	密度	2.81
光澤	玻璃～絲絹	解理	完全
摩氏硬度	4½—5	耐久性	5 4 3 2 1

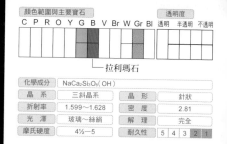

色調宛如土耳其石的針鈉鈣石，多明尼加產。

白鎢礦 無處理

Scheelite,Untreated

產地 日本、韓國、墨西哥

礦物種 白鎢礦

適合收藏家珍藏的寶石

白鎢礦的英文 Scheelite 源自瑞典化學家卡爾・威廉・席勒（Carl Wilhelm Scheele）之名，並於 1821 年得以命名。雖可產出透明清澈、色澤明亮的礦石，可惜解理完全朝同一個方向，耐久性更是差強人意。

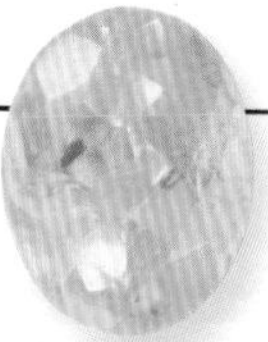

色調偏黃、採用主刻面切工的白鎢礦。

瀕臨破裂邊緣的棕色白鎢礦
日本彩珠寶石研究所收藏

礦物種：白鎢礦

Scheelite

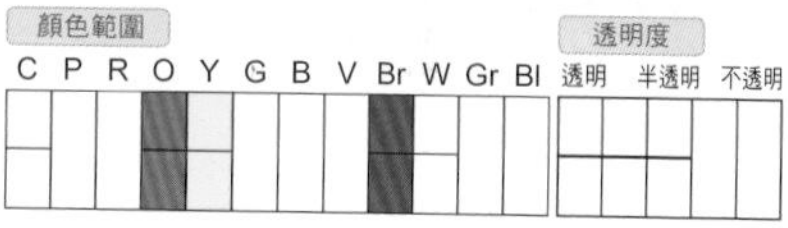

化學成分	$CaWO_4$		
晶系	正方晶系	晶形	雙錐狀
折射率	1.918～1.934	密度	6.00
光澤	金剛	解理	完全
摩氏硬度	4½—5	耐久性	5 4 3 2 1

彷彿兩個錐尖和在一起的白鎢礦也是元素鎢的資源礦物
日本彩珠寶石研究所收藏

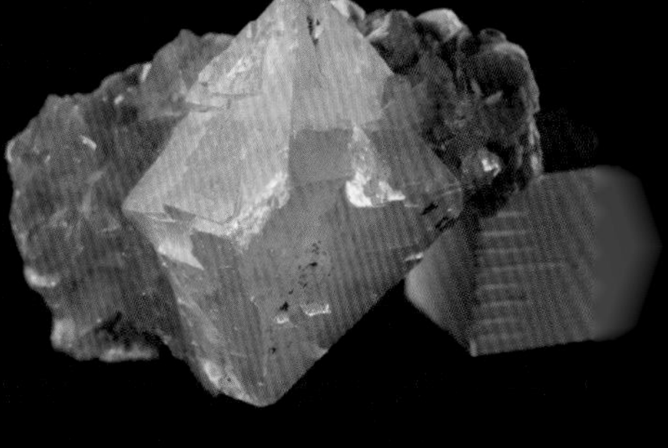

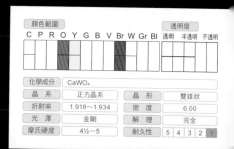

異極礦 無處理

Hemimorphite, Untreated

產地　阿爾及利亞、納米比亞、德國、墨西哥、美國、西班牙、澳洲、義大利、奧地利
礦物種　異極礦

寶石名取自結晶體形狀
大多切磨成藍色凸圓面

異極礦的結晶體兩端形狀各有不同，故其英文 Hemimorphite 是意指「一半」與「形狀」的希臘語，也就是「Hemi」與「Morphe」組合而來的。這種礦石通常為無色，若是遇到色澤明亮的藍色異極礦往往會切磨成凸圓面或者是琢磨成串珠。墨西哥曾經產出綠色的異極礦，稱為「阿茲特克石（Aztec Stone）」。

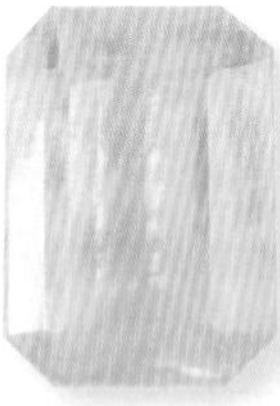
切磨成祖母綠形的無色異極礦

礦物種：異極礦

Hemimorphite

顏色範圍：C P R O Y G B V Br W Gr Bl
透明度：透明　半透明　不透明

化學成分	$Zn_4Si_2O_7(OH)_2 \cdot H_2O$		
晶　系	斜方晶系	晶　形	柱狀、片狀、葡萄狀集合體
折射率	1.614～1.636	密　度	3.45
光　澤	玻璃	解　理	完全
摩氏硬度	4½—5	耐久性	5 4 3 2 1

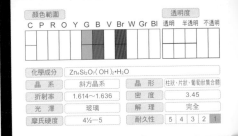

複數結晶體呈霜柱狀集合為一體的異極礦原石

藍晶石 無處理

Kyanite,Untreated

產地　緬甸、巴西、肯亞、奧地利、瑞士、辛巴威
礦物種　藍晶石

深受礦物收藏家喜愛的熱門寶石

藍晶石是一種以藍色為特徵，卻又有別於土耳其石與藍寶石的礦物。為此，人們以意指深藍色的希臘語 Kyanos 為其取名。藍晶石是因為鐵與鈦而顯現藍色的，不過近年來緬甸卻發現含有錳，而且呈橘色的藍晶石。

右上角為淺綠色，下方為淺藍色的藍晶石。這種寶石的硬度會隨著方向不同而出現差異，加上解理強，因此不易切磨。

礦物種：藍晶石

Kyanite

顏色範圍：C P R O Y G B V Br W Gr Bl
透明度：透明　半透明　不透明

化學成分	Al_2SiO_5		
晶　系	三斜晶系	晶　形	刃狀
折射率	1.716～1.731	密　度	3.68
光　澤	玻璃	解　理	完全
摩氏硬度	4—5/6—7½	耐久性	5 4 3 2 1

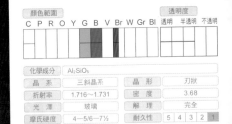

因方向不同而出現硬度差異、呈刀刃狀的藍晶石原石。

菱鋅礦 無處理

Smithsonite, Untreated

產地 澳洲、希臘、義大利、墨西哥、納米比亞、西班牙、美國
礦物種 菱鋅礦

史密索尼安博物館群的大功臣

菱鋅礦的寶石名與礦物名英文 Smithsonite 來自英國的詹姆士・史密森（James Smithson 1765-1829）。身為資產家的史密森終身斷雁孤鴻，專心致力於化學與礦物學的研究之上，甚至立下遺言，死後所有遺產捐贈給美國華盛頓特區，以作為教育機構成立之用。之後美國遵照史密森的遺志，成立了史密索尼安博物館群（The Smithsonian museums）。

菱鋅礦這種礦物除了橘色之外，其他顏色幾乎都有產出。色彩雖淡，不過呈半透明狀的柔和色調卻能觸動人心。

切磨成凸圓面的橢圓菱鋅礦。清澈透明，亮麗萬分。日本彩珠寶石研究所收藏

冷翡翠 無處理

Fluorite, Untreated

產地 德國、美國、英國
礦物種 螢石

以螢光「Fluorescence」為字源的寶石

作為溶劑來使用的螢石相當易融，故以拉丁語意指流動的 Fluere 來命名。這種寶石在紫外線底下出現的藍色螢光反應，稱為螢光（Fluorescence）。除了螢石，部分鑽石與緬甸紅寶石也會出現螢光現象。

有些螢石會利用放射線照射的方式來著色，亦有合成石。

清澈亮麗的紫螢石〔無處理〕

礦物種：菱鋅礦

Smithsonite

化學成分	$ZnCO_3$		
晶系	六方晶系、三方晶系	晶形	菱面體、葡萄狀、複三方偏三角面體
折射率	1.621～1.849	密度	4.30
光澤	玻璃	解理	完全
摩氏硬度	4—5	耐久性	5 4 3 2 1

時而呈葡萄狀，時而呈曲面集合體產出的菱鋅礦。

Museum Idar-Oberstein 收藏

礦物種：螢石

Fluorite

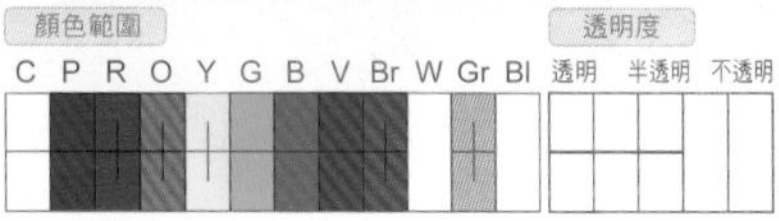

化學成分	CaF_2		
晶系	立方晶系	晶形	立方體、八面體
折射率	1.434	密度	3.18
光澤	玻璃	解理	完全
摩氏硬度	4	耐久性	5 4 3 2 1
顏色效應	變色效應		

塊狀的螢石原石為氟元素的原料。長年以來在中國一直是珍貴的雕刻材料。
Museum Idar-Oberstein 收藏

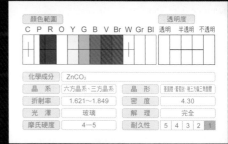

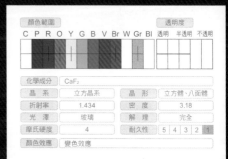

伽瑪射線（γ 射線）照射過後變色的橢圓形螢石

礦物種：鉑金【純白金、正白金、真白金】

Platinum

產地　南非、俄羅斯、加拿大

顏色範圍												透明度		
C	P	R	O	Y	G	B	V	Br	W	Gr	Bl	透明	半透明	不透明

化學成分	Pt		
晶　系	立方晶系	晶　形	立方體
折射率	—	密　度	21.45
光　澤	金屬	解　理	無
摩氏硬度	4—4½	耐久性	5 4 3 2 1

製作寶飾品時不可或缺的金屬。不易腐蝕，有別於銀，不生鏽

鉑金是一種非常稀少的金屬，到目前為止的總產量約 4000t，換算成體積剛好是一個邊長 6m 的立方體。全世界將這些鉑金運用在寶飾品與工業上，可惜的是，鉑金在 2010 年的產量僅有 192t，只能靠回流品來彌補需求，而且比率日趨擴大。不過 18 世紀中葉以前，鉑金並非獨立的金屬。至於其英文 Platinum，則是以意指「細小的銀」的西班牙文，也就是「Platina」為字源。

開採於北海道的白金家族元素

鉑金礦床在開鑿時必須先從地底深處的礦脈挖掘含有白金家族元素的礦石，經過提煉後方能開採到鉑金。1t 的礦石約能開採到 5 ～ 10g 的鉑金，僅能做成一只造型簡單的生銀戒指（素面環戒）。現在產出鉑金的國家當中，南非的產量就占了 80%，而緊接在後的是俄羅斯與加拿大。

鉑金與砂金一樣，在河川、鄰近流域及舊河床的砂積礦床等處亦有產出。儘管世界上共有 20 幾個地方可以產出砂白金，但這些都是白金家族的天然合金。所謂白金家族，指的是銥（Iridium）、釕（Ruthenium）、鋨（Osmium）、鈀（Palladium）、銠（Rhodium），以及鉑金這六種金屬，至於合金的比例，隨各地區與各

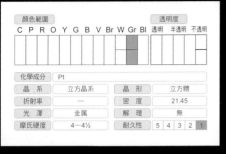

1921 年在北海道旭川附近的鷹栖開採到的銥鋨礦石，9.41g。
彌永北海道博物館收藏

礦床而異。在北海道開採到的白金家族以銥與鋨的自然合金（銥鋨礦石，Iridosmium）居多。順帶一提，英文的 White Gold 雖然翻成「白金」，不過這是黃金與鈀形成的合金。可見鉑金或許不該歸在白金家族底下，將其歸納成鉑金家族說不定反而比較妥當。

梅林斯基礦層（Merensky Reef）的鉑金礦石

約 1mm 的銥鋨礦石

不易加工的鉑金

熔點高達 1773 度，完全無法加工的鉑金一直要到 20 世紀才開始用來製作首飾配件。不過剛開始的 10 年人們一直擔心鉑金會因為變色而沾染衣物，所以特地加工，在首飾內側鍍金。經過一段時間，人們終於發現鉑金的優點，並且在 1920 年左右讓鉑金與寶石完美結合，成功地做出首飾配件。

下方的這件珍珠胸針不僅用上了天然珍珠，鉑金與黃金的比例更是恰到好處地貼合在一起，讓人得以一窺當時加工技術之高超。由於鉑金質地軟，容易雕琢，今日已普遍運用在寶飾配件上。

1905 年左右與黃金貼合的鉑金胸針（個人收藏⑨⑦）

適合搭配鑽石的貴金屬

將鑽石的美做成裝飾配件，好讓其綻放出璀璨光芒的最佳搭檔，非白色貴金屬莫屬。長久以來，鑽石通常都會鑲嵌在鍍上一層銀的黃金上。但是自從鉑金可以加工之後，鑽石簡直就是遇到真命天子，因為鍍在黃金上的白金若是做成戒指，天天配戴的話，電鍍的那層膜就會脫落，露出底層的黃金。採用這種方法製作不常摩擦的胸針或墜飾的好處就是輕盈不沉重，但是這樣的素材，其實並不適合用來製作戒指。

右邊這張照片是配戴率非常頻繁的戒指。這是 15 年前販售的戒指，不過買主為了重做，因而將其送回來 。鉑金做成的鑲爪幾乎快要磨平，但是長久以來上頭的鑽石依舊屹立不搖，原因就在於當時使用的是黏著性相當高的鉑金素材。現在這只戒指保留了上頭的鑽石，並且用鉑金打造出一模一樣的戒指，歸還到主人手上。儘管時間一過，極有可能要再次面對重新打造的情況，但我們可以確信這只戒指一定會流傳到下一代的手上。

由左為鉑金素面戒指（個人收藏）與永恆鑽戒（個人收藏⑨⑧）今日人們大多會利用鉑金來製作婚戒或訂婚戒

鉑金鑽戒，左邊這只已經戴了 10 年。鉑金是一種非常適合搭配鑽石的貴金屬，因為其所擁有的黏性可以讓鑽石長久牢固在戒身上。
鑽戒（SUWA ⑨⑨）

孔雀石 無處理

Malachite, Untreated

產地　剛果民主共和國、澳洲、中國、俄羅斯、摩洛哥、法國、美國、智利、納米比亞、辛巴威
礦物種　孔雀石

媲美孔雀羽毛的華麗寶石

孔雀石的英文 Malachite 來自希臘語的 malache，也就是植物中的錦葵。其圖紋類似孔雀羽毛，故取名為孔雀石。這種寶石在古埃及與希臘一直是裝飾配件與護身符，而且還可磨成粉狀，當作眼影來使用。切磨成薄片時呈半透明狀，深淺不一的綠以及宛如等高線的不規則圖案更是迷人。

由左依序為孔雀石串珠項鍊、昆蟲造型別針（個人收藏⑩），以及圖紋美麗的孔雀石片。

礦物種：孔雀石

Malachite

顏色範圍	C	P	R	O	Y	G	B	V	Br	W	Gr	Bl
						■						

透明度	透明	半透明	不透明
			■

化學成分	$Cu_2CO_3(OH)_2$		
晶　系	單斜晶系	晶　形	塊狀、腎狀
折射率	1.655～1.909	密　度	3.95
光　澤	絲絹～玻璃	解　理	完全
摩氏硬度	3½—4	耐久性	5 4 3 2 **1**

切割成正方形的孔雀石原石

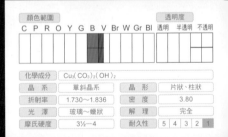

藍銅礦 無處理

Azurite, Untreated

產地　納米比亞、法國、美國
礦物種　藍銅礦

可作為繪畫材料的礦石

藍銅礦以深邃的藍（紺藍，azur blue）而命名，同時也讓人聯想到蔚藍的大海。自古埃及時代開始，人們便在西奈半島與埃及東部沙漠挖掘到這種礦物。到了 15 ～ 17 世紀，藍銅礦甚至用來當作西洋畫的顏料。

切磨成凸圓面的梨形寶石。上半部是藍銅礦，下半部是孔雀石，圖紋相當優美。

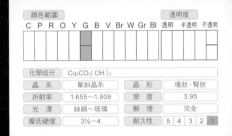

礦物種：藍銅礦

Azurite

顏色範圍	C	P	R	O	Y	G	B	V	Br	W	Gr	Bl
							■					

透明度	透明	半透明	不透明
			■

化學成分	$Cu_3(CO_3)_2(OH)_2$		
晶　系	單斜晶系	晶　形	片狀、柱狀
折射率	1.730～1.836	密　度	3.80
光　澤	玻璃～蠟狀	解　理	完全
摩氏硬度	3½—4	耐久性	5 4 3 2 **1**

左邊的藍紫色部分是藍銅礦，右邊的綠色部分是孔雀石。

紅紋石 無處理

Rhodochrosite, Untreated

產地 阿根廷、祕魯、南非、美國、日本
礦物種 菱錳礦

講求高超切磨技術的紅色系列寶石

紅紋石是一種擁有鮮潤宛如樹莓的紅、展現柔美粉紅色彩的礦物，1940 年左右才出現在市場上，算是歷史相當淺短的寶石。粉紅色的致色元素是錳，並且在銅、銀與鉛等礦床中以脈狀型態產出。不過紅紋石的硬度低，解理強，故在做成首飾配件時要多加留意。與其佩戴在身，當作裝飾石欣賞或許會比較妥當。

半透明狀而且切磨成凸圓面的紅色紅紋石

非常脆弱的紅紋石
寶石的右下角缺角的墜飾。這種寶石硬度低，解理強，只要稍微撞擊就會裂開。紅墜飾項鍊（個人收藏）。

別名「印加玫瑰」的寶石

近年來人們將出現蕊芯圖案的紅紋石稱為「印加玫瑰」。其所呈現的是柔和的粉嫩色彩，再加上這種寶石是阿根廷歷史最悠久的礦山所產，故名。現以美國為主要產地。

滾光打磨、不透明的印加玫瑰。

礦物種：菱錳礦

Rhodochrosite

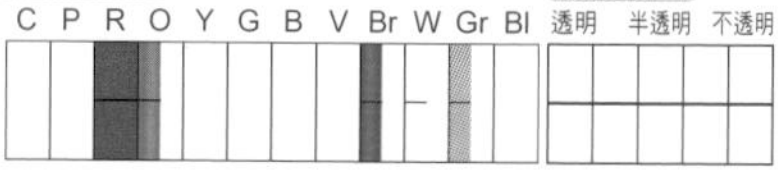

化學成分	$MnCO_3$		
晶系	六方晶系、三方晶系	晶形	菱面體
折射率	1.597～1.817	密度	3.60
光澤	玻璃	解理	完全
摩氏硬度	3½—4½	耐久性	5 4 3 2 1

南非紅紋石。
紅潤清澈，菱形結晶完美明顯
Museum Idar-Oberstein 收藏。

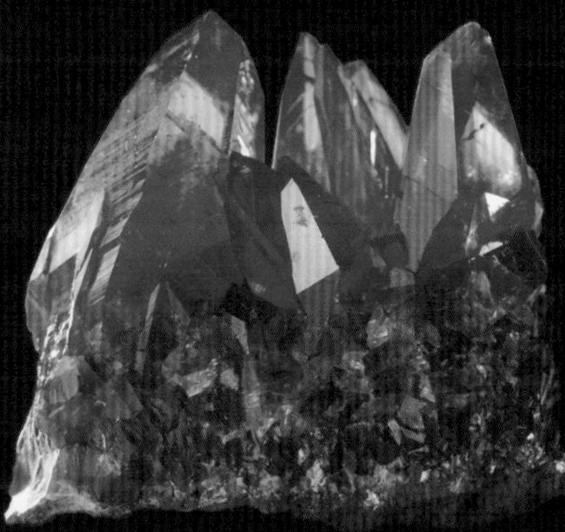

距離北海道札幌市西南方 42km 處的稻倉石礦山挖掘到的紅紋石原石

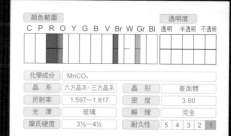

紅珊瑚 無處理
粉紅珊瑚 無處理

Red Coral, Untreated / Pink Coral, Untreated

產地　日本、台灣、義大利、美國
礦物種　珊瑚→ P.179

品質與市場價值參考標準（10mm 串珠）上為紅珊瑚，下為粉紅珊瑚		
GQ	JQ	AQ
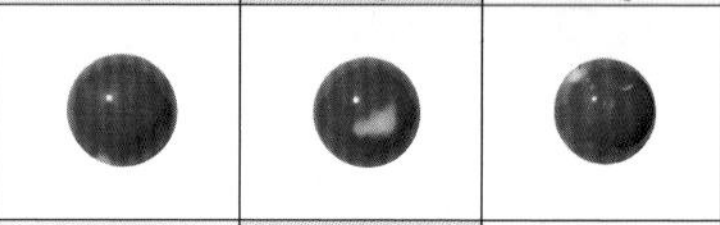		
6 萬日圓	1 萬日圓	0.2 萬日圓
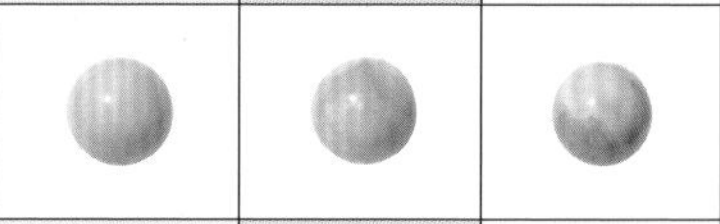		
6 萬日圓	1 萬日圓	0.2 萬日圓

與皇室因緣匪淺的寶石

珊瑚在蘇格蘭有個傳說，那就是「可為少女帶來美麗與榮華富貴」。像是英國女王伊莉莎白二世九個月大的時候，母親就送她一條用粉紅珊瑚做成的項鍊。而在她幼年時代的照片當中，也會看到女王佩戴這條項鍊的模樣。

與小顆養殖珍珠交錯搭配的粉紅珊瑚項鍊（個人收藏⑩①）

不耐汗水的珊瑚

珊瑚屬於有機質，不耐酸，所以當我們在佩戴珊瑚首飾時最好是能夠隔層衣服，而且配戴過後，一定要先乾擦再收。

左邊的珊瑚只要浸泡在檸檬汁裡，2 個小時過後表面就會融化 1mm，而且失去光澤。

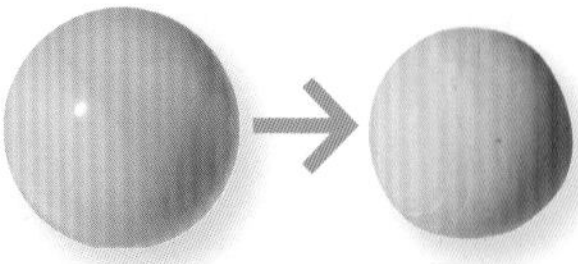

白珊瑚
有些珊瑚會經過著色或者是漂白等方式處理，例如右邊就是經過人工漂白的珊瑚。市面上有些珊瑚還會經過染色或樹脂含浸等方法來處理。

顏色深淺，各有所好

珊瑚的品質要從形狀、顏色均勻與否，以及有無蟲蛀等情況來判斷。至於顏色深淺，人人各有所好，不過現以名為「赤血」的紅珊瑚最熱門。

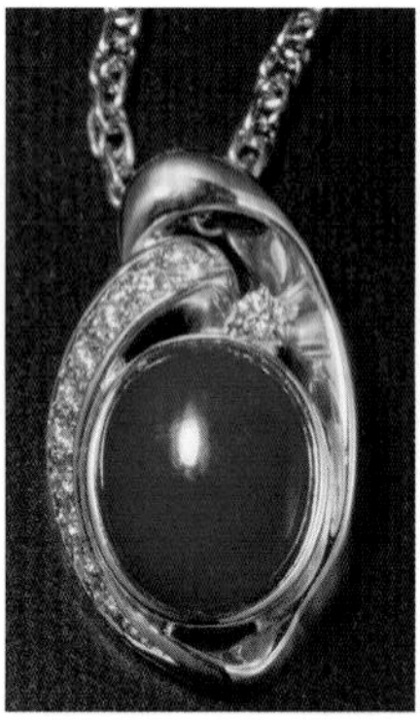

紅珊瑚項鍊（個人收藏⑩②）

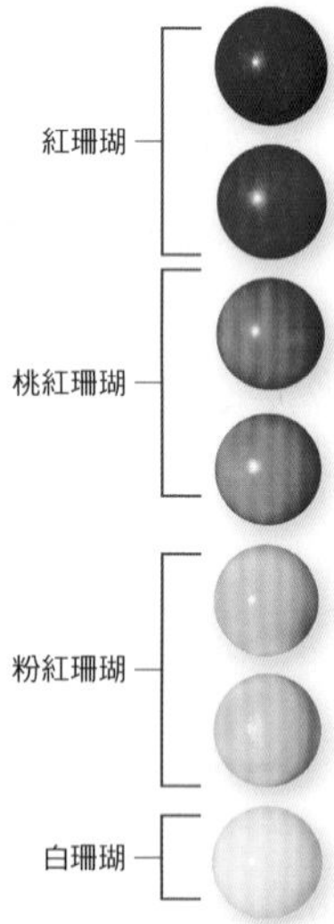

粉紅珊瑚墜飾（個人收藏⑩③）

背面

採用的是不讓珊瑚直接接觸到肌膚的構造，以免珊瑚品質因為觸碰到汗水而劣化。

中海沿岸、日本、台灣海面、夏威夷中途島海面這三個地區。原本的大小、顏色與品質差異甚大，其所處的自然環境差異也讓珊瑚展現出各個產地的特徵。順帶一提，受到華盛頓公約保護的是可以構成珊瑚礁的六放珊瑚，有別於用來製作首飾配件的珊瑚素材。

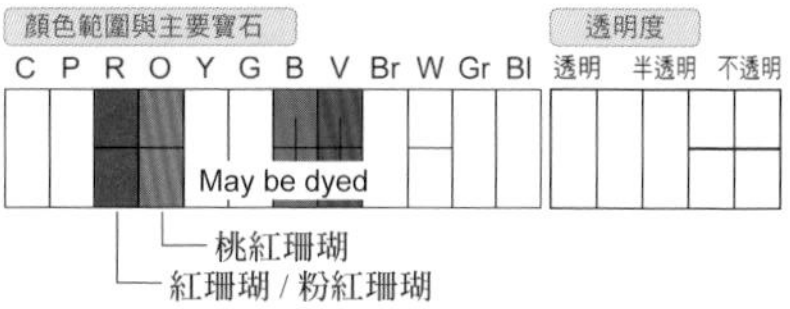

化學成分	$CaCO_3$		
晶系	三方晶系、斜方晶系、非晶質	晶形	—
折射率	1.486～1.658	密度	2.65
光澤	蠟狀～玻璃	解理	無
摩氏硬度	3½—4	耐久性	5 4 3 2 1 (2 shaded)

故為裝飾品歷史悠久
可追溯至古希臘羅馬時代的海洋寶石

珊瑚既非植物，也不屬於礦石，是由海底微生物所形成的。其主要成分與珍珠外層部分一樣，同屬於碳酸鈣，完全不經人手，是自然而然地隨著時間流逝，一點一點慢慢成長而來的。

地中海的紅珊瑚在日本稱為「胡渡珊瑚」，是奈良時代（710～784年）經由絲路，從中國傳來日本的。1868年，珊瑚捕撈解禁；到了20世紀，將珊瑚運送至義大利托雷德爾洛雷科（Torre del Greco）這個珊瑚商業中心地的出口事業興起，發展更是蓬勃。至於歐洲，在中世這段期間亦利用珊瑚來製作與宗教有關的裝飾品與念珠（Rosary）。

桃紅珊瑚

產自東海的桃紅珊瑚（鮭魚橘珊瑚，Orange Coral）。

紅珊瑚

產自地中海的紅珊瑚稱為牛血（Oxblood），顯現了與血液一樣鮮豔的紅。

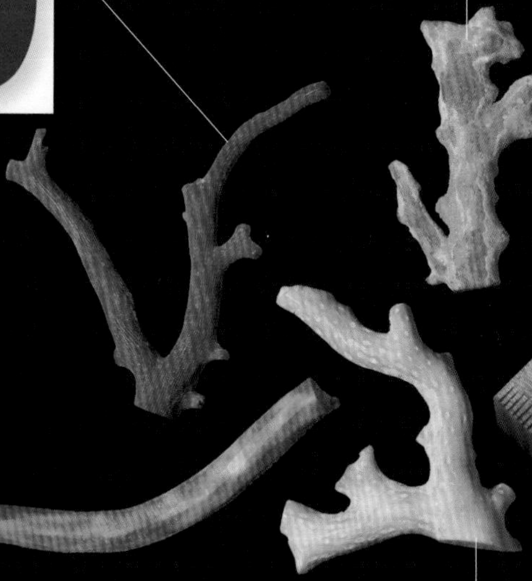

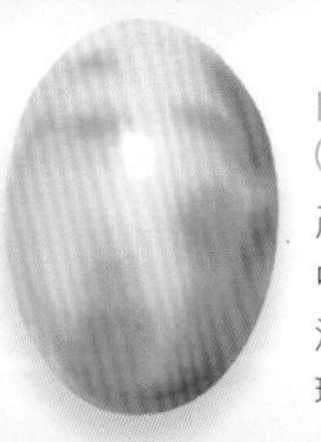

Miss珊瑚（深水珊瑚）

產自美國夏威夷中途島，稱為深海珊瑚或Miss珊瑚。

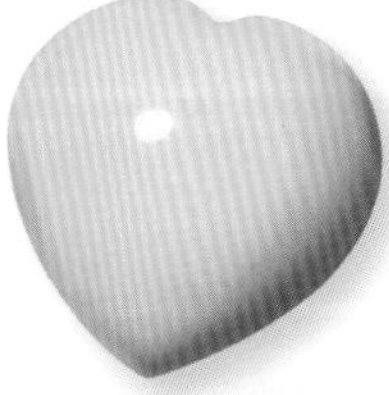

粉紅珊瑚

產自東海的粉紅珊瑚，日本人稱Boke（意指宛如水彩暈開的顏色），英文名為Angel Skin。

文石 無處理

Aragonite, Untreated

產地　摩洛哥、英國、法國、德國、義大利、匈牙利、日本、美國
礦物種　文石

生物亦可生成的礦物

文石與方解石一樣，都是由碳酸鈣構成的礦物，亦可透過生物生成。然而不管是珍珠還是貝殼，其實都是由文石所形成的，只是貝殼在失去生命之後會變成更加穩定的方解石。而擁有條紋狀組織的鐘乳石狀集合體通常會切磨成凸圓面。

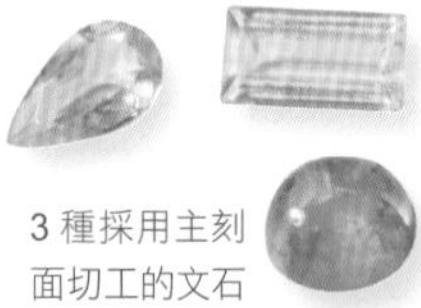

3 種採用主刻面切工的文石

呈現條紋圖案的凸圓面文石

礦物種：文石【霰石】

Aragonite

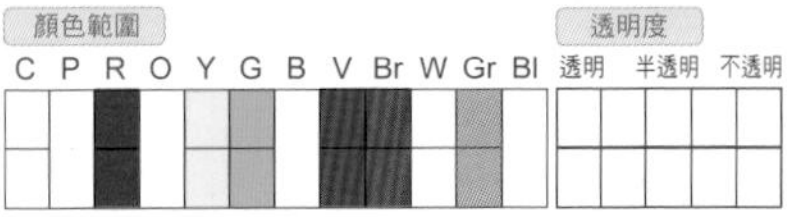

化學成分	$CaCO_3$		
晶　系	斜方晶系	晶　形	柱狀、針狀
折射率	1.530～1.685	密　度	2.94
光　澤	玻璃	解　理	完全
摩氏硬度	3½—4	耐久性	5 4 3 2 1

形狀相異的文石

方解石 無處理

Calcite, Untreated

產地　瑞士等地
礦物種　方解石

自古即為建築材料的礦石

以單晶型態存在的方解石雖然有的可以長達數公尺，不過絕大部分都是塊狀，並以石灰岩或大理石等型態產出。不過雙折射率高（0.172）的方解石單晶還可以如下圖將文字放大。

方解石串珠項鍊。呈現條紋圖案的不透明方解石又可稱為天然大理石（Bandit Marble）。

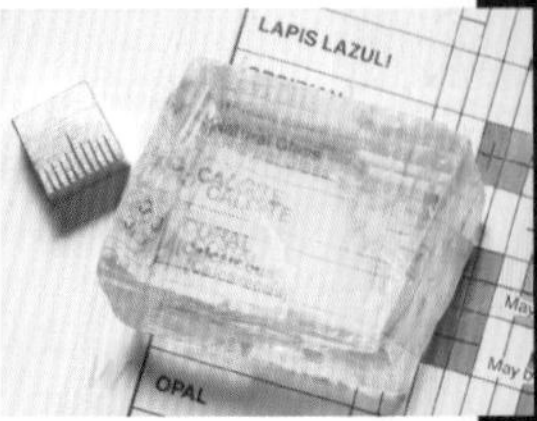

投射在石頭上的光線會朝兩個方向反射，讓文字出現疊影。

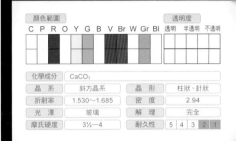

礦物種：方解石

Calcite

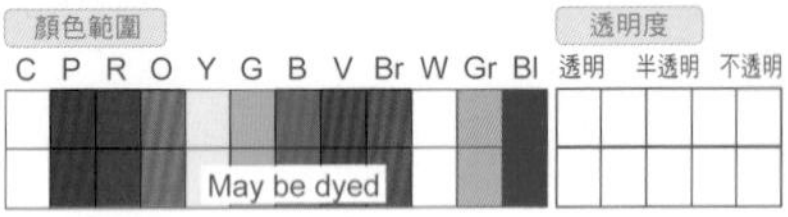

化學成分	$CaCO_3$		
晶　系	六方晶系、三方晶系	晶　形	複三方偏三角面體、菱面體
折射率	1.486～1.658	密　度	2.70
光　澤	玻璃～油脂	解　理	完全
摩氏硬度	3	耐久性	5 4 3 2 1

形狀與顏色變化豐富的方解石

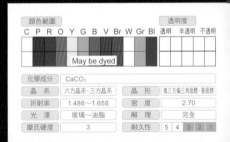

珍珠 無處理

Pearl, Untreated

產地　波斯灣、美國密西西比河等地
有機物　珍珠

貝殼打開的那一刻
光芒燦爛耀眼的寶石

珍珠是棲息在海水或淡水裡、種類特定的二枚貝形成的結石，生成於貝殼體內。珍珠的成分與貝殼一樣都是文石。而含有少量文石以及貝殼硬蛋白（conchiolin）這種角狀物質的珍珠層會產生優美的光澤與「亮彩」。

提到天然珍珠，眾所皆知的有波斯灣的海水棲天然珍珠，以及密西西比河的淡水棲天然珍珠。與從地底開採、必須琢磨才能夠綻放光芒的礦物不同的是，珍珠這種寶石在打開貝殼的那一瞬間就會光彩四射。但是在全世界棲息的 10 萬種貝殼當中，僅有一部分的貝殼能夠誕生美麗的珍珠。無奈的是，找尋珍珠並不容易。以阿古屋珍珠為例，1 萬 5 千個貝殼當中，只能找到一顆直徑約 5mm 的珍珠。

2013 年，佳士得在日內瓦辦事處拍賣了一條價值 8 億 6000 萬日圓的珍珠項鍊。不難看出天然而且顆粒碩大渾圓的珍珠根本就是價值連城。品質之高，放眼世界，僅此一條。

珍珠的大小形形色色，有小顆的「米珠（Seeds Pearl）」，也有重達 90g、顆粒碩大，但是形狀不規則的巴洛克珍珠（Baroque Pearl）。而天然珍珠的特徵，就是不受歲月摧殘，可永保亮麗。

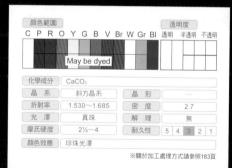

有機物：珍珠

Pearl

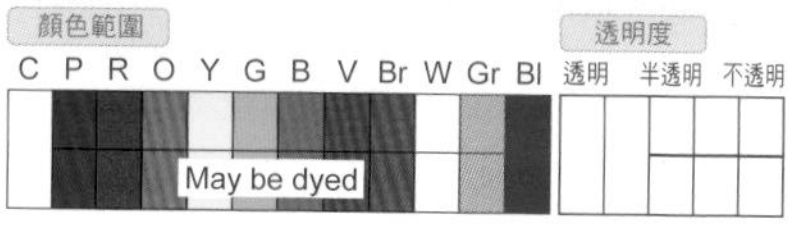

化學成分	$CaCO_3$		
晶系	斜方晶系	晶形	—
折射率	1.530～1.685	密度	2.7
光澤	真珠	解理	無
摩氏硬度	2½—4	耐久性	5 4 **3** 2 1
顏色效應	珍珠光澤		

※關於加工處理方式請參照183頁

在波斯灣發現的天然珍珠（3.6～5.6mm，Drilled 14 pieces，共計 11.76ct）。當中顆粒較大的珍珠一顆價值可以超過 10 萬日圓。

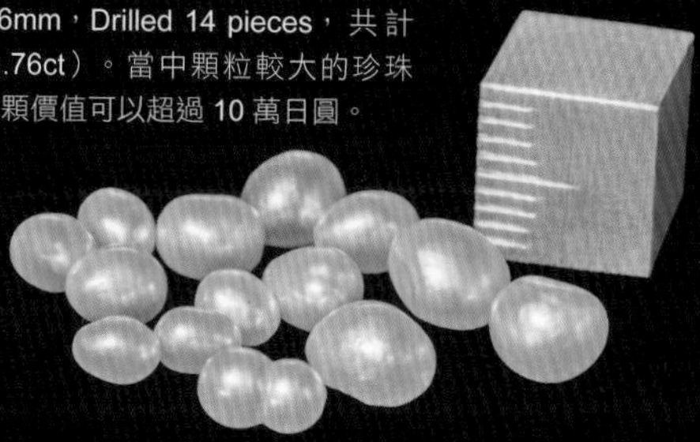

正中央搭配天然珍珠，四個角落裝飾著讓人聯想到紫陽花的藍色琺琅彩與鑽石，打造出一只相當有重量感的戒指。
Georges Fouquet《Plique-a-Jour Enamel Ring》
1900 年左右 國立西洋美術館 橋本珍藏
photo：上野則宏

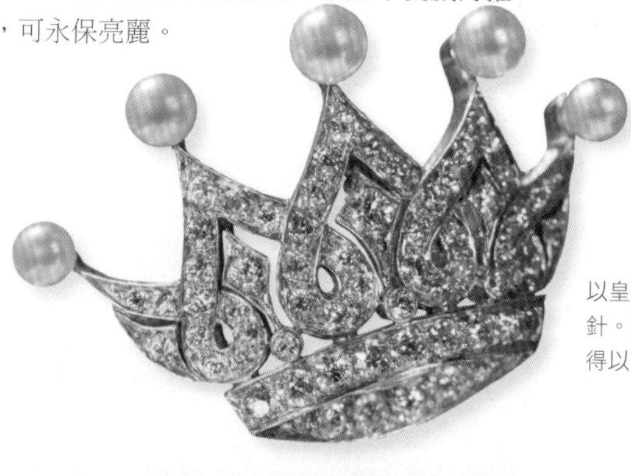

以皇冠為設計概念、天然珍珠搭配鑽石的胸針。鑲嵌的每一顆珍珠風格獨特，讓這份美得以存續（個人收藏⑰）。

阿古屋養殖珍珠

Akoya Cultured Pearl

產地　日本、中國、越南
有機物　養殖珍珠→ P.184

阿古屋無核養殖珍珠項鍊（個人收藏104）

冰冷的海水，孕育出高品質的珍珠

阿古屋蚌貝因為比其他珍珠母貝還要小，所以養殖出來的珍珠顆粒也偏小。而與其他南洋海域不同的是，日本附近的海水水溫偏冷，所以能孕育出光澤亮麗、風格獨特的阿古屋養殖珍珠。

珍珠的價值決定在母貝的種類、大小、形狀、皮層（珍珠層的厚度）、刮痕、顏色與亮度（珍珠的光澤）。儘管人們認為珍珠層必須厚達0.7mm才行，但是養殖珍珠通常都是短時間養殖的，所以有的皮層會比較薄。品質上等的養殖珍珠皮層厚，刮痕少，光澤豐潤，大小約在2～10mm左右，但以6～7mm的顆粒居多。

阿古屋養殖珍珠項鍊（個人收藏105）

首飾配件的挑選方法與使用之後的保養

使用多顆珍珠做成項鍊等的首飾配件要確認的地方，就是珍珠的品質是否齊全與協調（matching）。而最容易讓人疏忽的就是線的材質。用線的種類有絹線、尼龍線、魚線與鐵線，重點在於掌握這些線的優缺點。養殖珍珠與其他寶石不同的地方在於硬度低，因為時間一久，硬度就會產生變化，所以佩戴過後一定要細心地用布將上頭的汗水擦拭乾淨。

阿古屋養殖珍珠白金手鍊（POLA106）

阿古屋養殖珍珠白金針式耳環（POLA107）

阿古屋養殖珍珠項鍊（MIKIMOTO108）

白蝶養殖珍珠

Shirocho Cultured Pearl

產地　澳洲、印尼、菲律賓、緬甸
有機物　養殖珍珠→ P.184

可以養殖出金銀兩色的大顆珍珠

白蝶養殖珍珠以超過 10mm 的大顆圓珠深受好評，而且還能夠採掘到銀色與金色這兩個系列的珍珠。例如右圖中間這只胸針上頭鑲嵌的就是一顆碩大美麗的金色白蝶養殖珍珠，搭配黃金，絕美無比。至於最右邊的墜飾則是用珍珠養殖場的副產品，也就是無核白蝶養殖珍珠做成的。因為無核，所以皮層厚，形狀不規則，洋溢著一股天然的魅力。不僅如此，白蝶貝的貝殼在過去還是製作鈕扣的重要材料。

白蝶養殖珍珠黃金胸針（MIKIMOTO ⑩⑨）

以櫻桃為設計理念的無核白蝶養殖珍珠墜飾亦可當作胸針（Gimel ⑪⓪）

黑蝶養殖珍珠

Kurocho Cultured Pearl

產地　大溪地
有機物　養殖珍珠→ P.184

可採掘到綠色系列的珍珠

黑蝶養殖珍珠於 1970 年代在大溪地正式進入生產。不過有段時間卻因為生產過剩而充斥市面，導致價格暴跌。黑蝶貝內層唇邊的顏色除了黑色珍珠，還能夠培養出暱稱孔雀、帶有紅色色彩的孔雀綠黑珍珠。

黑蝶養殖珍珠白金項鍊（POLA ⑪①）

養殖珍珠的加工處理

大多數的養殖珍珠都會進行前處理、漂白、加熱、染色與放射線照射等人工加工優化處理，因此確認有無經過這些處理以及處理的程度就顯得非常重要了。

馬氏貝養殖珍珠（貼合）

馬氏貝養殖珍珠（Mabe Pearl）是在貝殼內側的珍珠層放入半球狀的珠核，進而養殖形成的珍珠。從蚌中取出後只要去除珠核，填充樹脂，最後再蓋上一層珍珠母貝即可。

半球養殖珍珠（貼合）白金耳環（個人收藏）

硬度 2

有機物：養殖珍珠

Cultured Pearl

化學結構等資訊與 P.181 的珍珠成分表相同

19 世紀末～ 20 世紀初 奠定的養殖技術

珍珠的養殖事業於 1890 年代由日本的御木本幸吉所創辦。他將珠核這個微小異物植入母貝中，藉以刺激母貝的軟體組織，促使其分泌珍珠成分，好讓珠核外層能夠形成一層珍珠層。如此一來，就能夠採掘到渾圓完美的珍珠了，這就是當今圓形養殖珍珠的開端。之後，御木本將目標放在海外，在世界各地舉辦的博覽會上宣揚養殖珍珠的優點，並於 1899 年成立日本第一家珍珠專賣店「御木本珍珠店（現為株式會社 MIKIMOTO」，而且還在倫敦與巴黎成立分店，讓圓形養殖珍珠從 1920 年代左右開始正式出口。

養殖珍珠的主要母貝

可以養殖珍珠的母貝有阿古屋貝、白蝶貝、黑蝶貝、馬氏貝以及池蝶蚌（淡水）。採掘的珍珠因貝殼種類以及生育環境而不同，通常有奶油色、黃、綠、藍、紫、青紫、白、灰與黑色，有時還會出現泛紅的色彩，形成底色與干涉色相互重疊的幻彩美。

養殖珍珠的珠核

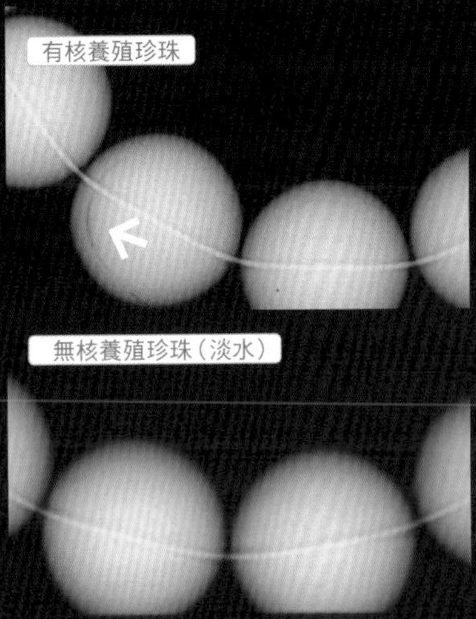

圓形的養殖珍珠可以利用 X 光片清楚確認裡頭的珠核。淡水養殖珍珠沒有珠核。

何謂無核珍珠「客旭珠」

無核珍珠是因為沙子等異物偶然跑進養殖場的母貝裡形成的，非人為植入珠核養殖而成。採自阿古屋貝的無核珍珠原本稱為「客旭珠（芥子珠）」，不過現在從白蝶貝與黑蝶貝採取的大顆無核珍珠也稱為客旭珠，而且大多數都是養殖珍珠。

形狀品質兩者兼具的基本養殖珍珠

阿古屋貝

別名「珍珠貝」，為鶯蛤科兩片貝的一種，殼長約 10cm，在太平洋及印度洋等亞熱帶分布非常廣泛。

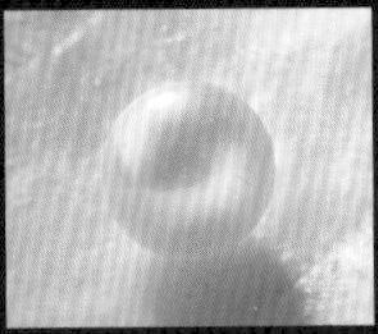

高級貝殼鈕扣的知名素材

白蝶貝

屬於鶯蛤科的二枚貝，殼長達 30cm。可以採掘到白色、奶油色與金色的大顆珍珠，通常棲息在東南亞與澳洲海域。

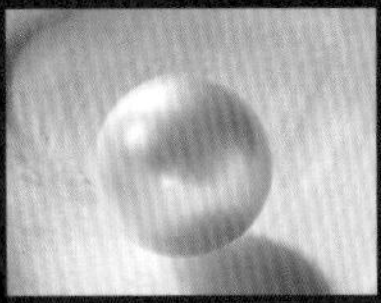

可以採掘黑珍珠的貝殼

黑蝶貝

屬於鶯蛤科的二枚貝，殼長約 14cm，比阿古亞貝略大。分布在印度洋以及太平洋赤道附近，以大溪地為主要產地。

硬度
2

知名的淡水珍珠

池蝶貝

蚌科的二枚貝，為殼長 23cm 的翼狀橢圓形～翼狀長卵形。本為琵琶湖淀川河系的固有種，卻因與外國種交配而數量變少，在日本已經被指定為瀕臨絕種保育類。

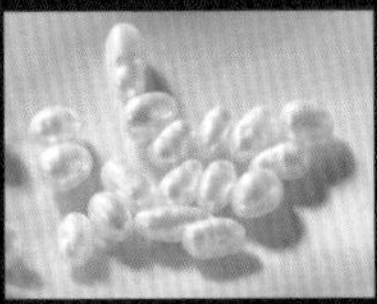

採掘到的不是正圓形，而是半圓形的珍珠

馬氏貝

鶯蛤殼的二枚貝，殼長約 15cm，可以採掘到直徑達 2cm 的半圓形珍珠。分布於熱帶及亞熱帶的淺海地區。

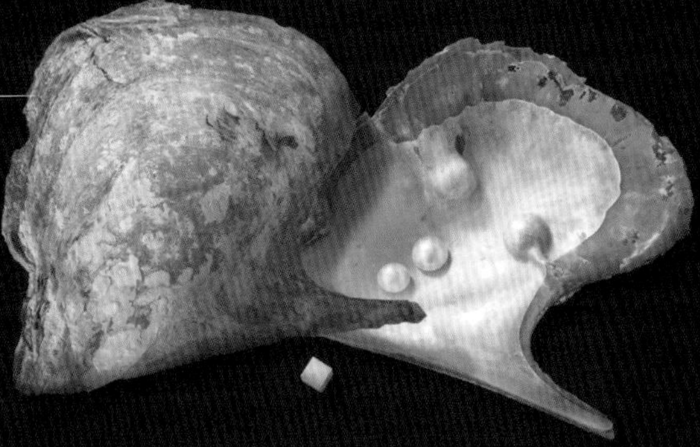

海螺珍珠 無處理

Conch Pearl, Untreated

產地 加勒比海
有機物 石灰質結核

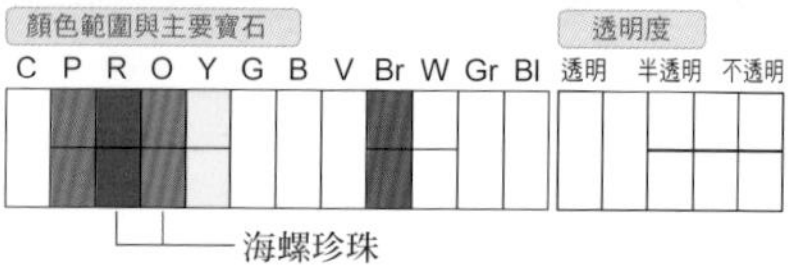

化學成分	$CaCo_3$		
晶系	—	晶形	—
折射率	1.530～1.685	密度	2.85
光澤	無光澤～玻璃	解理	無
摩氏硬度	2½—4	耐久性	5 4 3 2 1

色彩嬌豔，宛如粉色瓷器

海螺珍珠是粉紅鳳凰螺（女王鳳凰螺）產出的珍珠。除了粉紅色，還有紅、橘、黃、棕、白等顏色。這種珍珠雖然沒有珍珠層，無法展現珍珠光澤，但是獨特的色調與形狀卻扣人心弦，柔美溫和，故名海螺珍珠。粉紅鳳凰螺是棲息在巴哈馬群島以及西印度群島加勒比海等南洋地區的大型海螺，肉可食用，但是在螺肉中找到珍珠的機率卻是微乎其微。不過現在有些地方禁止撈捕，以免人類恣意捕獲。正因為是海螺，所以無法和珍珠一樣植入珠核，以人工的方式養殖。

獨特的火焰圖案以及稀少性

海螺珍珠表面擁有一種宛如烈火燃燒的「火焰圖案」，而且其所呈現的形狀並非琢磨塑整，而是渾然天成的。例如下方首飾配件上鑲嵌的橢圓形海螺珍珠就是偶然形成的原有模樣，十分美麗，而且相當奇特。不過這種珍珠遇熱會產生裂痕及變色，照射在陽光底下會褪色，而且不耐酸，故要格外小心處理。

海螺珍珠戒指，加勒比海採掘（MIKIMOTO ⑪②）

海螺珍珠鑽石項鍊（MIKIMOTO ⑪③）

海螺珍珠的母貝，粉紅鳳凰螺。屬於大型海螺，有的甚至長達30～80cm，不過海螺珍珠出現的機率非常低。

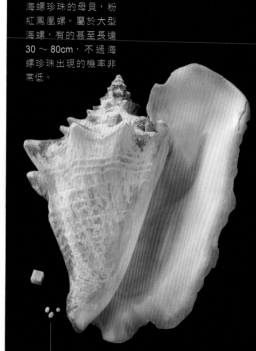

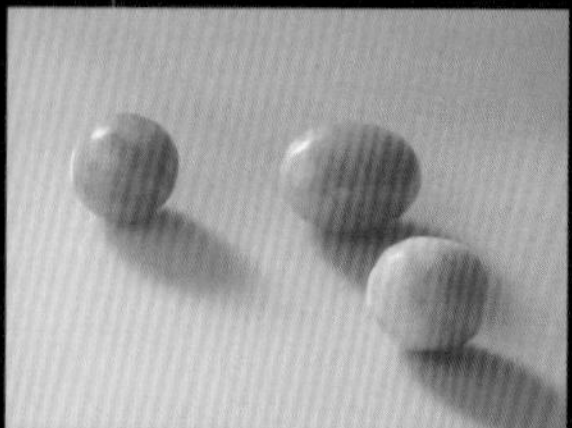

筆者 2000 年左右在巴哈馬首都拿索（Nassau）市購得的海螺珍珠。顏色差距甚大，而且形狀不規則，應該是自然產出的珍珠。

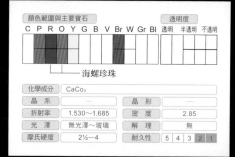

P.184~186 的蚌貝
真鶴町立遠藤貝類博物館收藏

礦物種：銀

Silver

產地 墨西哥、澳洲、玻利維亞、祕魯、波蘭

顏色範圍：C P R O Y G B V Br W Gr Bl

透明度：透明 半透明 不透明

化學成分	Ag	晶形	立方體、八面體、十二面體、細針狀、樹枝狀
晶系	立方晶系		
折射率	—	密度	10.1～11.1
光澤	金屬	解理	無
摩氏硬度	2½—3	耐久性	5 4 3 2 1

除了裝飾配件，亦能用來製作貨幣、餐具的貴金屬

銀的元素符號 Ag 來自拉丁語的 Argentum，是在尚無法使用鉑金的 1900 年代之前，與黃金並列為鑲嵌寶石的重要貴金屬。據推測，在古埃及人心目中，銀的價值恐怕是黃金的 2.5 倍。

之後在提煉技術發展之下，人們將銀做成貨幣。1700 年代，銀的價值一度維持在黃金的 15 分之一，但是到了 20 世紀卻降到黃金的 30 分之一至 80 分之一。現在銀的產量是黃金的 12 倍，價格約其 70 分之一，平均每 1 公克約 60 日圓左右。

1900 年代以前，人們習慣在黃金表面鍍上一層銀，以便襯托出鑽石亮麗的白。

日本島根縣的石見於 16 ～ 17 世紀亦產出為數不少的銀，據說在當時占了全世界產量的三分之一。

過於柔軟，缺乏耐久性

純銀通常過於柔軟，缺乏耐久性，必須添加其他金屬，做成合金，好讓質地更加堅硬。其等級代號以 925（92.5% 為銀）居多，而只有摻銅的合金則是稱為紋銀（Sterling Silver）。銀會因為硫化而變黑，但是只要切磨，就能夠恢復原狀。不過把這種情況保留下來的話，反而能夠欣賞到燻銀形成的色調。

銀製餐具的秘密

銀製餐具若是沾上砷（As，砒霜）之類的毒物，就會因為化學反應而變色。故自古以來，銀製餐具也是預防毒殺的工具。

結晶呈樹枝狀、產自德國的自然銀。表面因為接觸到空氣而變黑。

Museum Idar-Oberstein 收藏

硬度 2

礦物種：金

Gold

產地 中國、澳洲、美國、俄羅斯、南非

顏色範圍												透明度		
C	P	R	O	Y	G	B	V	Br	W	Gr	Bl	透明	半透明	不透明

化學成分	Au		
晶　系	立方晶系	晶　形	8面體、12面體、樹枝狀
折射率	—	密　度	19.3
光　澤	金屬	解　理	無
摩氏硬度	2½—3	耐久性	5 4 3 2 1

不管是裝飾配件還是工業素材
都是相當重要的貴金屬之王

金是世界上最珍貴的貴金屬。因為稀少而價值高，不易腐蝕，從古埃及以及希臘羅馬時代便用來製作裝飾品與貨幣。大多數的金通常都是以砂金或金塊（Nugget，顆粒較大的砂金），或者是從礦山的礦脈中以自然金的型態產出，與其他需要提煉方能取出的金屬不同。

金的元素符號是Au，取自拉丁語「Aurum」的「A」與「u」這兩個字母。金的法語是「Or」，義大利語是「Oro」，日耳曼語是「Gold」，希臘語則是「Chrysos」，不難看出這些都是根據金的顏色而取名的。

金的延展性相當出色，可以敲打出萬分之一釐米的薄度。自古以來，人們常用金箔來裝飾美術品。在日本，有 13% 的金用在寶飾品與貨幣上，其餘的大多都用在工業上。

1840 ～ 50 年代，美國與西澳洲發現了規模相當龐大的金礦，大量的金流入市場。然而就算將有史以來在地面上挖掘到的金全部都聚集在一起，數量也不過是兩座奧運游泳池。這是一種極為珍貴的資源，所以近年來才會開始盛行回收用在工業製品上的金以重複利用。

右下角的素面戒指尺寸全都是 13 號，寬為 3.0 ～ 3.3mm，但是以貴金屬的比重與公克單價來計算的話，這些戒指的價格會出現相當大的差異。截至 2015 年 6 月，金的價格是 4700 日圓，鉑金是 4400 日圓，銀是 66 日圓（每 1g）。而現今 Pt950 戒指的價格，更是 K18WG（白金）的 1.7 倍。

呈鱗片狀、連同石英一起產出的自然金。

Museum Idar-Oberstein 收藏

伊特魯里亞的金屬炸珠工藝

早在數千年前，金就已經運用在裝飾配件上。當中以伊特魯里亞人（Etruria）流傳下來的首飾值得一提。儘管曾經深受古希臘文化的影響，義大利半島上的伊特魯里亞人在西元前 7 ～ 6 世紀依舊能夠迎接鼎盛時期，創造出獨自的文化。金屬炸珠（granulation）是一種工藝手法，也就是將微量的黃金珠粒焊接在金的表面上，藉以描繪出圖案。及至今日，工藝技術能夠超越伊特魯里亞的藝術品依舊不多。

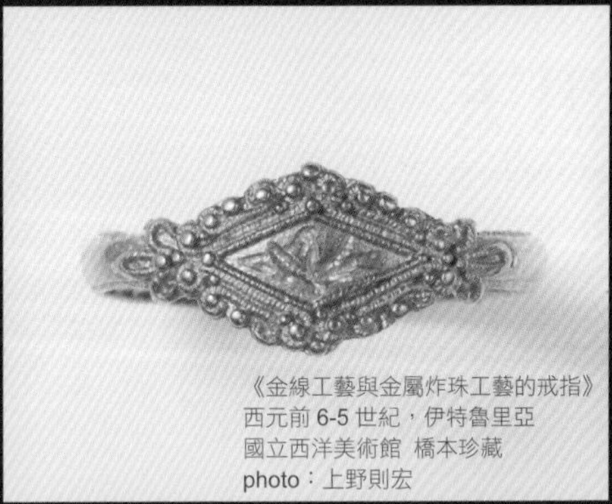

《金線工藝與金屬炸珠工藝的戒指》
西元前 6-5 世紀，伊特魯里亞
國立西洋美術館 橋本珍藏
photo：上野則宏

直徑只有 0.18mm 的細小金粒都是純手工一粒一粒焊接在戒台上的

K18 金的含量是重量比 75%，體積占 56%

至於金的等級，純金稱為 24K 金，標記為 K24。純金雖為金黃色，但是耐久性並不足以做成裝飾配件，必須利用銀、銅或鈀來調整硬度與顏色，方能做成首飾。

右邊這張照片是以體積比來顯示「14K 黃金」、「18K 黃金」、「18K 玫瑰金」與「18K 白金」的分量。

就重量來看，14K 金的金雖然占了 58%，但是就體積來看，也不過才 37%。製作首飾配件時至少要 18K 金的理由，就在於此。

白金若是做成戒指每天佩戴的話，底金的部分會因為鍍金部分剝落而露出。質地較輕的白金雖然適合做成鮮少摩擦的胸針與墜飾，但是這樣的素材卻不適合製作戒指。

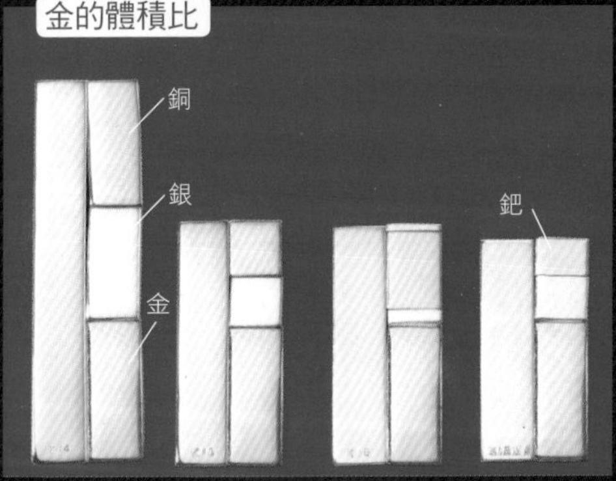

一般用來製作首飾配件的 4 種合金。左側的板子是合金，右側是金屬比例（體積比）。

K18YG 18K黃金　K18PG 18K玫瑰金　K18WG 18K白金　Pt950 鉑金950　Ag925 銀925

K18YG 18K黃金	K18PG 18K玫瑰金	K18WG 18K白金	Pt950 鉑金950	Ag925 銀925
製作首飾的基本合金，以銀與銅的比例來調整顏色。	銅的比例越高，顯現的粉紅色就會越深。	保留了金的黃色色調，表面通常會鍍上一層銠。	鉑金含量為 95%，重量是 K18WG 的 1.5 倍。	別名紋銀（Sterling silver），銀的含量為 92.5%，用了 7.5% 的銅。

黑玉 無處理

Jet, Untreated

產地　美國新墨西哥州
礦物種　黑玉

擁有柔和光澤的黑色化石

黑玉是被海浪捲入海裡的木頭沉入海底，經過一段漫長歲月碳化的化石。雖然這裡頭含有豐富的碳，呈現層狀組織，但是並不會結晶。黑玉遠從史前時代就用來做成裝飾品，加上燃燒時黑煙裊裊升起，因此古人相信這種石頭具有驅魔的力量。而且色調深沉，亦可用來製作哀悼故人時佩戴的首飾。

琢磨出刻面，做成串珠的黑玉。

礦物種：黑玉

Jet

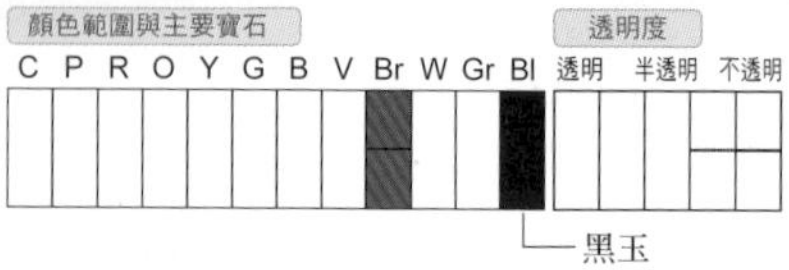

化學成分	有機物／碳氫化合物		
晶系	無	晶形	非晶質
折射率	1.660	密度	1.32
光澤	樹脂～玻璃	解理	無
摩氏硬度	2½—4	耐久性	5 4 3 2 **1**

質地柔軟、容易加工的黑玉原石。

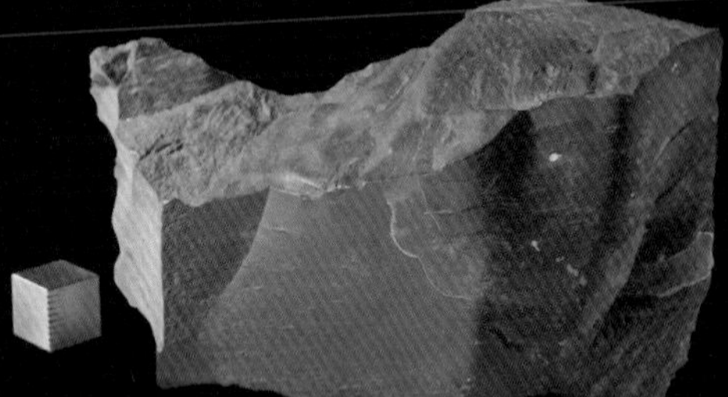

象牙 無處理

Ivory, Untreated

產地　南非、波札那共和國、納米比亞
有機物　象牙

獨一無二的奶油色展現了魅力

象牙本為大象的獠牙，因為黏性強，易加工，是東西兩個世界長久以來用來雕刻的材料。其最迷人的並不是無機質的雪白，而是帶有一分溫煦的奶油色。

不過象牙在 1989 年因為華盛頓公約而全球禁運，因此現在市面上常見將長毛象的象牙化石以及海象牙充當一般象牙來販售。

象牙之稱的吊飾與串珠項鍊

有機物：象牙

Ivory

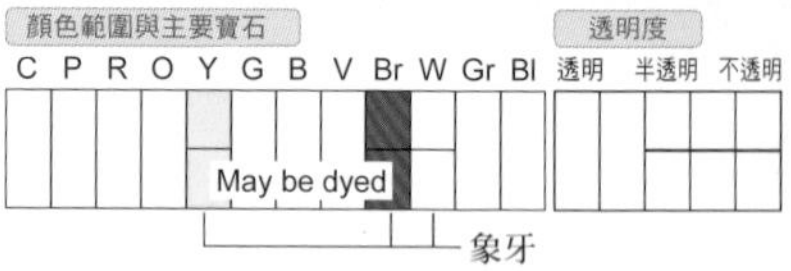

化學成分	$(Ca_3OH)_2(PO_4)_6Ca_4$		
晶系	非晶質	晶形	非晶質
折射率	1.540	密度	1.85
光澤	油脂～無光澤	解理	無
摩氏硬度	2½	耐久性	5 4 3 **2** 1

裁切的其中一部分象牙

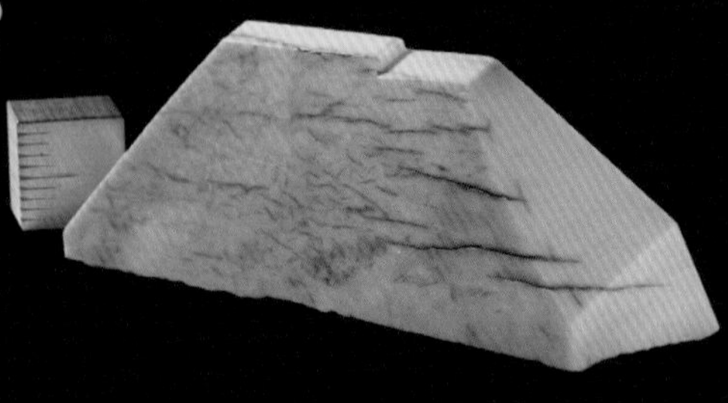

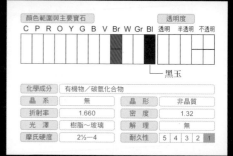

貝殼 無處理

Shell, Untreated

產地 美國等地

有機物 貝殼

鈕扣與浮雕的最佳材料

貝殼是覆蓋在軟體動物身上的外殼。擁有珍珠層的貝殼切割、切磨過後通常會做成首飾，以「珍珠母（mother of opal）」之名販售。而圖案有層次的貝殼則會用來製作浮雕等雕刻品。不僅如此，有些貝殼還會刻意染上鮮豔的色彩。

用貝殼製作的項鍊，珍（POLA ⑪④）

善用貝殼特性製成的貝殼浮雕通常會當作裝飾配件（個人收藏⑪⑤）

有機物：貝殼

Shell

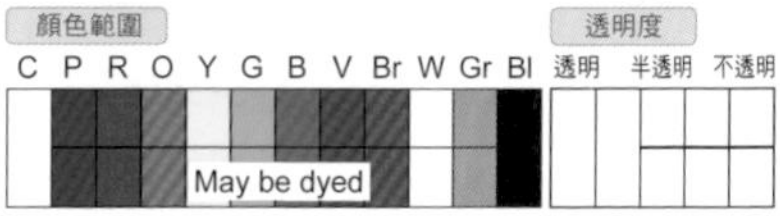

化學成分	$CaCO_3$		
晶系	三方晶系、斜方晶系、非晶質	晶形	—
折射率	1.530～1.685	密度	2.86
光澤	油脂～珍珠	解理	無
摩氏硬度	2½—3½	耐久性	5 4 3 **2** 1

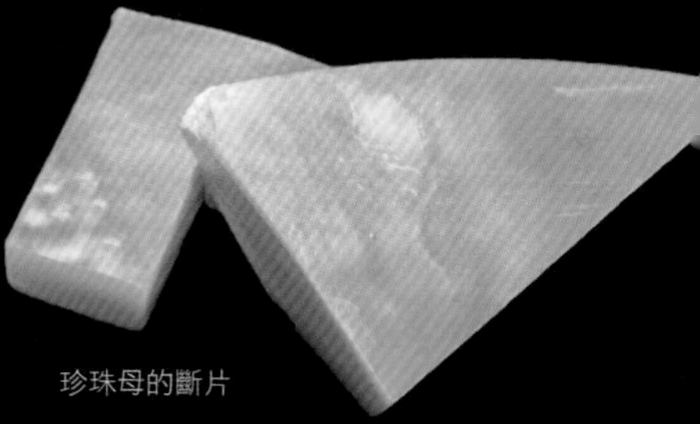

珍珠母的斷片

玳瑁 無處理

Tortoise Shell, Untreated

產地 印尼等地

有機物 玳瑁

用來製作髮簪與眼鏡框的天然材料

玳瑁是一種海龜，龜殼可做成有機寶石，同樣稱為玳瑁。玳瑁的龜殼圖案優美，深受古埃及王朝、希臘、羅馬以及 15 世紀的西班牙重視，在日本則於 17 世紀從長崎傳入。

德川幕府第十二代將軍德川慶在發布禁奢令之際，人們謊稱玳瑁是鱉的甲殼，故在日本才會以「鱉甲」稱之。過去人們通常會用玳瑁來製作髮簪或眼鏡框，但自從 1993 年全面禁止進口之後，現在大多以塑膠品來替代。

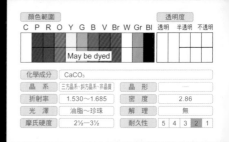

有機物：玳瑁【鱉甲】

Tortoise Shell

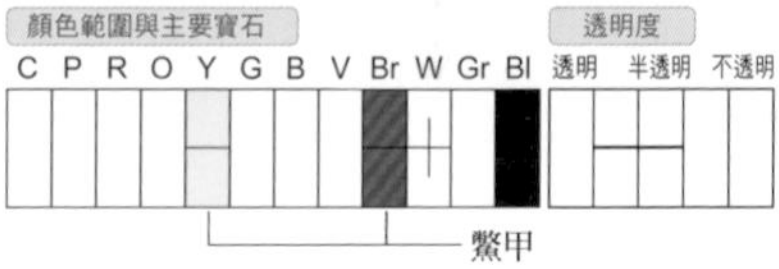

化學成分	角蛋白（硬蛋白質）		
晶系	無	晶形	—
折射率	1.550	密度	1.29
光澤	樹脂～蠟狀	解理	無
摩氏硬度	2½	耐久性	5 4 3 **2** 1

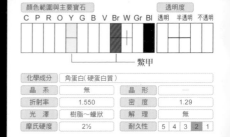

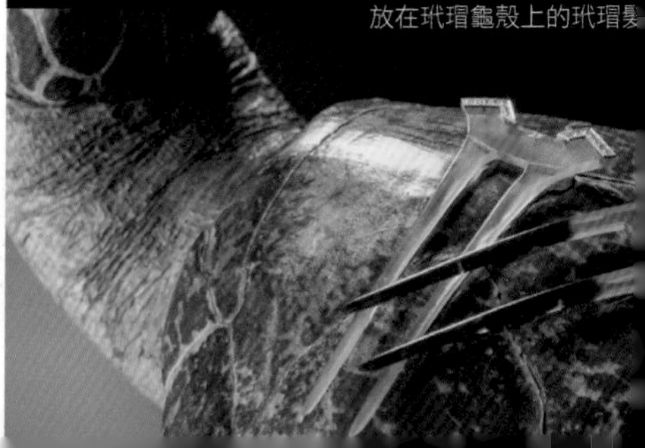

放在玳瑁龜殼上的玳瑁髮

琥珀 無處理 加熱

Amber, Untreated / Heated

產地 愛沙尼亞、拉脫維亞、立陶宛、多明尼加、日本
有機物 琥珀→ P.193

釋放焦糖色的非凡之美

琥珀主要琢磨成串珠或者是凸圓面。切磨成圓木桶形或者是馬眼形並且串在一起的話，不僅能夠展現出獨特風格，還能夠將琥珀的魅力毫無保留地展現出來。琥珀主要的顏色有琥珀色與白蘭地色（Cognac），不過最近比較熱門的是透明的檸檬色。但不管是哪一種，價格並非高不可攀，不妨依個人喜好從中挑選。

不透明的琥珀串珠項鍊〔無處理〕

琥珀的顏色

左為檸檬色，右為白蘭地色，中間的是傳統色（old color）。照片中的琥珀全都經過加熱處理，以展現出透明度與色彩。

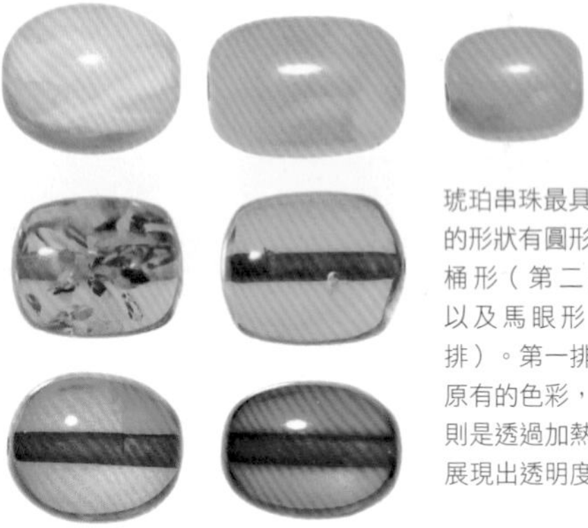

琥珀串珠最具代表性的形狀有圓形、圓木桶形（第二排），以及馬眼形（第三排）。第一排保留了原有的色彩，其他的則是透過加熱的方式展現出透明度。

用來當作護身符與裝飾配件的有機寶石

歐洲人習慣將形狀不規則的琥珀放在口袋裡，當作隨身攜帶的護身符，因為他們相信琥珀可以驅邪避災。不僅如此，日本人也曾經在古墳中挖掘到用琥珀製成的棗玉、勾玉與圓珠等裝飾配件以及陪葬品。

歐洲部分地區視為護身符的琥珀

琥珀內部的圖案是連同樹汁一起封鎖的空氣。也就是空氣在樹脂變成化石的過程當中，因為地熱加溫膨脹而移動的軌跡。

有機物：琥珀

Amber

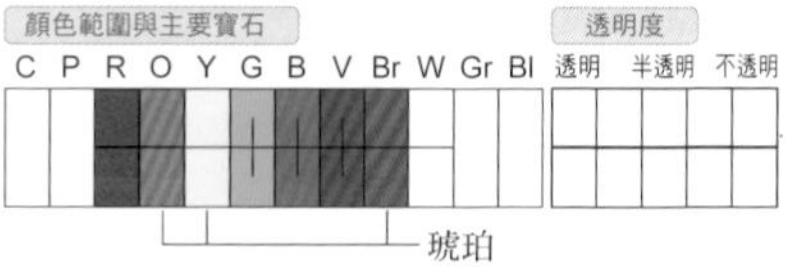

化學成分	碳氫化合物（C,H,O）		
晶 系	無	晶 形	非晶質
折射率	1.540	密 度	1.08
光 澤	樹脂～玻璃	解 理	無
摩氏硬度	2—2½	耐久性	5 4 3 2 1

樹木形成的寶石。優美的焦糖色，與眾不同

琥珀是遠古時代的樹木（松柏科植物）分泌的樹汁因為埋入地底而石化的樹脂，也就是以生物為起源的寶石。

琥珀的英文 Amber 來自阿拉伯語中意指「釋放香氣的物質」的 anber，因為琥珀只要一燃燒，就會散發出一股香氣，故名。不過德國人反而將琥珀稱為「Bernstein」，意指燃燒的石頭。日本人亦將其稱為琥珀。琥珀的歷史相當久遠，人們不僅曾經在愛沙尼亞發現西元前 3700 年用琥珀製作的墜飾、串珠與鈕扣，也曾經在埃及挖掘到西元前 2600 年的琥珀寶物。到了中世，歐洲基督教也利用琥珀來製作念珠。即便到了今日，日本人的生活依舊會出現用琥珀做成的念珠。

產出型態，琳瑯滿目從透明到不透明都有

寶石市場上 95% 的琥珀品質都相當不錯，而且據說全球有三分之二的琥珀都是來自波羅的海沿岸。琥珀的顏色以黃色及褐色居多，透明度也是形形色色，有的甚至還將整隻昆蟲包裹在內，頗受收藏者青睞。不僅如此，多明尼加共和國還曾經出現藍琥珀。

透明～半透明的琥珀產出時通常帶有金黃色～橘色色彩

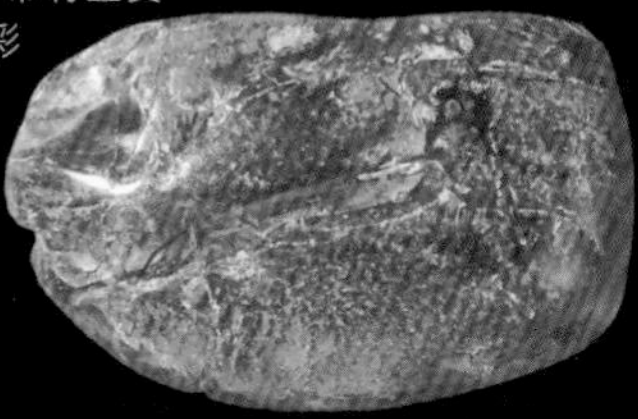

有些琥珀可以欣賞到封鎖在松樹樹脂內的昆蟲或部分樹枝

以不規則形狀產出的小塊琥珀

矽孔雀石 無處理

Chrysocolla, Untreated

產地 以色列、剛果民主共和國、墨西哥、智利、俄羅斯、薩伊

礦物種 矽孔雀石

與其他礦物攜手合作 形成大理石圖案

矽孔雀石的英文 Chrysocolla 是將希臘語中意指黃金的 Chrysos 與黏著劑的 Kolla 組合而成的名字，通常以塊狀型態產出，呈綠色或藍色。這種寶石的硬度為 2 ～ 4，範圍頗大，通常會與石英或蛋白石緊密結合，形成比矽孔雀石本身還要堅硬的礦石。

高高隆起的凸圓面矽孔雀石

礦物種：矽孔雀石

Chrysocolla

顏色範圍：C P R O Y G B V Br W Gr Bl

透明度：透明 半透明 不透明

化學成分	$Cu_2H_2(Si_2O_5)(OH)_4 \cdot nH_2O$		
晶系	單斜晶系	晶形	塊狀
折射率	1.580～1.615	密度	2.20
光澤	油脂～玻璃	解理	無
摩氏硬度	2—4	耐久性	5 4 3 2 1

與紅色氧化鐵組成的綠色矽孔雀石

蛇紋石 無處理

Serpentine, Untreated

產地 英國、美國、加拿大、阿富汗、南非

礦物種 蛇紋石

以蛇紋為名的獨特礦物

蛇紋石是一個礦物家族名，包含了至少 16 種含水矽酸鹽礦物在內。其原石呈現了類似蛇皮的斑紋，故名。再加上產量豐富，容易加工，因此生活在舊石器時代的人們便開始將蛇紋石的原石磨成串珠，做成項鍊。不過西方諸國過去似乎將蛇紋石與軟玉視為同一種礦石。

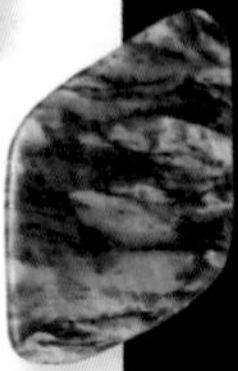

產出型態從略為透明～不透明都有，通常會切磨成凸圓面，或者是善用其所顯現的圖紋，琢磨成片。

礦物種：蛇紋石

Serpentine

顏色範圍：C P R O Y G B V Br W Gr Bl

May be dyed

透明度：透明 半透明 不透明

化學成分	$(Mg,Fe,Ni)_3Si_2O_5(OH)_4$		
晶系	單斜晶系、斜方晶系	晶形	通常為塊狀
折射率	1.560～1.570	密度	2.57
光澤	蠟狀～玻璃	解理	無
摩氏硬度	2½—6	耐久性	5 4 3 2 1

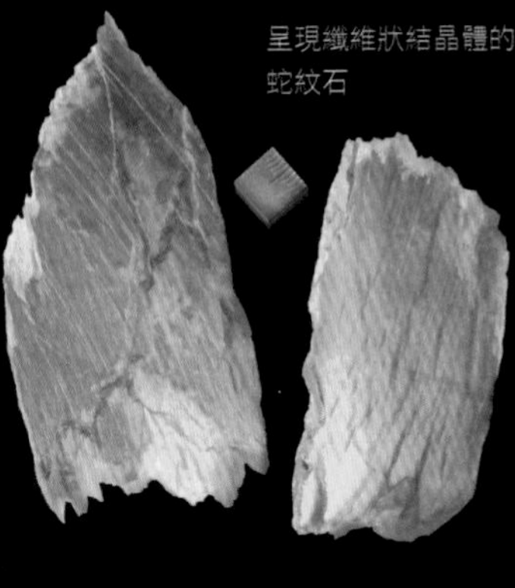

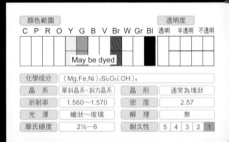

呈現纖維狀結晶體的蛇紋石

透石膏 無處理

Selenite, Untreated

產地　美國、加拿大、澳洲、西班牙、法國
礦物種　石膏

散發朦朧月光風采的寶石

透石膏的英文 Selenite 以希臘語的 Selene 為字源，意指「月亮」，是一種透明度接近石膏的結晶。不過經過滾光打磨的透石膏相當透明，散發出一種宛如月光以及絹絲的光澤。不過這種寶石硬度只有 2，只要用指甲（硬度為 2½）輕輕一刮，就能刮出線條。至於雪花石膏（Alabaster）則是塊狀的細微結晶集合體，長久以來一直是雕刻與裝飾品的素材。

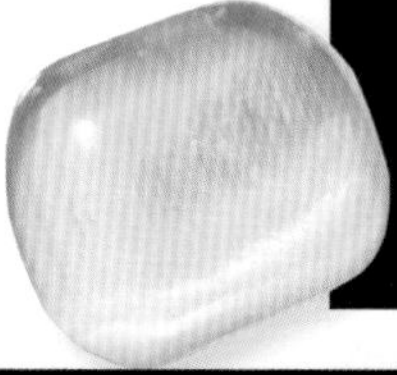

大小等同成人大拇指的透石膏。是筆者在 2014 年以 600 日圓網購得來的。

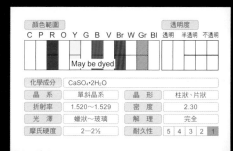

礦物種：石膏

Gypsum

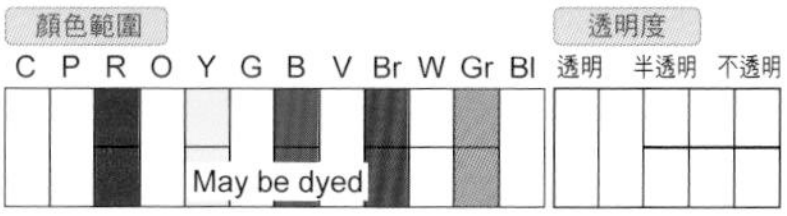

化學成分	$CaSO_4 \cdot 2H_2O$		
晶　系	單斜晶系	晶　形	柱狀、片狀
折射率	1.520～1.529	密　度	2.30
光　澤	蠟狀～玻璃	解　理	完全
摩氏硬度	2～2½	耐久性	5 4 3 2 1

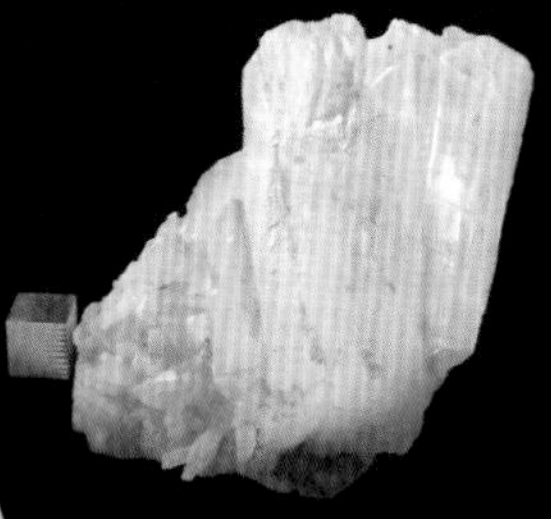

透石膏的柱狀結晶

石膏的英文 Gypsum 源自希臘語的 Gypsos，本為無色～白色，若摻有其他物質，則會帶有灰色～黃色色彩。加水凝固的燒石膏可當作建材、雕塑成石膏像，或者是骨折時用來固定的石膏材，應用範圍非常廣泛。

礦物種：滑石【凍石】

Talc

產地　美國、印度、澳洲、中國、巴西

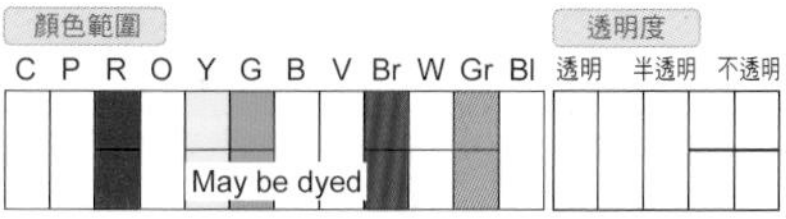

化學成分	$Mg_3Si_4O_{10}(OH)_2$		
晶　系	三斜晶系、單斜晶系	晶　形	纖維狀、成塊的葉片狀
折射率	1.540～1.590	密　度	2.75
光　澤	蠟狀～油脂	解　理	完全
摩氏硬度	1～2½	耐久性	5 4 3 2 1

摩氏硬度 1 的基準礦石

滑石是摩氏硬度 1 的基準礦石，也是質地最柔軟的礦物，屬於黏土礦物的一種，散發出和蠟燭一樣的光澤。顏色有白、綠、褐，偶爾會與蛇紋石以及方解石混在一起。成分單純的滑石，若是摻有其他物質，硬度就會提高。密度高、品質佳的滑石稱為塊滑石（Steatite），長久以來一直是用來雕刻的材料。另外，滑石磨成粉狀的話，還能夠用來製作痱子粉、化妝品、藥品以及提升紙質的材料。

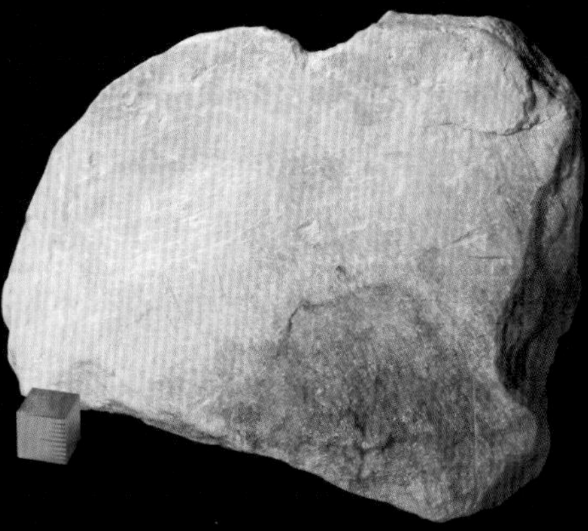

成塊狀集合體的滑石。以結晶型態產出的情況非常罕見。

戴戒指的麻煩事
～為了長久佩戴～

長久佩戴寶石通常會遇到意想不到事，所以接下來我們要在這一節介紹在現實生活中會遇到的問題，以及應對的處置方式。

戒指切斷器。切斷器前端穿進戒指與指縫之間，用宛如一把小鋸子的齒輪將戒指切斷，並且要小心留意，以免傷到手指。

意外1

戒指取不下來

一般來講，我們手指的粗細通常會隨著年齡而變化，所以有時戒指會在不知不覺中因為手指變化而取不下來。遇到這種情況，我們可以用右方圖片中的這支戒指切斷器來解決問題。前一陣子我的友人用了這支戒指切斷器將取不下來的戒指剪斷之後，才發現適合自己手指的戒指尺寸應該是 #21，但是戴在手上的戒指卻是 #14，整整差了 7 號。雖說消防局通常都會準備這支戒指切斷器，但是為了避免日後遇到這種意外，購買戒指時還是多與寶石店商量，選擇適當的尺寸為佳。

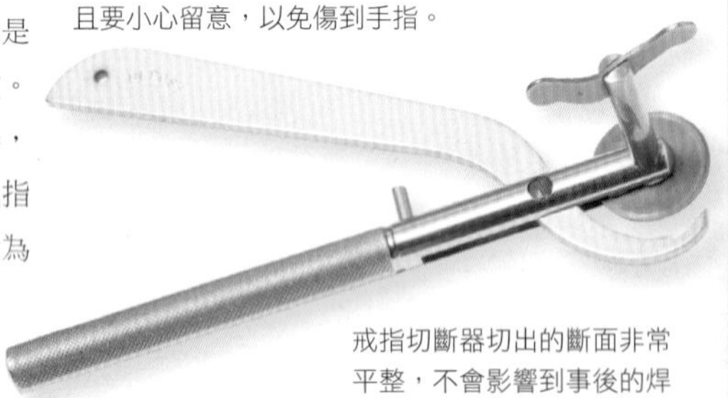

戒指切斷器切出的斷面非常平整，不會影響到事後的焊接工作。

意外2

戒指彎了

只要種種不利因素重疊在一起，戒指就會嚴重彎曲。假設我們左手戴著鑲嵌著寶石的戒指，右手戴著戒身寬、強度高的戒指去參加演唱會。正當興高采烈、拍手喝采時，右手的這只戒指就會變成一支鐵鎚，重重敲打戴在左手上的戒指。只要拍個 20～30 次，戒指就會因為敲槌的痕跡而彎曲，爪子鬆開，如此一來寶石就會鬆動，甚至掉落遺失。鑲嵌著寶石的戒指大多非常纖細，所以雙手佩戴戒指拍手時，一定要特別小心留意。

實際因為拍手而彎曲的戒指（左）會讓鑲嵌在上面的寶石變得非常不穩定，但是右邊戒身比較寬的戒指卻不為所動。

Column

附錄

風貌自然的鑽石。這是比利時安特衛普（Antwerp）的原石採購商丹尼爾到 2010 年為止，花了 25 年時間收集一部分形狀格外奇特的鑽石。產地囊括了剛果共和國、波扎那、澳洲與俄羅斯。

認識礦物的形成與寶石的本質

寶石是大自然寄放的物品

寶石孕育自地球，經由人們琢磨出美，
長久佩戴之後，再傳承給下一代。

1
地球誕生

地球形成於 46 億年前。倘若地球沒有誕生，那麼現在恐怕就不會有人類與寶石了。一般認為，鑽石是在那之後經過 20 億年，於地底 150 公里深的熔融岩漿中形成的結晶體。隨著研究發展，有人甚至提出在地底 660 公里深處結晶的生成說。無論如何，鑽石在高溫高壓的地底深處結晶形成是無庸置疑的事。

我們之所以會發現在地底深處生成的鑽石，是因為地球本身的火山活動偶然地讓鑽石隨同熔融岩漿迅速上升至地球表面。截至目前為止，這個幸運的偶然為人們帶來的鑽石數量其實已經到達某個程度了，但在人力無法及的數百公里深處，應該還存在著不少鑽石才是。人類雖可登上地球，但是深入地底卻必須承受高壓，所以到目前為止，人們只能深入地底 4 公里處。

右圖是地球的剖面圖，用四角形框起來的部分是寶石誕生的地方。我們可以看出寶石僅在地球所謂的「表面部分」微量生成發展。在形成的過程當中，礦物會擁有固定的化學成分，依照一定的結晶結構，並且再經過一段地質演化過程方能成形。包括珍珠與珊瑚這些必須經過生物活動方能生成的有機物在內，以寶石為主角的這齣連續劇在地球誕生之際開演，並且為地球的力量所支配。

地球剖面圖

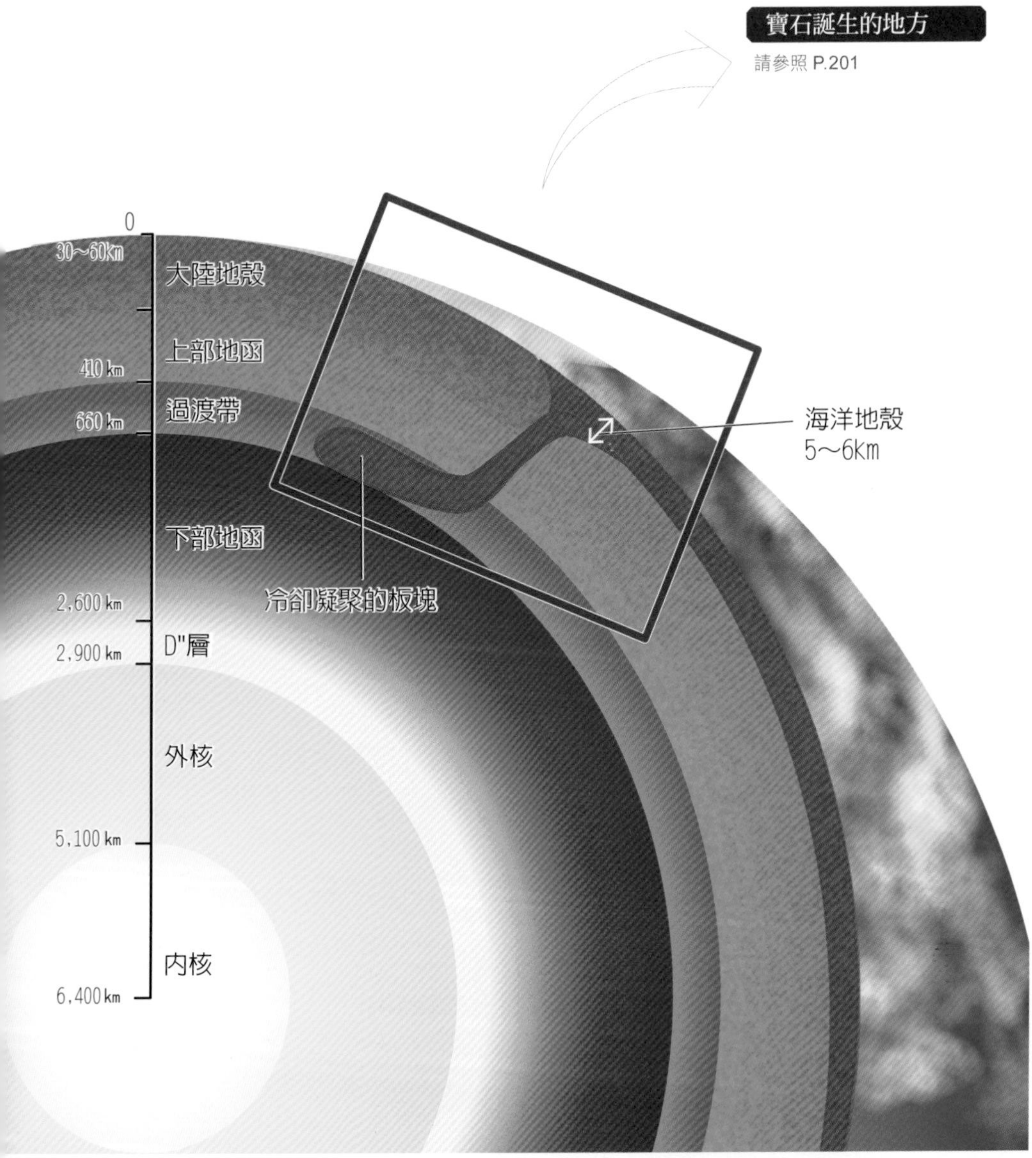

資料提供：文部科學省企劃・監修 日本礦物學會《礦物 地球與宇宙的寶物》

2

礦物誕生

誕生之處，遍布各地

可以琢磨成寶石的礦物誕生處大致可以分為三個地方。第一是在地球表面深處結晶的礦物，例如鑽石、部分石榴石以及橄欖石（貴橄欖石），第二是接近地表形成的礦物，例如蛋白石、玉髓與土耳其石，第三是在居中的地殼中結晶形成的礦物。融入岩漿（熔融體）、液體（熱水）與氣體（火山氣）的化學成分若是受到溫度與壓力下降影響而變成固體時，就會促成礦物誕生。另外，熱水在朝地表上升的過程當中，溫度與壓力也會跟著下降，並且在地底填滿岩盤縫隙，形成脈礦，進而產生礦物。不僅如此，暫時形成的礦物還會與液體或氣體產生反應，形成另外一種礦物。而單種的礦物或者是種類相近的礦物，有時也會在某種溫度與壓力的環境下產生反應，進而形成新種礦物。

生物孕育的寶石

除了礦物琢磨而成的寶石，有些寶石則是來自珍珠與珊瑚等生物。這些都是有機物，同時也是自古以來深受人們重視、源自生物的寶石。

主要寶石

		摩氏硬度
1a 1b	鑽石	10
2a 2b	紅寶石、藍寶石	9
3	亞歷山大變色石 貓眼石	8½
4	尖晶石	8
5	拓帕石	8
6a 6b	祖母綠	7½
7	海藍寶	7½
8	碧璽	7
9	鎂鋁榴石	7
10	紫水晶	7
11	玉髓	7
12	貴橄欖石	6½
13	翡翠	6½
14	月長石	6
15	蛋白石	5
16	土耳其石	5
17	青金石	5
18	孔雀石	3½
19	珊瑚	3½
20	真珠	3½
21	琥珀	2

寶石誕生的地方

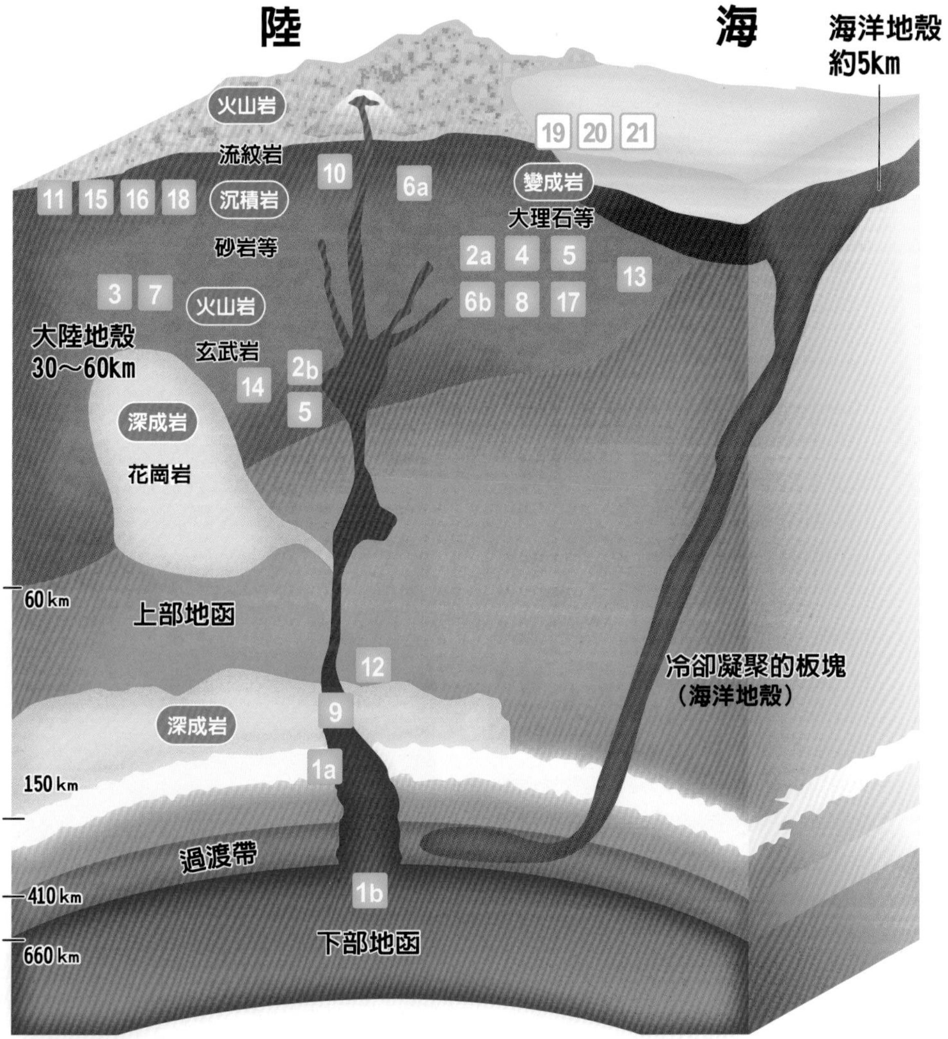

陸
海
海洋地殼
約5km
火山岩
流紋岩
19 20 21
10
6a
變成岩
11 15 16 18
沉積岩
大理石等
砂岩等
2a 4 5
13
3 7
火山岩
6b 8 17
大陸地殼
30～60km
玄武岩
2b
14
5
深成岩
花崗岩
60 km
上部地函
12
冷卻凝聚的板塊
（海洋地殼）
9
深成岩
1a
150 km
過渡帶
410 km
1b
660 km
下部地函

3

找到礦物

唯有地殼變動，方能找到可以成為寶石的礦物

人們雖然可以登上迢遙萬里的月球，深入地底數公里卻已經是極限。最深的鑽石礦床位在地底一千公尺處。是因為地球火山爆發等活動所造成的地殼變動，才讓這些可以成為寶石的礦物到達人類手中。

右邊這張照片是在地底至少 150 公里深的地方結晶，之後隨著熔融岩漿上升、環抱在慶伯利岩（Kimberlite，角礫雲母橄欖岩。熔融岩漿冷凝而成的岩石）之中的正八面體鑽石。將這塊來自原生礦床（→ P.245）的慶伯利岩粉碎之後，就能取出鑽石。而砂積礦床中那些長年經過風化與侵蝕作用自然地從慶伯利岩裸露的鑽石原石，則是以人工選礦的方式，在海洋或陸地的砂積地網羅匯集。例如納米比亞的海岸就是以大規模的選礦作業來篩選鑽石。而人們將到手的礦物當作原石，並進一步將其分成寶石用與工業用。

其他礦物也是因為火山活動，或者是地殼過了一段漫長歲月產生新的變動，並且被擠壓至地表後，在某個偶然的機緣之下才被人類發現的。有的甚至一開始是在接近地表的砂積礦床中偶然被發現，之後便以此地為礦物的原生礦床。

成為礦山的條件，在於划算與否

目前地底最深處可以開採的礦物是 3900 公尺深的金，但是只有效益非常高的礦床才有辦法如此。雖然無法一概而論，但是就算山中有礦物，開採成本若是高於銷售價格，還是避不了封礦這個事實。

經歷這趟漫長旅途流傳到今日的礦物當中，外形出色的會加以琢磨，化身為寶石，並且踏上另一段旅程。

代代在德國西南部伊達奧伯施泰這個歷史悠久的寶石產業重鎮，經營寶石業的康斯坦丁 · 懷德（Constantin Wild）公司擁有的地下倉庫。隨處可見放置好幾百年的礦物。

環抱在母岩慶伯利岩之下的鑽石結晶。從地底深處一口氣被擠壓至靠近地表處時，由於溫度與壓力驟降，使得表面因為融化而形成特殊紋路，甚至形狀改變。

將尚未研磨的紫水晶原石切割成容易加工的大小。如此美麗的原石可以誕生出品質絕佳的寶石。

4

切割・切磨礦物

掌握切磨的順序，了解寶石的整體模樣

將礦物切磨成寶石時必須細細觀察原石，思考「要切割成什麼樣的立體形」、「要切磨成什麼樣的形狀」、「該選擇什麼樣的刻面」，並且考慮寶石的硬度、耐久性、透明度、價值與熱門程度之後，一切方能決定。一般來講，硬度超過 7 而且透明亮麗的寶石通常會採用主刻面切工（明亮形切工／階梯形切工），硬度不到 7 的寶石則是會切磨成凸圓面、滾光打磨或者是琢磨成串珠。

而用來鑲嵌在首飾配件上的寶石其實是有最佳尺寸的，因此顆粒過大的寶石有時會分割成好幾顆。特別是鑽石因為價格高，顆粒小，故在製作首飾配件時，會儘量選擇直通率佳而且價值高的寶石。至於有色寶石的原石若是出現品質未達寶石等級的部分，則是會用榔頭將不要的部分敲碎。立體、形狀、刻面切磨可以組合出好幾百種結果，若再加上縱橫比例、輪廓以及不規則形的話，寶石的切工種類恐怕可達數十萬種。

切工・切磨的三大要素

立體形狀　根據原石的種類、透明度以及有無內含物來決定立體形狀

凸圓面切工
將寶石切磨成圓頂山形的切工方式。通常用來切磨半透明或不透明的寶石。

滿天星形切工
在寶石表面切磨出無數個面積較小的刻面

明亮形切工
擁有冠部與亭部的基本切工。除了鑽石，通常運用在質地透明的寶石上，屬於熱門的切磨方式。

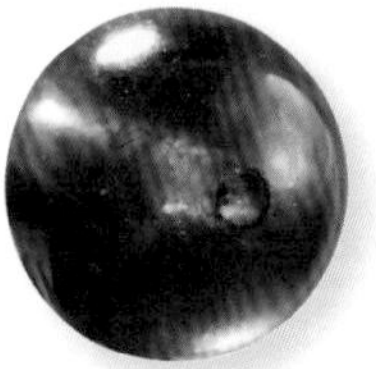

串珠
大致切割成立體形之後，再用機械或者是手工方式將寶石磨圓。通常會在中間穿個洞，將其串連在一起。

玫瑰形切工
將刻面琢磨成宛如玫瑰花瓣層層重疊的切工方式

滾光打磨
藉由滾動將邊角磨平、渾然天成的立體形狀。如果是人為加工的話，通常會放入添加切磨材料的滾筒中讓寶石滾動，以便打磨出圓潤的線條。

平板形
琢磨成平面的立體形

形狀

決定從正上方（face up）看到的形狀

刻面琢磨與完成

根據寶石的特色與用途決定並且完成刻面

明亮形（星形）主刻面

刻面之間形成的線條（稜線）連接在腰圍上

階梯形主刻面

刻面平行連接在腰圍上

棋盤格主刻面

頂部切磨成棋盤圖紋的刻面

花式切磨

頂部磨平的刻面。有時會再施加雕刻。

凸圓面

頂面不是平面，而是琢磨成曲面。

雕刻

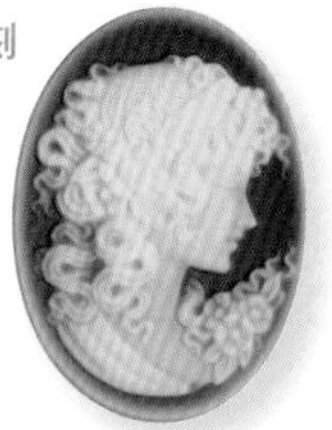

在塊狀或平片狀的寶石上雕刻圖案

5

完成寶石

認識裝飾配件

收藏在玻璃盒中的美麗石頭雖然也是寶石，但唯有能夠佩戴在身、讓人盡享華美姿態的，才是名副其實的寶石。礦物（Mineral）切磨成寶石之後再加以裝飾，就是寶石裝飾配件。而在寶石裝飾配件當中，品質最高的稱為珠寶（Jewel），而且一直是人們心目中的寶物，畢竟這個世界上還是會不時地聽到有人遇到緊急狀況逃難時，用身上的寶石換取金錢，在陌生的土地上展開生活的故事。

裝飾配件看似相同，但其實可以細分成三種不同類型。

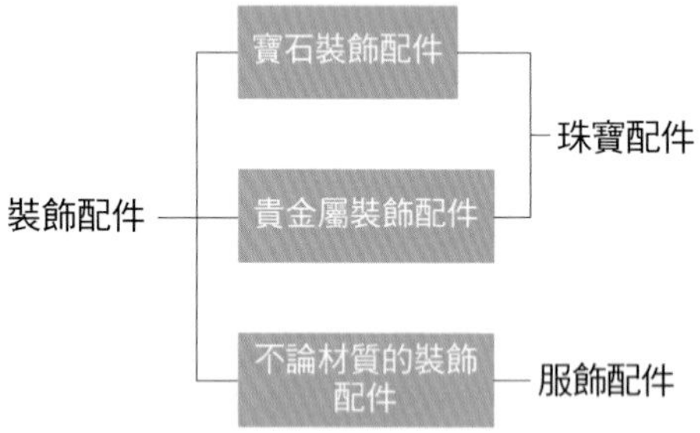

寶石裝飾配件是凸顯出寶石美的配件，而且人們會屢屢穿戴在身，並且將其流傳給下一代。貴金屬裝飾配件是用 K18（18 金）或鉑金（Pt950）塑整造型，並且趁勢加以銷售，一旦開始退流行，到最後就會將其熔化，重新打造。至於不論素材的裝飾配件算是時尚珠寶（costume jewelry），具有藝術價值的當然另當別論，但是如果用不上的話，當然就會遭到捨棄。

構想決定一切

姑且不論價格高低，選擇「永伴一生的珠寶配件」時有兩個重點，一個是鑲嵌的寶石是否完美地展現出來，第二個是配件設計是否夠精巧。

例如右頁下方這只鉑金搭配鑽石的密釘鑲戒指散發出來的光芒就相當璀璨亮麗，因為鑲嵌在這上頭的是精挑細選、顆粒碩大的鑽石。不僅如此，每一顆鑽石的冠部（→ P.250）色散還非常強烈。大顆的圓明亮形鑽石燦爛耀眼，但是顆粒越小，就會越黯淡。如果要在面積相同的地方鋪滿鑽石的話，那麼最好盡量挑選顆粒碩大的鑽石，均衡擺置，而這正是製作亮麗珠寶配件的條件。

而鑲嵌小顆紅寶石時，如果選擇和右頁上方這只戒指一樣顏色較淡的紅寶石，就能構成一只亮麗的戒指；但是顏色如果較深，那麼顆粒較小的紅寶石就會因為無法顯現出馬賽克圖案（→ p.250）而失去魅力。

據說深愛寶石的義大利貴婦人在挑選珠寶配件時「一定會先從內側開始觀察」，確認鏤空（Ajour）的部分，因為一件寶石裝飾配件是否出色的關鍵在於內側，而非外側。鏤空可以帶來三種效果，第一是盡量擷取光線，讓寶石看起來更亮麗，第二是讓裝飾配件看起來更加纖細並且加強硬度，第三是加快配件晾乾的速度，以免因為受潮而黯淡。然而手工細膩的鏤空耗費時間卻是製作表面的好幾倍。以成本為有效考量的製造者通常是無法做到這種地步。

橫排成一行的五顆圓紅寶石火紅的色彩，與顆粒較小的鑽石完美協調地搭配在一起，做出這只富有節奏、氛圍舒適的寶石裝飾配件，紅寶石戒指（個人收藏116）

因此手工細膩的鏤空不僅讓繼承這件寶石裝飾配件的人更加歡心，而且還會深深影響到這件珠寶配件再次在市場上流通的價值。

珠寶配件長久佩戴的話，貴金屬部分難免會變色或彎曲，不過這些都是有可能修復的。遇到這種情況，記得與寶石店的人商討對策。

隨著技術的進步，一些複雜的加工技術現在已經變得越來越容易處理了。儘管這些都有助於提升工作效率，但是理解每一顆寶石的特徵，深慮構思的重要性依舊不變，不管是過去還是現在，甚至是今後，這都是永恆不變的基本原則。

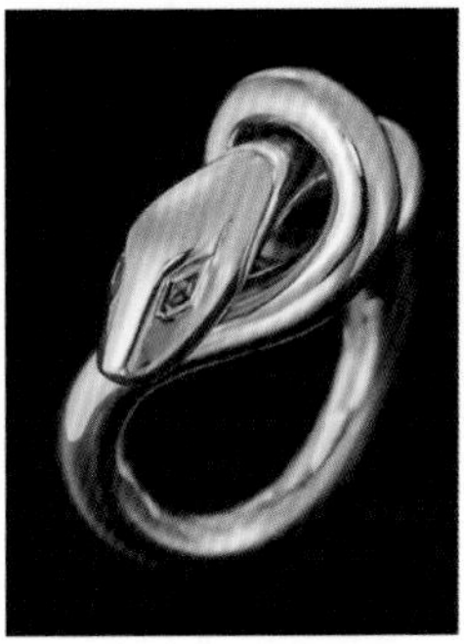

模仿蛇隻的造型格外引人注目，以貴金屬製成的裝飾配件。
K18 戒指（個人收藏）

鑽戒（Gimel 117）

從戒指內側可以看到裡面鏤成六角形的蜂巢模樣。每一格在雕琢時都非常用心，讓這只戒指由內向外散發出無可挑剔的整體美。

6

擁有寶石

人們擁有寶石的四個動機

人們一旦手頭變得寬裕，就會期望擁有一顆寶石。寶石往往聚集在富裕國度。而人們想要擁有寶石的動機，通常可以分為四個。

就算人們是為了某個主要目的而決定擁有寶石，但是動機絕對不會只有一個。像是一顆品質極佳的 2ct 鑽石不僅是價值頗高的資產，同時還是一顆適合隨著歲月散發成熟韻味的人佩戴的寶石。在將某一種寶石當作珍藏品來蒐集的同時，不妨順便搭配其他寶石，將其當作裝飾配件來佩戴，讓自己沉浸在寶石帶來的樂趣之中。

婚戒若只是挑選一只用小鑽鑲嵌的單顆寶石戒指，就會淪為僅出現在婚禮上的工具；但是挑選的如果是一只永恆之戒的話，那麼就能夠當作永生配戴的裝飾配件，使其價值毫不保留地展現出來。寶石畢竟是價格不貲的物品，所以挑選時要多加考量未來，好讓其成為相伴一生的摯友。

《 作為資產 》

自古以來確實有不少人將擁有的寶石當作資產，而且還讓這個目的永存下去。例如現在批發價約 100 萬日圓左右、品質中等的圓明亮形鑽石在 1900（明治 33）年價格也才 200 日圓。意外的是 110 多年後，價格竟然翻漲 5000 倍。試著調查其他物價，發現公務員的薪水其實也漲了約 4000 倍。但是反過來看，這種情況凸顯的並不是寶石價格的高漲，而是貨幣價值的跌落。因為鑽石的價值並不會變，是通貨膨脹的情況過於嚴重，才會導致這種情況出現。

鉑金鑽戒 2ct（個人收藏⑱）

《 作為珍藏品 》

將寶石當作珍藏品擁有時可從各方面切入。像是對紅寶石、藍寶石或祖母綠這些特定彩寶有興趣而收集也好，挑選古董珠寶、充滿藝術抑或設計風格的珍藏品也罷，總之選擇的方向其實是非常多樣的。

相同主題的珍藏品。由左依序為鑽戒⑲、沙弗萊戒指、鑽石墜飾、紅寶石墜飾⑳（均為個人收藏）

《作為裝飾配件》

將寶石當作裝飾配件應該是當今人們擁有寶石最普遍的動機吧。寶石不僅讓人樂於裝扮，還能夠幫助人們發揮潛力。例如戴上寶石耳環的人看起來不僅活力洋溢，疊戴數只戒指還能夠充分散發出品味。大多數的人都會費盡巧思，配合自己的身高認真打扮，不過品味這種東西，還是要經過多方嘗試體驗，方能找到「真正適合自己的風格」。

扭索紋（Guilloche）瓷釉胸針（個人收藏㉑）。施以雕工的銀飾上了琺瑯，讓表情更加豐富。背面採用的材質是金。1860 年左右英國製。

《作為工具》

最後一個動機，就是將寶石當作工具。例如參加喪禮時穿戴的黑色項鍊，或者是結婚時佩戴的婚戒。另外，寶石還可以做成念珠等宗教工具。而時下流行的能量寶石與療癒石更是期望幸運與祈求安心的工具。

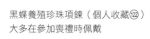

黑蝶養殖珍珠項鍊（個人收藏㉒）
大多在參加喪禮時佩戴

7

流通於市面的寶石

寶石價格與資產價值

寶石原石從地底挖掘之後，便會運送到切磨地。琢磨出美麗模樣之後便會在國際等級的展示會上或者是透過價格相對的交易將其交付給製作者。製作者必須先思考用來鑲嵌寶石的裝飾配件，聚集並且搭配使用的材料，將其打造成產品，好讓寶石能夠永久佩戴。而販賣者也會備妥店面，培育能夠宣傳與說明產品的銷售人員，為這一切做好準備。寶石的價格包含了尋找原石所付出的成本以及店面銷售人員的人事費用，也就是所有支出的總計。而購買者付了這筆費用之後，就能夠將寶石握在手中了。

幾乎所有商品只要一使用就會失去價值，但是為何唯有寶石可以留下資產價值呢？其因在於寶石不易變質，只要小心使用，就能避免磨損，不管是新品還是中古，在市場上流通時，品質其實相差不大。而刊載在本書中的裝飾配件有一半都是筆者的友人、員工以及家人經常佩戴、愛不釋手的配件，卻完全不覺過時老舊。至於這些寶石裝飾配件當今的價格是購買時的一半、四分之一，還是與購買當初同價，端視每一件裝飾配件經過多少歲月而定。

筆者曾經遇過一個例子。有位婦人二十年前以 2200 萬日圓的價格在一家品質深受好評的寶石店購買了一顆 6ct 的梨形鑽石。萬萬沒想到這顆鑽石二十年後在日本的拍賣會上竟然能以相同金額，也就是 2200 萬日圓賣出。那位婦人歡欣不已地決定把這筆錢當作孫子的教育基金。完全沒有任何利息滋生的這二十年，這位婦人不僅盡享這顆寶石所帶來的樂趣，而且還能夠繼續傳承給另外一個人，如此情況，讓人十分欣慰。

然而也有相反情況。這位婦人還有一條 18 金的項鍊，上頭鑲嵌了無數顆小鑽，是同一時期在法國寶石店以 1000 萬日圓價格購買的。然而這條項鍊在拍賣會上起價卻只有 100 萬日圓。珠寶配件畢竟是一件要付出昂貴價格方能到手的物品，因此選購時在堪用這個前提下我們必須先捫心自問，是要將這件珠寶配件當作價值不凡的資產，還是要把重點放在享受配戴寶石樂趣上，再來決定是否購買。

金屬部分變色的裝飾配件（左）只要拋光處理，就能夠恢復原有的美（右）。鑲嵌在上頭的寶石幾乎沒有出現劣化現象，因此處理過後，這支藍寶石胸針幾乎和新品一樣，再次重拾以往的亮麗風采（個人收藏）。

相較穩定的寶石價值

放眼全球，寶石的價值比較不易變動。當今地面上的寶石有 98% 為分布在世界各地的私人所有。儘管這些私人寶石因為分散各地而難以掌握，但是寶石的庫存量其實不算少，加上買賣的數量通常都相當固定，相較之下，價值就顯得比較穩定，不易浮動。

話雖如此，部分寶石的價值還是會出現變動。像是 19 世紀的紫水晶就曾經因為巴西與俄羅斯大量產出而貶值；而 2005 年，寬鬆銀根的投入反而導致大顆鑽石與紅寶石價格上漲 3 ～ 4 倍。另外，寶石交易時基本上是以美金為原則，因此 10 ～ 20% 的浮動匯率通常也會影響到寶石在當地的行情，這些都要特別留意。以百年為單位來看，人們之所以會以為寶石價格上揚的原因，其實是貨幣價值跌落所造成的結果，因此基本上來講，寶石的價值是沒有改變的。

每 30 年回流一次的寶石

平均來說，一顆寶石通常過 30 年就會易主。有的是因為世代輪替，傳承給家族，有的則是在拍賣會等市場上繼續流通。因此寶石就好比土地，可以代代相傳，永世傳遞。

但是到了 21 世紀，資源枯竭、環境問題以及開發中國家人事費用高漲等問題勢必會到來，因此今後的寶石市場定會準備齊全，好讓人們手中的寶石得以在市面上流通。而這些貨真價實的寶石只要繼續保持其所擁有的價值，今後回流的熱潮定會更加活絡。

鉑金搭配藍寶石，以及鉑金搭配鑽石的戒指（2 只）。硬度高而且稀少罕見的美麗寶石在這世上與流行及過時是無緣的，無論身處何時，價值是永恆不滅（個人收藏）。

長久以來無法切磨的特別寶石

鑽石的歷史

無以倫比的硬度讓鑽石自古深受人們珍惜，
然而卻要到600年前，人們才有能力琢磨。

人類與鑽石的邂逅

傳聞人們第一次見到寶石是在西元前 800 年前左右的印度。其無與倫比的硬度、透明度以及渾然天成的美麗正八面體，想必充滿了神秘氣息，所以人們才會將其當作護身符，加以珍惜。

西元一世紀左右，羅馬帝國的政府官員將未經切磨的鑽石鑲嵌在金戒指上，直接配戴在身。而收藏在大英博物館的第 70 號展廳，也就是羅馬帝國（Roman Empire）展示室的戒指，也能觀賞到鑽石形成正八面體的成長痕跡，讓人得以確認其最原始的風貌。

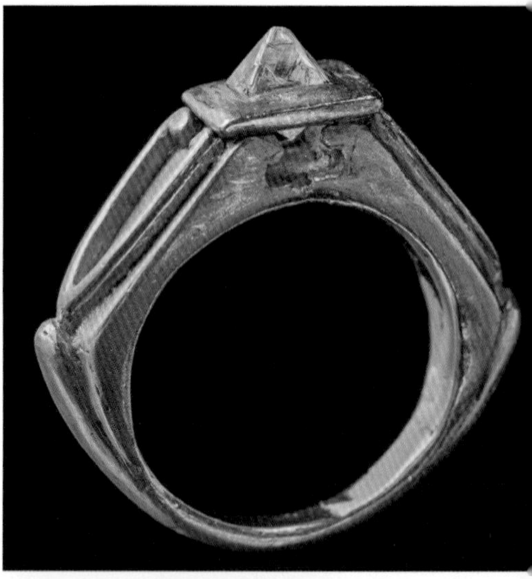

大英博物館第 70 號展廳展覽的戒指複製品（個人收藏）

流傳至中國的鑽石

羅馬帝國（27BC-AD395）分裂之後，鑽石雖然從歐洲這個舞台前台消失，但是背後卻透過南方海上交易從印度以及西亞等地流傳至中國。

右邊這只東晉（4 ～ 5 世紀）流傳下來的鑽戒曾經在 2012 年中日友好四十週年紀念活動的其中一環「中國珍寶展」上展覽。這是 1970 年在南京市下關區象山 7 號墓出土的物品，而且戒圈的剖面呈橢圓形。

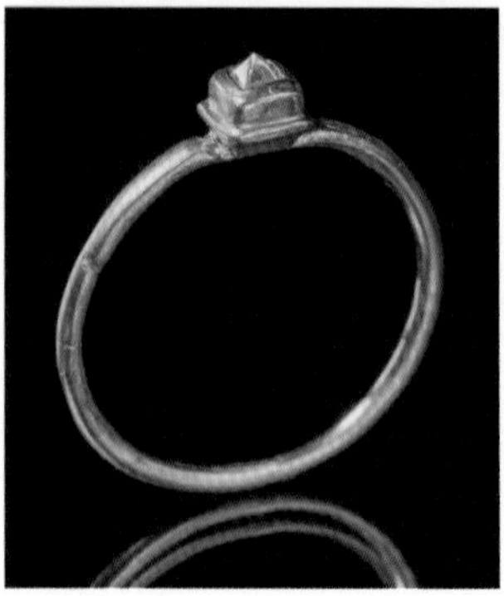

曾經在中國珍寶展上展覽、南京市博物館典藏的複製品（個人收藏）。包邊鑲嵌的是約 2 毫釐大小的正八面體鑽石。

當時在會場上雖然可以確認這顆鑽石未經任何琢磨，保留了原始風貌，無奈的是，解說文卻出現了「琢磨成八面體的鑽石」等字樣來形容。

這樣的解說根本就是一種錯誤，代表鮮少有人知道鑽石會自然形成美麗的正八面體這件事。人們開始使用切磨過的鑽石也不過是600年前的事，在這之前的2200年前，使用的都是未經切割的鑽石。

時至今日，正八面體的鑽石不曾從我們身邊消失。其實撲克牌上的方塊圖案來源就是正八面體的鑽石形狀。撲克牌是1480年法國人發明的。這也說明了一種情況，那就是對當時的人而言，鑽石並非切磨之物，而是原封不動從地底挖掘的寶石。

© NOWAK LUKASZ

撲克牌在鑽石的故鄉印度是一種日常生活的休閒娛樂

600年前開始切磨

14世紀後半，歐洲開發了鑽石切磨技術，並以威尼斯、佛拉芒（Flanders）及巴黎為中心地來推廣這項技術。即便到了15世紀，人們依舊深信寶石不加以切磨，維持原有風貌才能夠發揮其所擁有的神奇力量，所以鑲嵌正八面體鑽石的戒指在人們心目中地位才會屹立不搖，因為人們堅信鑽石能夠守護自己， 同時也將如此信念寄託在戒指上。

然而不論古今，形狀出色的鑽石結晶體產量都非常有限，所以盡量貼近原本形狀來切磨的點式切磨（Point cut）在當時才會深受大家喜愛。近年來倫敦的泰晤士河甚至還發現了15世紀模仿這個形狀打製的銅戒，可見這樣的造型在當時確實蔚為流行。

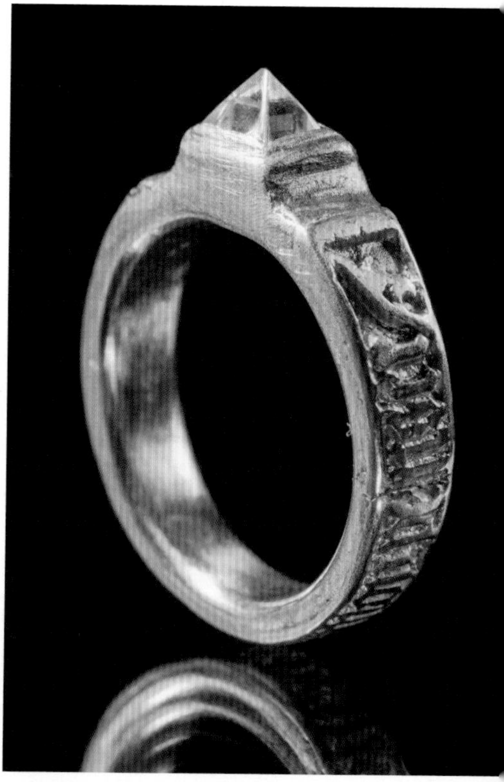

15世紀仿造正八面體未切割鑽戒的複製品。結晶體的下半部整個嵌入用金打造的戒台之中（個人收藏）。這顆正八面體的鑽石是用兩顆金字塔型的鑽石貼合而來，每一分每一寸都凸顯出獨特風格。

寶石商塔維尼埃的大冒險

名留青史，活躍於 17 世紀的寶石商

法國冒險家身兼寶石商的尚 ・ 巴蒂斯特 ・ 塔維尼埃（Jean-Baptiste Tavernier。1605-1689）人稱塔維尼埃，曾經遠赴東方旅行六次，之後將本身的體驗彙整成遊記《The Six VOYAGES》，不僅在巴黎發行，而且還是當時的暢銷書。

這本遊記分為波斯之旅與印度之旅兩部分。前往印度時，他首先從波斯的交通據點，也就是伊斯法罕（Esfahan / Isfahan）經過，並且由此邁向統治印度大半國土的蒙兀兒帝國首都，阿格拉（Agra）。文中提到當他走到土耳其時，為了避免遭竊，他帶了四個僕人，並且隨同商隊一起旅行。然而這一路並未處處都有旅宿，所以只能帶著帳篷行走，搭篷過夜。

書中他還提到阿拉伯首長會向經由沙漠前往波斯的商人索討過路費，若是拒絕，就會在當地受困 15 ～ 20 天；要是硬闖，不是被大卸八塊，就是駱駝被奪，全身家當，一文不留。

人們走到波斯或印度時，通常都會到造幣處兌幣。據說換來的貨幣通常都會少了 14%。若要經由海路，則要慎選季節，最好能隨同英國或荷蘭艦隊一同前行，這樣就能降低遭到海盜襲擊的危險性，同時還能確保安全。

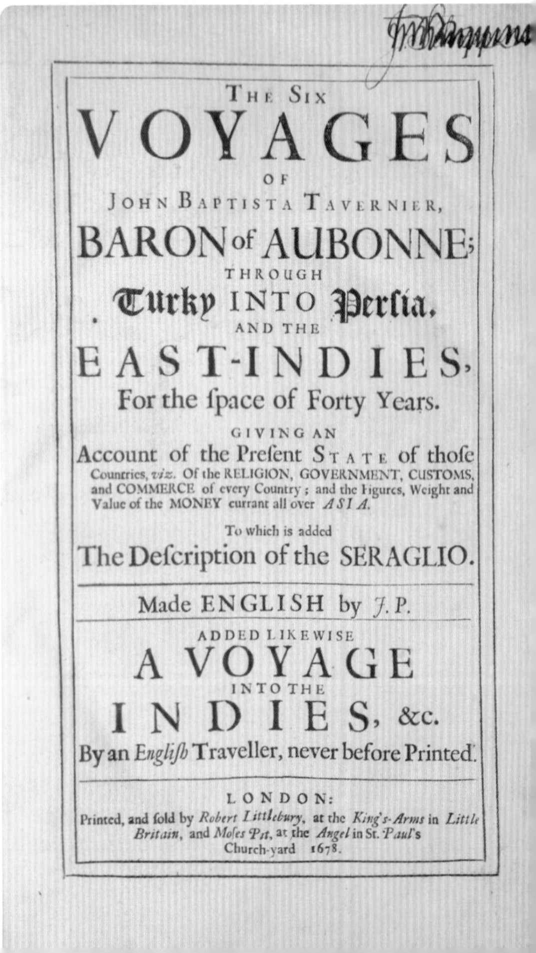
THE SIX
VOYAGES
OF
JOHN BAPTISTA TAVERNIER,
BARON of AUBONNE;
THROUGH
Turky INTO Persia,
AND THE
EAST-INDIES,
For the ſpace of Forty Years.
GIVING AN
Account of the Preſent STATE of thoſe Countries, *viz.* Of the RELIGION, GOVERNMENT, CUSTOMS, and COMMERCE of every Country; and the Figures, Weight and Value of the MONEY currant all over *ASIA*.
To which is added
The Deſcription of the SERAGLIO.

Made ENGLISH by *J. P.*

ADDED LIKEWISE
A VOYAGE
INTO THE
INDIES, &c.
By an *Engliſh* Traveller, never before Printed.

LONDON:
Printed, and ſold by *Robert Littlebury*, at the *King's-Arms* in *Little Britain*, and *Moſes Pit*, at the *Angel* in St. *Paul's* Church-yard 1678.

《The Six VOYAGES》
1677 ～ 78 年刊行於巴黎，匯集了 1631 年、1638 年、1643 年、1651 年、1657 年以及 1664 年，次數多達 6 趟的東方旅遊體驗。在巴黎發行之後，1678 年於倫敦出版了英譯本，到現在一直是膾炙人口的讀物。透過書中的字句，不難看出當時歐洲人到波斯以及亞洲旅遊時的辛苦與勞累（個人收藏）。

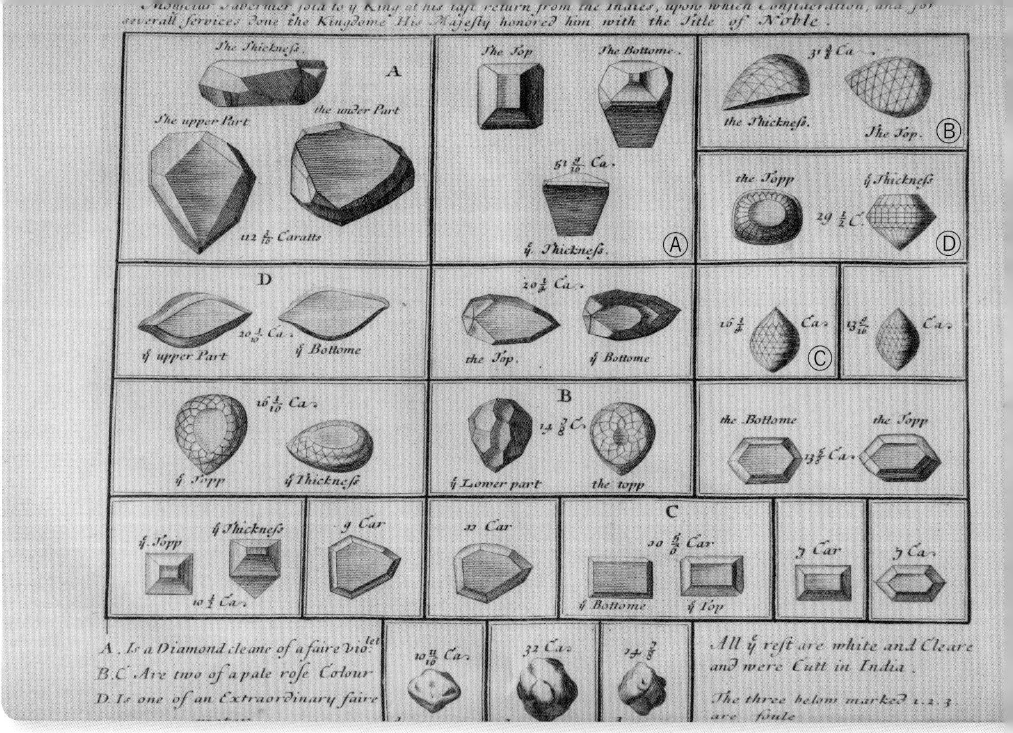

塔維尼埃亦在書中提及當時的礦山與切磨等情況。從可以自由交易，同時也是鑽石聚集地的印度城市，戈爾康達（Golconda）出發約需 5 天時間方能抵達的 Raolconda 礦山在當時有好幾位寶石切磨工。書中提到，為了不讓這些刮痕不多的鑽石過於耗損，這些切磨工只敢慢慢琢磨。而可拉（Kollur）這座礦山在當時甚至還動員了 5 萬人專門負責搬運挖出的砂土。

塔維尼埃將 3ct 以上的鑽石價值，用其重量的平方乘以高品質鑽石 1ct 的價格這個算式來計算。假設當時每 1ct 鑽石價值 150 里弗爾（Livre）。12ct 的話，價格就是 12×12×150=21,600 里弗爾。當時採用這個主要算式適用於達到「有厚度」、「邊角尖銳」、「沒有刮痕」、「呈白色（透明）」等條件，或者採用完美玫瑰形切工的鑽石。時至今日，這個算式依舊可用來計算大小為 0.1 ～ 10ct、品質極佳的切石價值。

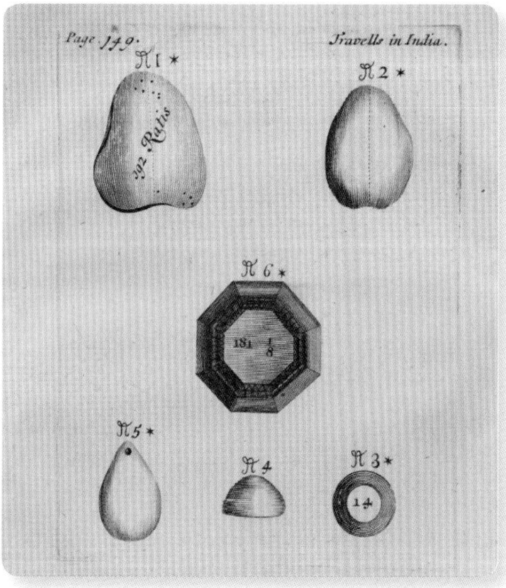

塔維尼埃結束最後一趟旅行之後賣給法王路易十四的 24 顆鑽石。可以看出當時的鑽石有的採用相當有厚度的主刻面切工（上圖Ⓐ）、梨形的玫瑰形切工（同Ⓑ）、滿天星形切工（同Ⓒ），有的則是類似現代明亮形切工（同Ⓓ）。

※Livre：1795 年以前法國使用的通貨及硬幣

鑽石的故鄉

產出最佳品質鑽石的傳說王國

戈爾康達（Golconda）是鑽石的聚集地，也就是現在的海德拉巴（Hyderabad）。不僅如此，戈爾康達還是歷史上赫赫有名的「希望之鑽」以及拿破崙曾經擁有的「攝政王（Regent Diamond）」這兩顆鑽石的產地。

右頁這張是 17 世紀恆河東部的印度與錫蘭島（現為斯里蘭卡）地圖（個人收藏）。右上角寫著「KINGDOM OF GOLCONDA」，而標註在正上方的這句話，則是說明了「這個國家產出鑽石與其他珍貴寶石」。

這張地圖刊載於 1744 年出版的書本當中，而戈爾康達王國則是存於 1518 ～ 1687 年，之後為蒙兀兒帝國所併吞，因此地圖上繪製的應該是 1687 年以前的內容。不僅如此，西海岸的北邊還有 Bombay（即今日的孟買），南下是果亞（Goa）；進入東海岸之後，就是馬德拉斯（Madras。即今日的清奈，Chennai）。

戈爾康達在歷史上的地位不僅舉足輕重，此地還產出一種名為「Type IIa」、幾乎不含氮這種成分、透明度非常高的鑽石。時至今日，市場上依舊可見回流品在交易。「戈爾康達鑽石」在收藏家之間不僅槍手，有時在拍賣會上還會加上額外的價格。

享盡榮華的戈爾康達是一個要塞遺跡。這個難以攻陷的要塞建立在 122m 高、岩石堆砌的山上，至於城堡的外廓，則為歪曲的菱形。

Vol. I. Pa. 773.
A MAP OF INDIA, on the West Side of the GANGES. Comprehending the Coasts of MALABAR, CORMANDEL, and the ISLAND CEYLON.
This Country produces Diamonds and other precious Stones.
BAG-LANA
BALA-GATA
CONCAN
KINGDOM OF GOLCONDA
KINGD. OF VISIAPOUR
KINGDOM OF CARNATA
KINGDOM OF GINGI
KINGD. OF MAIS SOUR
KINGDOM OF MADURA
Km. OF TANJAOUR
MARAVA
KINGDOM OF CANARA
COAST OF MALABAR
COAST OF CORMANDEL
COAST of the PEARL-FISHERY
ISLE OF CEYLON
Bombay I. to Eng.
Goa to Portugal
Golconda
Visiapour
Masulipatan
Madras or Fort S. George
S. Thomas or Meliapour
Pondichery
Fort S. David
Tranquebar
Negapatan
Madura
Land of Chila-naiken
Chirangapatnam
Mangallor
Calicut
Cranganor Km.
COCHIN to Portugal
Cochin to Indians
Trimularacham
Tutucurin
Manapar
C. Comorin
Jafnapatan
Manar
Trinquilimale
Candy
Colombo
Calitura
Cape Port & Town of Gallo
Pic of Adam
Bank of Pearls
Mamala I.s
Gualpina
Suelba
I. of Malique
Tymor or Malos
Angediva
Rock of Vingrela
Mount Gate
Condavera
Montepoli
Paliacate
The 7 Pagods
Sadrasipatan
Cape & Pagod of Castiamra
Point Peter
Calicut
Tanor Km.
Paniane & residence of the Samorin
Tripiti or Tripanta
Chandegry or Bisnaga
Gandicote
Vellour
Raolconda Diamond Mines of the Kingdom of Carnan
Diamond Mines of Coulour
90 91 92 93 94 95 96 97 98 99 100

【圖 1】中間的工匠為切磨工，使用的是鑽石粉末與磨盤。

18 ～ 19 世紀的切磨技術

靠人力轉動磨盤

1700 年代初期，自從人們發明了明亮形切工之後，接下來的 200 年間這種切工方式掀起了一股風潮。這一頁介紹的插圖是刊登在 18 世紀後半發行的《法國百科全書》中的圖片，清楚描繪出當時人們切磨鑽石的模樣。

站在上方圖 1 右側的工匠正在前後推動橫木，好讓滑輪（皮帶輪）可以轉動。中間的工匠是鑽石的切磨工，左側的話應該是負責管理原石琢磨而成的鑽石。從這些完善的設備、窗戶的採光以及工匠的服裝，不難看出切磨鑽石這件事在當時是一項非常特別的職業。

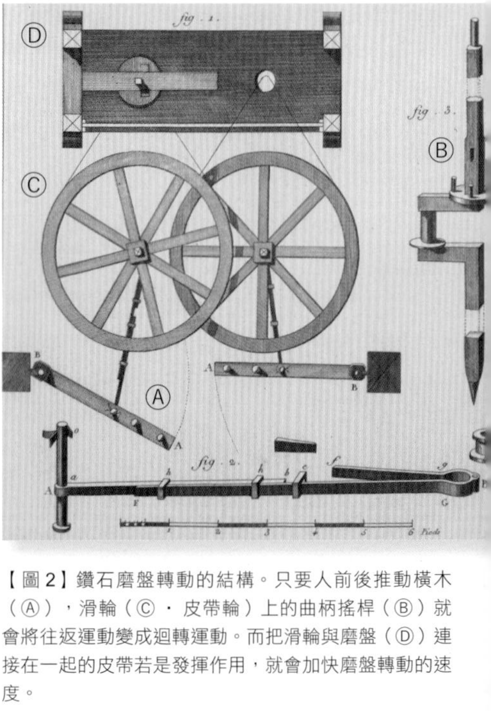

【圖 2】鑽石磨盤轉動的結構。只要人前後推動橫木（Ⓐ），滑輪（Ⓒ・皮帶輪）上的曲柄搖桿（Ⓑ）就會將往返運動變成迴轉運動。而把滑輪與磨盤（Ⓓ）連接在一起的皮帶若是發揮作用，就會加快磨盤轉動的速度。

【圖 3】站在【圖 1】的工作室後方朝窗戶望過去的場景。圖中的工匠正前後推動橫木，藉由頂住天花板與地板的曲柄搖桿來轉動滑輪。

時代從人力進入蒸氣

到了 19 世紀，蒸氣動力取代了人力。其實 20 世紀以前用明亮形切工切磨的鑽石並不是圓形，這些鑽石絕大多數都是墊形。而明亮形切工之所以會如此熱門，原因在於其所釋放的燦爛光芒，如此情況，讓以往切磨好的鑽石又得再次重新琢磨。而明亮形切工流行之前的鑽石現今之所以幾乎毫無殘存，原因就在於此。

右圖是一只將 6.0×5.7mm 的老式明亮墊形鑽石用細小爪子鑲嵌在正中央的戒指。這顆鑽石的尖底為 1.6×1.2mm，尺寸頗大。形狀不是標準的圓形，展現了 20 世紀以前的鑽石特徵。再加上內側還塞了一層箔紙襯底（P.249），因而少了一份亮麗光彩。至於環繞在周圍的 12 顆鑽石採用的則是桌面小、冠部高的切工方式。

明亮墊形鑽戒，銀製戒身。19 世紀（產地不詳）

19 世紀末完成的寶石首飾配件

超越時代、價值永恆的寶石

右圖為現實生活中活在倫敦甚為活躍的寶石商 Streeter & Co. 於 1900 年左右發行的部分型錄。這裡介紹的戒指都是以鑽石為主，並且搭配紅寶石、蛋白石及祖母綠，貴金屬方面使用的則是黃金。底下刊登的是價格，像是紅寶石搭配鑽石的那一排戒指底下就寫著「￡20 to ￡250」。假設以現在的匯率，也就是￡1 ≒ ¥170 來換算的話，價格約為 3400 ～ 4 萬 2500 日圓。但若以當時的物價，也就是￡1 約 4 萬日圓來計算的話，這些戒指現在應該價值 80 萬～ 1 千萬日圓。因此從這份型錄我們可以看出就算貨幣貶值，寶石的價值依舊不變。

這本型錄的作者是 Edwin W. Streeter。而 Streeter & Co. 的所在地，也就是 18. New Bond Street. W. 現在進駐的是其他店家。

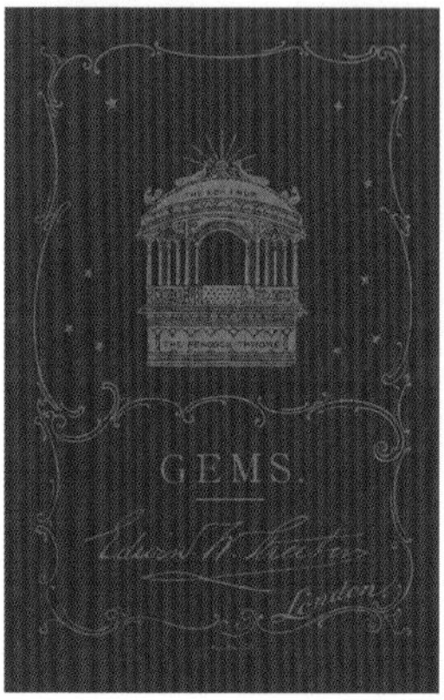

將寶石的美襯托出來的造型即便到了今日依舊適用。不過當時使用的貴金屬是金，現在則以鉑金居多。

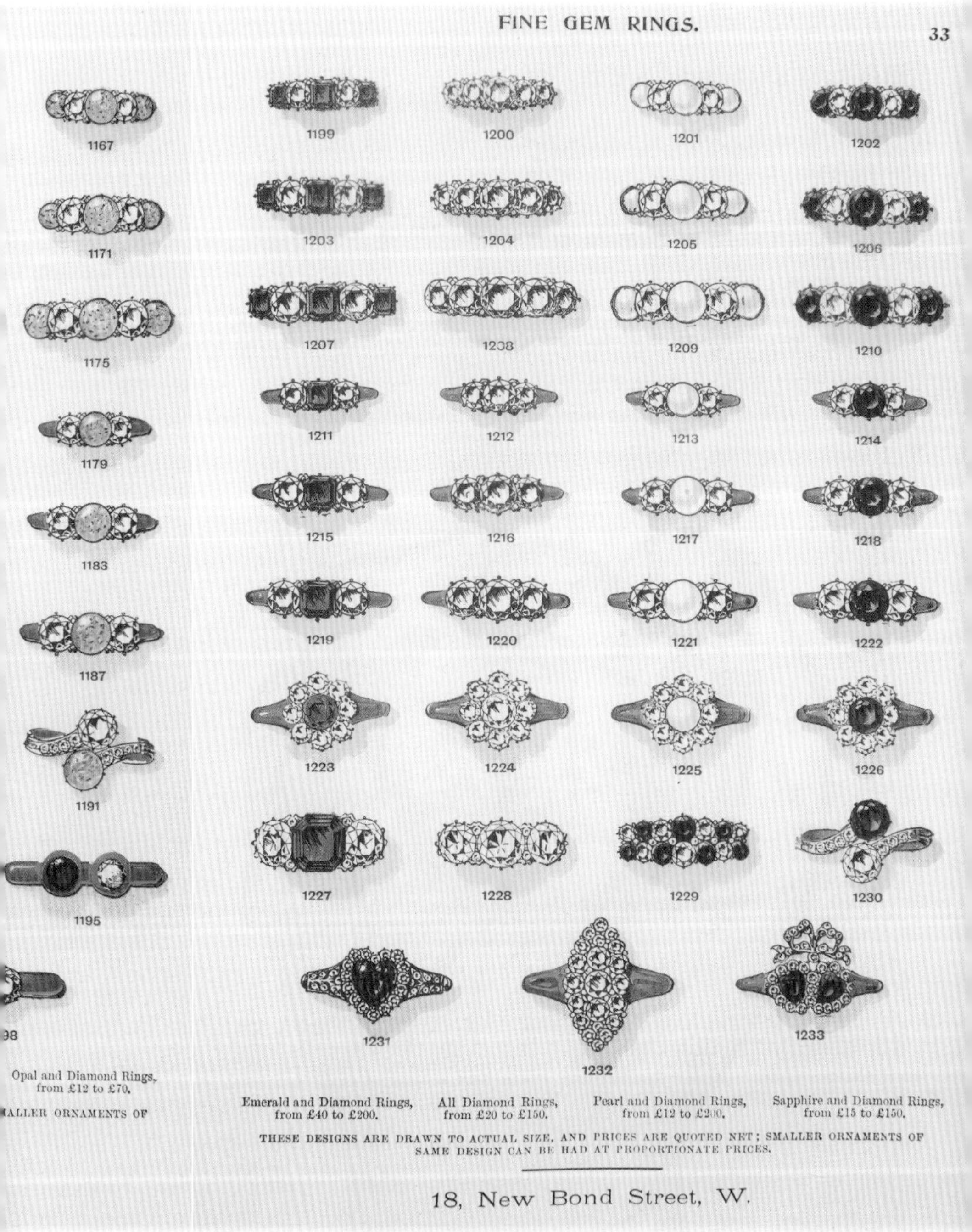
FINE GEM RINGS.
33
1167
1171
1175
1179
1183
1187
1191
1195
98
1199
1200
1201
1202
1203
1204
1205
1206
1207
1208
1209
1210
1211
1212
1213
1214
1215
1216
1217
1218
1219
1220
1221
1222
1223
1224
1225
1226
1227
1228
1229
1230
1231
1232
1233
Opal and Diamond Rings, from £12 to £70.
Emerald and Diamond Rings, from £40 to £200.
All Diamond Rings, from £20 to £150.
Pearl and Diamond Rings, from £12 to £200.
Sapphire and Diamond Rings, from £15 to £150.
MALLER ORNAMENTS OF
THESE DESIGNS ARE DRAWN TO ACTUAL SIZE, AND PRICES ARE QUOTED NET; SMALLER ORNAMENTS OF SAME DESIGN CAN BE HAD AT PROPORTIONATE PRICES.
18, New Bond Street, W.

20 世紀之後
世界最大鑽石的出現

鑽石大小範圍橫跨砂礫～拳頭大

鑽石顆粒的大小形形色色，從砂礫到成年男子的拳頭大小應有盡有。不過顆粒較大的鑽石原本就不多見，因此自古以來人們在切磨鑽石的時候，往往會要求盡量將耗損率降到最低限。至於砂礫大小的鑽石因採掘不易，通常會不加以開採，直接深埋地裡。

下圖這張插圖畫出了史上知名的「卡利南鑽石（Cullinan Diamond）」實際大小。卡利南鑽石是 1905 年在南非東北部普利托利亞（Pretoria）附近的普列米爾第二礦山（Premier Mine。現為卡利南礦山）發現的。之後交由當時在全世界享譽盛名的寶石切磨師，也就是來自荷蘭阿姆斯特丹的阿斯恰兄弟公司（Asscher Brothers）進行切磨，將其切割成 9 顆大鑽及 96 顆小鑽。當中顆粒最大的是重達 530.20ct 的「卡利南一號（Cullinan I）」，又稱為非洲之星「The Great Star of Africa」。這顆鑽石現在鑲嵌在英國國王的權杖（Scepter）上，並且永久展示在倫敦塔裡。而緊接在後的大顆鑽石，也就是重達 317.40ct 的「卡利南二號（Cullinan II）」則是鑲嵌在英國王冠上。

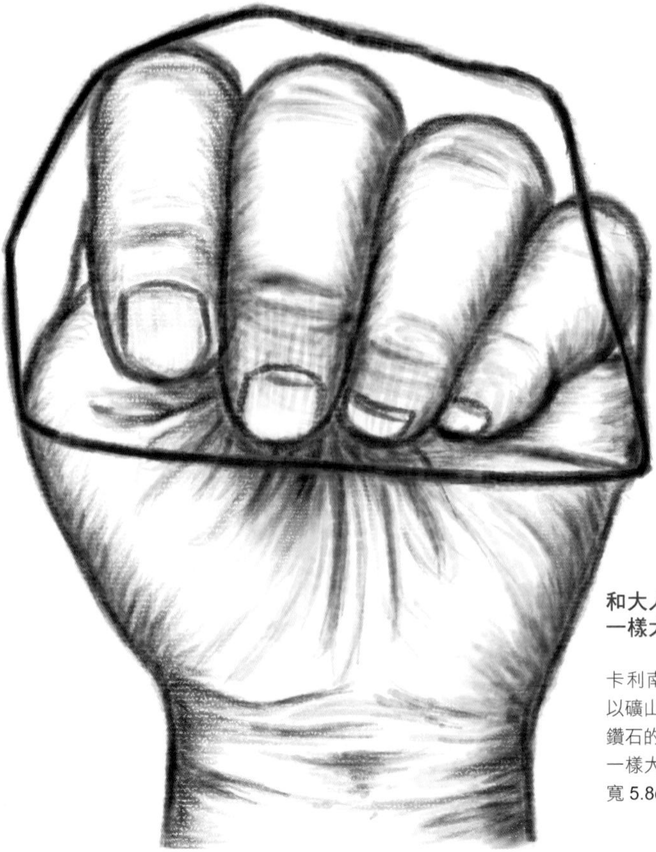

和大人拳頭
一樣大小的卡利南鑽石

卡利南鑽石的原石重達 3106ct，以礦山所有者卡利南為名。而這顆鑽石的尺寸幾乎與成年男性的拳頭一樣大，長 10.1cm，高 6.35cm，寬 5.8cm。

鑽石原石尺寸的分類管理與大鑽的稀少性

採到的鑽石原石會先分成大、中、小這三種尺寸。大顆原石的尺寸若是超過 10.8ct，切磨之後有可能會成為一顆 5ct 的鑽石，所以這些原石都會一顆一顆分別管理。

下列圖表中的照片是 2008 年 11 月開採於加拿大戴維科鑽石礦區（Diavik Diamond Mine）、之後送到當時位在多倫多的海瑞・溫斯頓（Harry Winston）辦公室的其中一部分原石。由上分別是超過 10.8ct、2 ～ 10ct 的大鑽，以及中鑽及小鑽的原石群。這些原石的大小、透明度、形狀、顏色與內含物均不盡相同，說明了世界上是不會出現一模一樣的鑽石。順帶一提的是，這些不同大小的原石群一共有 88 顆（共 1989ct）原石，但是可以琢磨成寶石的，卻僅有 7 顆。

原石尺寸別　重量與金額

區別	原石尺寸	採掘量（比率）	原石金額（比率）
個別	10.8 ＋ ct	1.2%	13.7%
大	2 ～ 10ct（1.80 ～ 10.79ct）	11.6%	40.0%
中	3 ～ 6 grainers（0.66 ～ 1.79ct）	17.2%	20.2%
小	～ 2 grainers（0.021 ～ 0.659ct）	70.0%	26.1%

※1 grainer=0.25ct

來源：：De Beers Institute of Diamond

原石實際尺寸

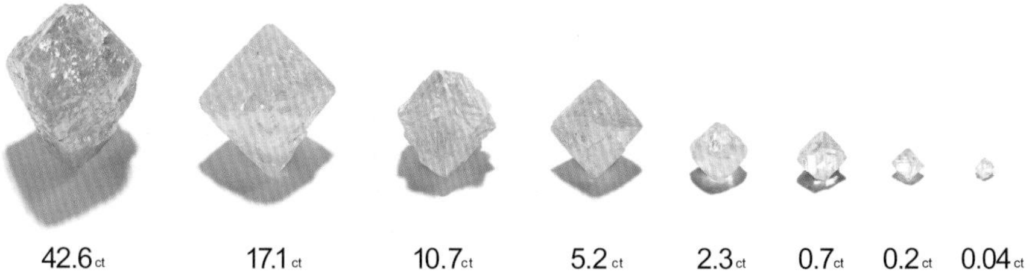

切磨技術的進步與寶石的嶄新時代

電力革新了切磨技術 因此要靠電力確實切磨

1900 年左右，切磨技術隨著電力普及邁向革新。人們不僅可以利用電動馬達進行打圓與切割，而採用明亮形切工的鑽石形狀也從墊形改為圓形，讓冠部較短的鑽石成為標準規格。洋溢著裝飾藝術風格（1930 年左右）的成品雕工之所以會如此細膩，完全是因為這些成品就和右側照片中的胸針一樣，精準地將這些小鑽切割而來。

不久，比利時的安特衛普（Antwerpen）成為鑽石產業重鎮。20 世紀，人們在剛果共和國與安哥拉開採到沉積礦床，到了 20 世紀後半，又陸續在波扎那、俄羅斯、澳洲與加拿大開鑿到原生礦床，同時美國也成為寶石市場的中心，海瑞 · 溫斯頓這家珠寶公司的業務更是活躍。

白金搭配藍寶石與鑽石的裝飾藝術胸針。1930 年左右

協助：Matrix Diamond Technology

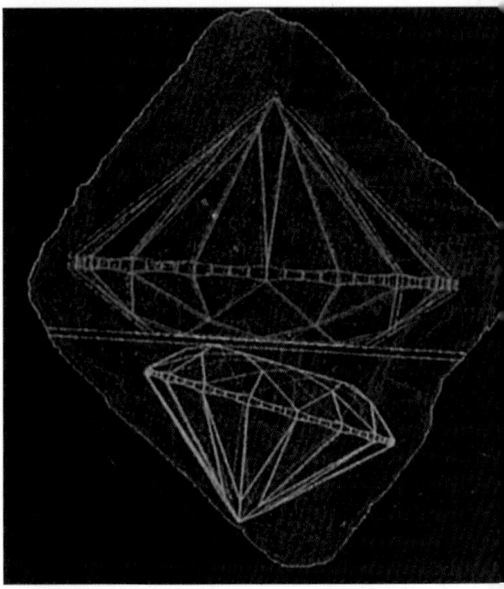

一邊觀察原石內部，一邊參考內含物的位置與大小，以決定切割位置的模擬畫面。

雷射技術的引進

1990 年左右，鑽石切磨引進了電腦與雷射技術。人們首先透過電腦解析原石，以便選擇最佳切石。另外，使用雷射的話，任何一個方向都可以切割原石，這一點與以往受限於結晶體結構的切磨方式大相徑庭。印度有些寶石切磨業者在這 10 年內甚至將直通率提升了 2 倍。

採用圓明亮形這個切工方式的話只要固守正確比例，就能夠琢磨出一顆璀璨亮麗的寶石，但是花式切工卻難以如法炮製，可見在 21 世紀當中，高科技在花式切工切磨這方面扮演著舉足輕重的角色。此外，堪稱鑽石源流的印度以及工業化產業正值炙熱的中國這兩個國家更是擔起鑽石產業、深受世人注目的焦點。

世界人口與鑽石產量的變遷／回流量

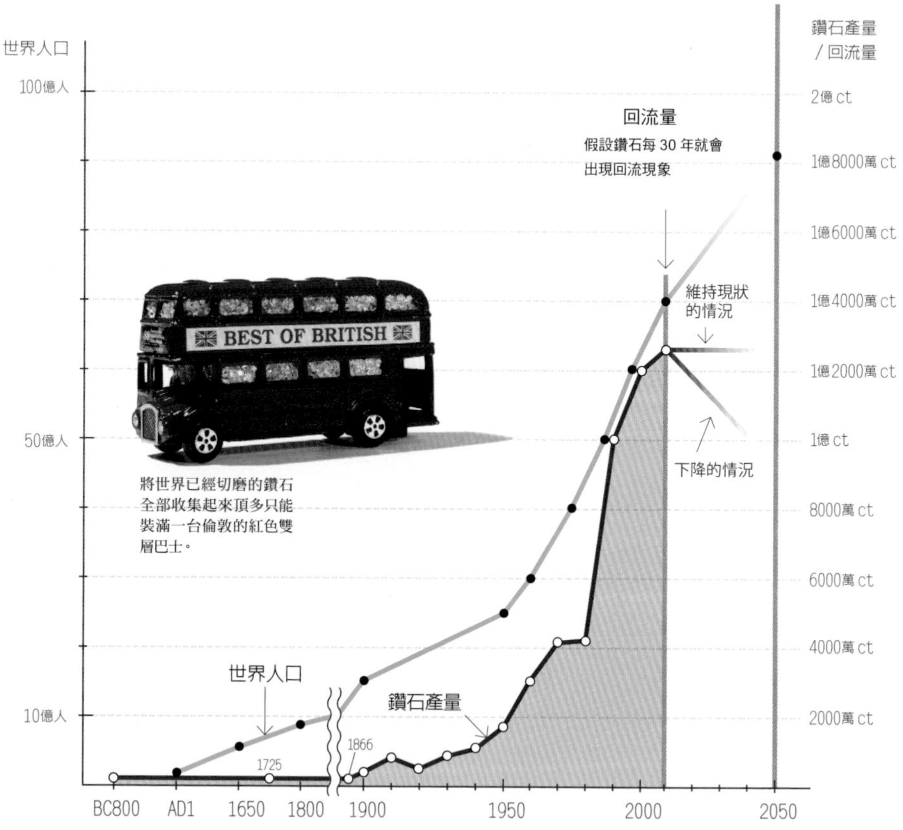

註：2006 年的鑽石產量雖然已達 1 億 7600 萬 ct，但是之後推算應該只有 1 億 2000 萬 ct 左右。可以預測之後的產量應該未到 2006 年的水準。

礦床開發的極限與鑽石回流的重要性

就算將有史以來切磨而成的鑽石從裝飾框中卸下，聚集在一起，也頂多只能填滿一台倫敦的紅色雙層巴士，數量根本就是微不足道。然而今後在維護地球環境的同時，還要應對人事費用高漲這個問題，可見開採新寶石這件事非但不容易，還讓人深感「讓手中的寶石流通的時代」恐怕已經到來。

上面是世界人口變遷（藍線）、鑽石產出量（紅線）以及回流量（灰色直線）的關係圖。切磨的寶石幾乎都在人們手上。假設這些寶石每 30 年替換一次持有者並且會回流到市場上，就能夠進一步算出回流量。照理說，在 2010 年時，這些回流品應該已超過產出量（新品產量）。而到 2050 年時，倘若寶石產量依舊維持現狀，那麼市面上的回流品恐怕會將近 2 倍，若是變成現狀的一半，那麼這些回流品的數量將會衝到 4 倍，屆時這些握在人們手中的寶石肯定會找到一個符合其價值的價格，毫無疑問地在市面上流通。

留下大自然的證據
～21世紀的方向性～

近來人造礦物日益增加的情況讓「礦物的紋理」成為判斷自然與否的關鍵

設置在國際礦物學協會（International Mineralogical Association, IMA）內部的新礦物・命名・分類委員會將礦物定義為擁有「固定的化學成分」、「固定的結晶結構」，並且經過「地質演變過程」而形成的物質。而人造礦物因為未經過地質演變這個過程，所以稱不上是礦物。即便是寶石，道理亦然。

天然礦物與人造礦物的區別，從切磨前的形狀與紋理即可輕易辨識。例如下圖是一眼就能夠看出維持自然狀態的正八面體、不規則形與富有解理的原石，以及在微分干涉差顯微鏡（differential interference contrast microscope）底下拍攝到的表面紋理。至於其可鋸開性與解理，則可清楚地透過三角印記（從正八面的刻面中可以觀察到的三角形痕跡）來確認。

然而鑽石切磨過後若要與合成鑽石區別，那就要靠機器了。不過切磨時如果能夠稍微留下一些自然紋理，那麼用10倍放大鏡或者是微分干涉差顯微鏡也能夠判斷出這是一顆天然鑽石。可見這些天然面與內含物日後說不定可以讓鑽石的價值因此而提升呢。

鑽石切磨過後，殘留在腰圍之下的原石紋理（天然）。此外還可以看到三角印記。

鑽石原石及其表面紋路

原石表面的獨特紋理是天然礦石的證明（下方圖片是透過微分干涉差顯微鏡看到的其中一部分原石表面）

正八面體

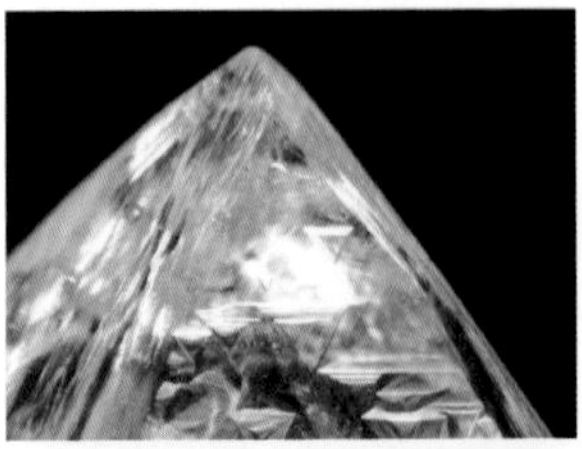

不規則形

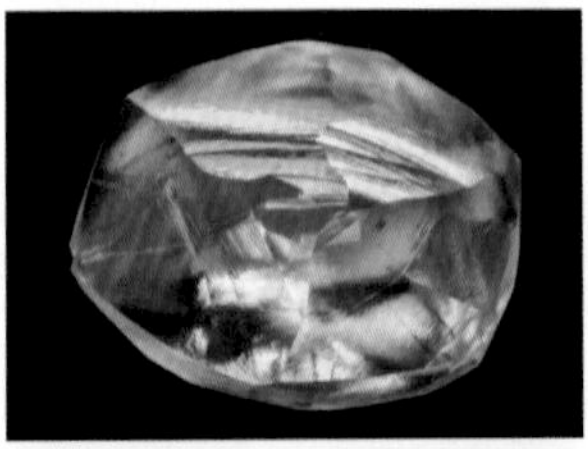

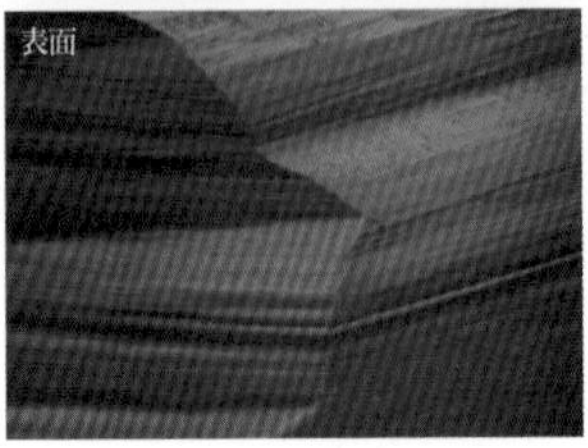

富有解理的原石

人工優化處理鑽石

鑽石算是一種比較少經過優化處理的寶石，然而近年來卻出現了用放射線照射與高溫高壓等處理技巧，以人為加工的方式將褐色鑽石變成無色，或者是改成粉紅色及藍色等顏色的現象。不過有的鑽石是為了將內部的深色內含物燒切而採用雷射的方式鑿洞，不然就是為了讓呈現在表面的「刮痕」變得較不醒目而把鑽石含浸在鉛液中。

這些都是為了讓品質較低的鑽石變得更美麗而採用的優化處理方式，但就寶石來講，價值其實不高。

經過放射線照射以及高溫高壓處理之下，原本為色澤明亮的棕色、黃色與無色鑽石變成青色與綠色。若再繼續加熱，就會變成橘色與黃色。

鑽石表面的刮痕只要含浸過鉛液，就會幾乎消失匿跡。

人工合成鑽石

1970 年，通用電子（General Electric）公司成功地製造出品質可媲美寶石的合成鑽石（HPHT，高溫高壓法），並從 2002 年左右開始在市場推出。現在合成鑽石採用的製造方法以 CVD（化學氣相沉積法）為主流，並且透過數家公司銷售。進步的技術不僅增加了產量，也充分地滿足了市場上的需求，但是在這種情況之下，寶石就缺了稀少性。

透過微分干涉差顯微鏡觀察時，會發現合成鑽石的紋路與天然鑽石截然不同，同時也能夠看出用 HPHT 與 CVD 這兩種方法製成的合成鑽石所呈現的差異。鑽石切磨過後雖然難以區別天然與合成之物，但是透過 FTIR（Fourier Transform Infrared Spectrometer，傅立葉轉換紅外線光譜儀）等機器還是可以辨識的。

HPHT
（*High Pressure and High Temperature*）
早期採用的高溫高壓法。也就是利用高溫與高壓構成的環境讓碳變成鑽石。

CVD
（*Chemical Vapor Deposition*）
化學氣相沉積法，也就是在基板上生成鑽石。具體來講，就是讓氣體的碳氫化合物轉變成電漿，好讓碳原子堆積，進而產生化合物。

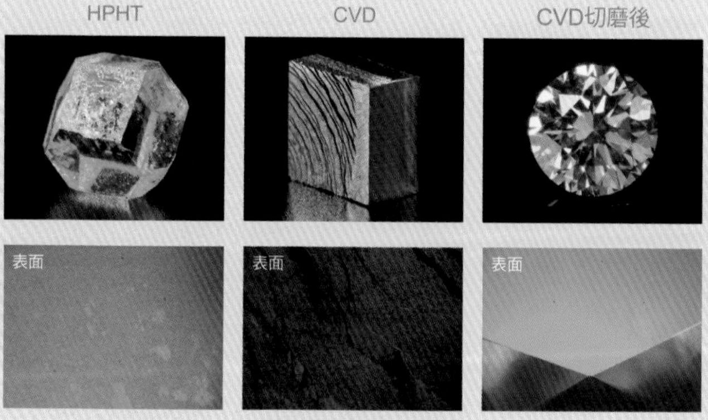

依價格帶分類
122件實物大小珠寶
了解首飾配件的價值

這個部分按照價位將本書中橫跨5萬日圓到3億日圓的首飾配件分成七個等級，
並且根據實際大小一一陳列。至於個人收藏的首飾則是參考筆者的調查資料，以2015年的現有價格來標示。

各件首飾的編號與刊載於「寶石綜覽」中的照片編號相對應。
至於「WG」則是K18白金的縮寫。

¥50,000～¥150,000

(20)

K18・未切割鑽石

(107)
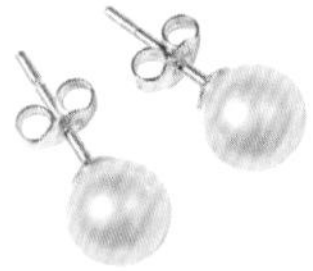
WG・阿古屋養殖珍珠
（金屬配件為K14）

(104)

阿古屋養殖珍珠

(114)

K18・貝殼・白水晶・鑽石

(87)

K18・光蛋白石・鑽石

(33)

K18・紅寶石・鑽石

(94)

K18・土耳其石

(5)

K18・玫瑰金・鑽石

(77)

K18・藍玉髓・鑽石

④

K18・鑽石

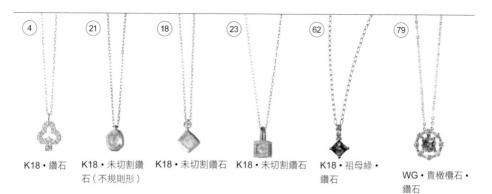

㉑

K18・未切割鑽石（不規則形）

⑱

K18・未切割鑽石

㉓

K18・未切割鑽石

62

K18・祖母綠・鑽石

79

WG・貴橄欖石・鑽石

⑥

WG・鑽石

100

K18・孔雀石・鑽石

93
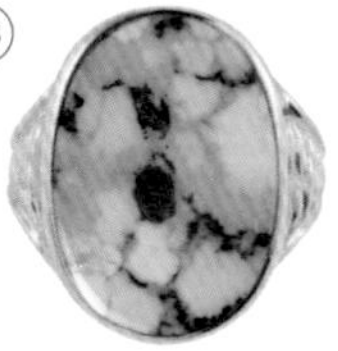
K18・土耳其石

76
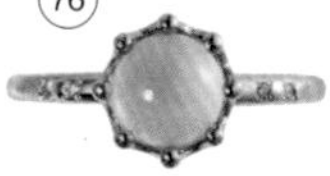
K18 玫瑰金・粉晶・鑽石

配戴寶石的「禮法」

寶石就是要佩戴在身，才能稱為寶石。若是深鎖在抽屜裡，再怎麼寶貴又如何？話雖如此，平時若是不習慣佩戴寶石，提心吊膽的事只會層出不窮。但是只要養成好習慣，就能將寶石長久佩戴在身了。

①戴上戒指

戒指是一種東碰西撞機率非常高的裝飾配件，所以最保險的方法，就是將戒指戴在不順手的那隻手上，同時在整理庭院或者是運動的時候一定要順手卸下，以免鑲嵌的寶石因為戒指變形而掉落。

②避免遺失

外出時不要隨意將戒指放在桌子或者是層架上，盡量放在背包裡的收納包或是錢包。用面紙等物品包起來保管的話反而會誤當作垃圾丟掉，所以最好收在可以看清楚內容物的東西裡。在家裡的話，那就保管在拿取方便、外人不易找到的地方。

③保養鑽石與珍珠

鑽石只要沾上油脂就會變得黯淡無光，所以佩戴過幾次之後要記得用質地柔軟的牙刷，先從背面水洗，這樣就能讓鑽石重現光彩，璀璨奪目。污垢若是太嚴重，那就用稀釋過的清潔劑刷洗乾淨。但是像珊瑚與養殖珍珠這些有機物觸碰到酸的話反而會變質，所以要用柔軟的布料擦拭以保持亮麗光澤。若用眼鏡專用的超音波清洗器來清潔裝飾配件，其所發出的震動反而會促使「寶石鬆動」，所以不適合用來清洗上頭鑲嵌著寶石的裝飾配件。

④定期檢查

珠寶首飾是佩戴在身的物品，難免會損壞或是刮傷。在這種情況下，最好的方法就是定期送到購買的寶石店檢查確認。基本上珠寶首飾是可以修理的，就算損傷嚴重，鑲嵌在上面的寶石依舊可以善加利用，重新打造。

¥150,000～¥300,000

(106)

WG・阿古屋養殖珍珠・鑽石

(95)

WG・土耳其石・鑽石

(111)

WG・黑蝶養殖珍珠・鑽石

(74)

K18・黃水晶・鑽石

(120)

K18・紅寶石

(7)

K18・鑽石

(68)

K18 玫瑰金・玫瑰榴石・鑽石

(50)(51)(52)

Pt950・（分別為）貴橄欖石・紫水晶・黃水晶

(119)

Pt950・鑽石

122

101

粉紅珊瑚・淡水珍珠

黑蝶養殖珍珠

115

38

K18・藍寶石・鑽石

K18・貝殼

69

75

64

K18・乳藍寶石・
玫瑰榴石

Pt950・玫瑰榴石・鑽石

K18・白水晶・鑽石（部分鍍銠）

¥300,000～¥1,000,000

54

Pt950・藍寶石・鑽石

55

Pt950・K18・紅寶石・鑽石

108

WG・阿古屋養殖珍珠

70

K18・鈣鋁榴石（上）
K18・柑橘石榴石・鑽石（下）

85
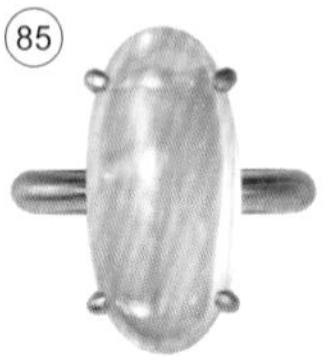
Pt900・月長石

102

K18・紅珊瑚・鑽石

48

WG・紫羅蘭藍寶石・鑽石

105

阿古屋養殖珍珠

35

K18・紅寶石・鑽石

103

K18・粉紅珊瑚・鑽石

58

Pt950・帝王拓帕石・鑽石

86

K18・月長石

17

Pt950・未切割鑽石

(47)

Pt900・蓮花剛玉・鑽石

(67)

Pt950・帕拉伊巴碧璽

(53)

Pt950 ・ K18 ・ 祖母綠・
鑽石

(98)

Pt950・鑽石

(121)

金・銀・鑽石・
琺琅彩

(66)

K18・綠碧璽

(96)

Pt900・青金石・鑽石

(8)

Pt950・鑽石

(73)

K18・紫水晶・鑽石

(78)

K18 ・ 紅縞瑪瑙 ・
天然珍珠

(88)
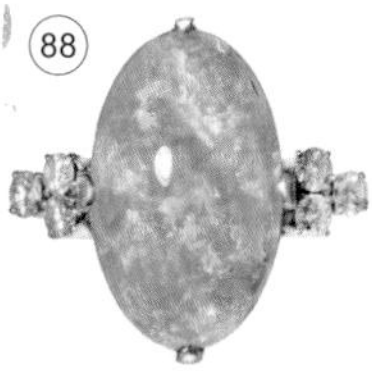
Pt900・光蛋白石・
鑽石

(116)

K18・紅寶石・鑽石

(9)

Pt950・鑽石

(12)

WG・鑽石

(59)

Pt900・祖母綠・
鑽石

(46)

Pt950 ・ 藍寶石 ・
鑽石

(60)

K18・祖母綠・鑽石

(3)

K18・Pt950・鑽石

(41)

Pt950・藍寶石・ 鑽石

(99)

Pt950・鑽石

¥1,000,000 ～¥3,000,000

63

Pt950・海藍寶・鑽石

84

Pt900・翡翠

45

Pt950・藍寶石・鑽石

61

K18・祖母綠・鑽石

80

Pt950・貴橄欖石・鑽石

19

Pt950・鑽石

56

Pt950・亞歷山大變色石・鑽石

37

Pt950・藍寶石・鑽石

90

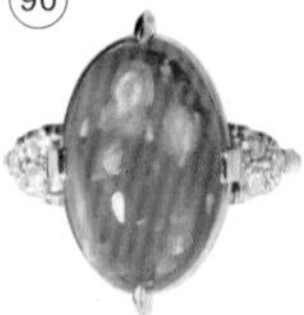

Pt900・墨西哥蛋白石・鑽石

89

Pt900・墨西哥蛋白石・鑽石

(22)

K18・未切割鑽石（不規則形）

(82)

Pt900・翡翠

(109)

K18・白蝶養殖珍珠・
鑽石

(97)

鉑金・金・天然珍珠・鑽石

(83)

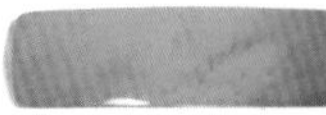

翡翠

(81)

Pt900・翡翠・鑽石

(10)

Pt950・鑽石

(72)

Pt950・紫水晶・鑽石

(65)

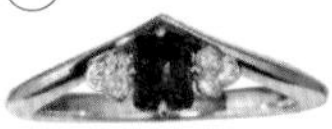

K18・紅色綠柱石
・鑽石

(13)

K18・鑽石

¥3,000,000～¥10,000,000

117

Pt950・鑽石

113

WG・海螺珍珠・鑽石

110

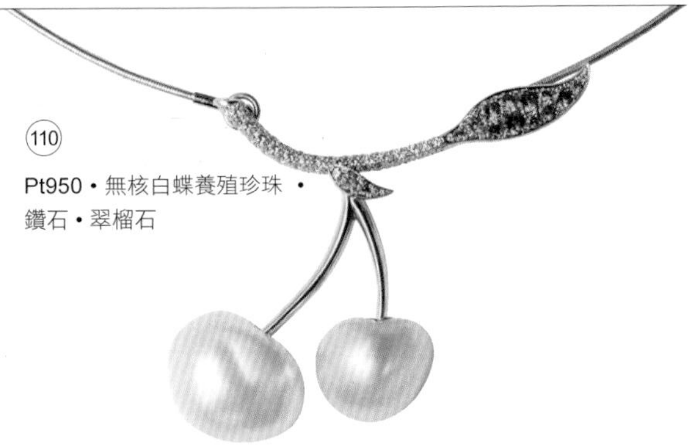

Pt950・無核白蝶養殖珍珠・鑽石・翠榴石

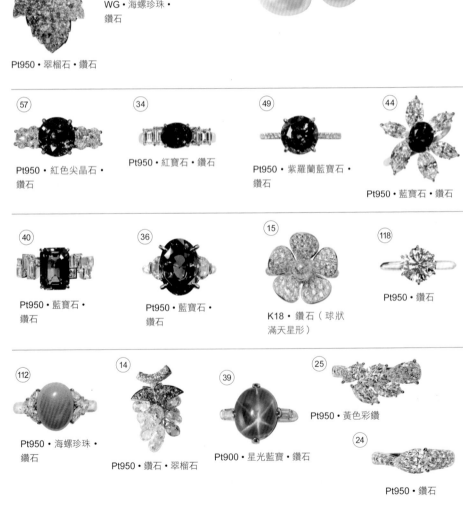

71

Pt950・翠榴石・鑽石

57

Pt950・紅色尖晶石・鑽石

34

Pt950・紅寶石・鑽石

49

Pt950・紫羅蘭藍寶石・鑽石

44

Pt950・藍寶石・鑽石

40

Pt950・藍寶石・鑽石

36

Pt950・藍寶石・鑽石

15

K18・鑽石（球狀滿天星形）

118

Pt950・鑽石

112

Pt950・海螺珍珠・鑽石

14

Pt950・鑽石・翠榴石

39

Pt900・星光藍寶・鑽石

25

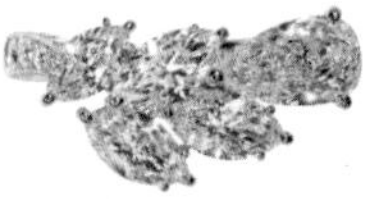

Pt950・黃色彩鑽

24

Pt950・鑽石

¥10,000,000～¥30,000,000

91

Pt950・黑蛋白石・鑽石

92

Pt900・黑蛋白石・鑽石

27

Pt950・K18・粉紅色彩鑽・翠榴石

26

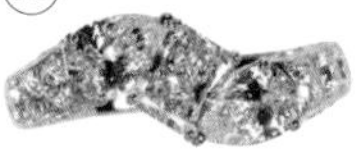

Pt950・粉紅色彩鑽

2

Pt950・鑽石

28

Pt950・濃彩藍色彩鑽

42

Pt950・藍寶石・鑽石

43

Pt950・藍寶石・鑽石

11

Pt950・鑽石

1

Pt950・鑽石

鑽石（不規則形的切割鑽石） 16

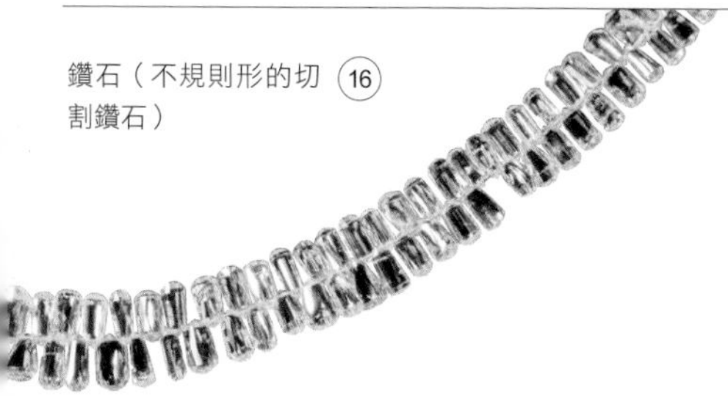

31

Pt950・紅寶石・鑽石

32

Pt950・紅寶石・鑽石

(30)

Pt950・鑽石

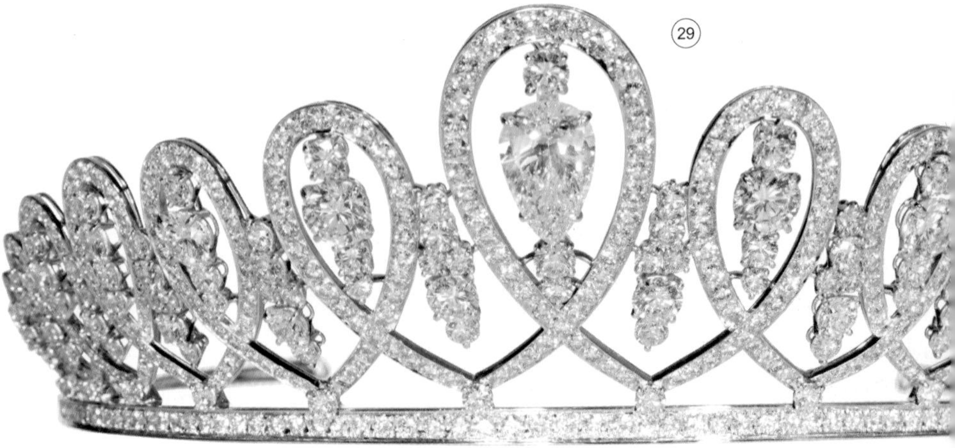

(29)

Pt950・鑽石

Index（英文字母順序）

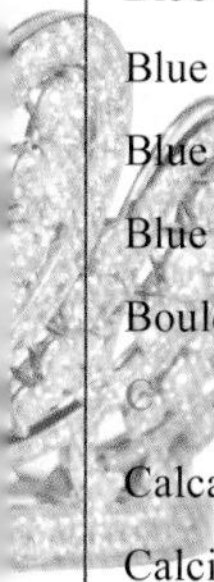

Index（中文筆劃順序）

用語解說

●星光效應（asterism）

宛如星光四射的效果。只要照射在光線底下，切磨成凸圓面的寶石就會釋放出六條星芒。

●丙酮檢驗

將寶石浸泡在丙酮裡，檢驗是否經過油脂含浸以及處理程度。

●寶石鑑定師（appraisaller）

鑑定寶石及估值的人。

●磨損痕（abrasion）

出現在刻面稜線上非常細微的刮痕。

●灑金效應（aventurescence）

細小片狀或者是葉片狀的赤鐵礦等結晶體產生的閃爍光芒。部分長石與石英亦有相同效應。

●原生礦床（primary deposit）

寶石原石生成的地方，或者基於某種因素從地底深處被擠壓至地表的礦床。

●色帶

寶石內部顏色不均的部分。切磨時會格外留意，以便利用刻面將寶石的美毫不保留地展現出來。

●內含物（inclusion）

含晶，也就是寶石內部含有的液體、固體與氣體等物質。

●淺晶質（cryptocrystalline）

每顆粒子都十分微小，用顯微鏡也無法看到結晶體的礦物。

●天窗（window）

將外觀模糊不清的原石表面其中一部分琢磨而成的窗口。也就是在觀賞採用明亮形或階梯形刻面切工方式的寶石時，失去光芒的部分。

●珍珠光澤

珍珠呈現的彩虹光澤（暈彩）。是靠近表面的文石薄層（珍珠質層）繞射與干涉光線而來的。

●切工（cut）

泛指形狀、刻面取法、輪廓、比例與完工這五項要素。形狀與刻面取法決定了切工的種類，而輪廓、比例與完工好壞則會影響到寶石所呈現的美。

●凸圓面（cabochon）

圓頂狀的切工方式，可以分為雙面與單面。

●浮雕（cameo）

在瑪瑙與貝殼上雕刻圖紋的裝飾品。

●彩寶（colored stone）

相對於以無色為基本的鑽石，其他有色寶石的總稱。

●變色效應（color change）

在日光之下由綠變藍，在鎢絲燈卻會變成淡紅色的變色現象。亞歷山大變色石、錳鋁榴石與鎂鋁榴石等固溶體常見此種效應。

●色帶（color band）

寶石內部呈現的帶狀色彩。

●克拉（carat）

寶石的重量單位，1 克拉（ct）=0.2g。金的純度單位以 24 分率來表示（例如：24K 金）

●克拉重量（carat size）

每種寶石的克拉（重量）相對應的刻面大小。不同的深度會產生 1.5 ～ 0.6 倍的重量差。

●回流商品

使用者手上的寶石因為經濟等因素而重回寶石市場之物。

●北光線

避開直射的陽光、從朝北窗戶投入的光線。是鑑定寶石時的最佳環境。

●折射率

光線從某個物質進入另一個物質的邊界時方向改變的程度。每一種寶石都有固定的折射率。

●密釘鑲／群鑲（cluster）

將小顆寶石成組聚集在一起，讓寶石更加璀璨亮麗的鑲嵌方式。

●裂紋（crack）

裂縫，龜裂紋。

●佳士得（Christie's）

來自英國、1766 年創業的拍賣行。

●鑽石分級報告書（grading report）

標示鑽石顏色與刮痕等特徵的品質分析書。俗稱鑑定書。

●螢光（Fluorescence）

當某個物體照射在光線或 X 光底下時，該物體散發光芒的性質。螢光之有無以及強弱會深深影響到寶石的品質。

●原石

挖掘自地底、可成為寶石或工業品的礦物。

●合成石

與寶石擁有相同化學結構的人工產物。

●光澤

寶石表面的光芒。每一種寶石都有獨特的光芒，是不可或缺的判斷手法。

●礦物

擁有固定的化學成分與結晶構造，經由地質變化形成的物體。

●固溶體

數種物質混合形成的礦物。

●複合石（composite stone）

複數物質貼合製成的寶石。

●蘇富比（Sotheby's）

1744 年成立於英國的拍賣行。

● GIA・美國寶石研究院

正式名稱為 Gemological Institute of America。

●鑄塊（Ingot）

未經任何加工的金屬塊。

●色相（hue）

顏色的種類。由紅、橙、黃、綠、青、藍、紫等顏色。

● CIBJO・世界珠寶聯合會

正式名稱為 Confédération internationale de la bijouterie, de la joaillerie, de l'orfèvrerie。聯合國諮詢機構，負責制定寶飾品相關的國際規則。

●貓眼效應（chatoyancy）

宛如貓眼細長瞳眸的光學效應。有些寶石切磨成凸圓面之後就會出現一條和貓眼一樣明亮的光帶。

●珠寶商（Jeweller）

網羅寶石、銀器與瓷器等物品，歷史悠久、富有格調的專賣店。

●主石

珠寶配件的其中一項素材，無論是價格還是設計，都是最為重要的寶石。

●優化處理

可分為市場上認同其寶石價值的加工處理方式，以及不認同其寶石價值的加工處理方式。

●新產出寶石

用新產出的原石切磨而成的寶石

●刮痕（scratch）

出現在寶石表面的受損痕跡。

●單顆寶石戒指（solitaire）

用 6 根或 4 根金屬柱緊緊扣住單顆寶石的簡單造型。

●雙晶（twin）

兩種或兩種以上方位不同的結晶體構成的連生體。當中兩個結晶體組合成八面體，同時旋轉 180 度結合而成的三角形礦物稱為三角薄片雙晶（macle）。

●鑽石粉末（diamond powder）

鑽石粉碎而成的粉末，可用來切磨鑽石。

●多色性（pleochroism）

在觀察具有雙折射特性的結晶體時，由於角度關係而呈現不同顏色的性質。是來自結晶體吸收兩種不同光線而呈現的差異。

●夾層寶石（doublet）

將某種寶石材料與玻璃等物質貼合的仿冒寶石。又稱兩層石或雙層石。

●滾光打磨（Tumbling）

因為河川沖洗滾動，自然切磨而成的寶石模樣。或者是放入滾筒中滾動打磨。

●色散（dispersion）

在稜鏡下分散成七種顏色的白色光芒。其所呈現的強弱隨寶石種類與切工角度而異。

●戴比爾斯（The De Beers。現為 DTC 社）

過去在全球交易鑽石原石比例高達 75% 的辛迪加（Syndicate）。現在的交易比例已經縮減至 40% 以下。

●型態

寶石完成的形狀。整體均衡，而且亮麗動人。

●戒環（band type ring）

外形宛如一條皮帶的戒指。例如永恆戒指與婚戒通通都屬於戒環。

●非晶質（amorphous）

結晶結構和蛋白石一樣不是非常明顯的礦物。

●砂積礦床（沉積礦床）（placer deposit, sedimentary deposit）

原石因為風化而脫離母岩，之後又經河流搬動並且堆積的地方。

●花式、異形（Fancy Shape）

鑽石的話指的是「圓形」以外的形狀；如果是哥倫比亞祖母綠的話，指的則是「祖母綠形」以外的形狀。定義隨寶石種類而異。

●裂隙（fichu）

寶石內部的微小縫隙。如果出現在表面的話，可用含浸方式來處理。

●主刻面（face up）

從桌面欣賞寶石。

●箔紙襯底（foil back）

在沒有縫隙的底座內側鋪上一層金屬箔紙，以便展現出寶石顏色與光芒的加工手法。

●不完全性

即內含物（包裹體）與磨損。有時是缺點，有時是優點。

●雙折射（Birefringence）

投入寶石的光線被分成兩道屈折光束的現象。

●直通率（First pass yield）

從原石切磨成寶石的良率。

●斷口（fracture）

寶石內部因為解理以外等因素形成的裂痕。時而會擴散到表面，形成裂縫，但可透過含浸的方式來處理。

●亮度（brilliancy）

採用明亮形或者是階梯形這兩種切工方式而呈現的光芒。亦即因為折射或反射而呈現的白色光芒。

●遊彩（play of color）

蛋白石隨著視線角度的不同而出現變化的彩虹光芒（暈彩。iridescence）。

●完美無瑕（Flawless）

鑽石的瑕疵程度。在十倍放大鏡下內外俱無瑕疵的情況。

●切磨比例（Proportion）

寶石切磨時的大小比例。通常會影響到寶石的光芒與美。

●分光光度計（spectrophotometer）

利用稜鏡，依照波長將光分類並且照射在樣品上，進而調查吸收值的儀器。

●母岩（matrix）

附著在原石上，或者是包含原石在內的礦物。

●比色石（master stone）

為了掌握色相、亮度與磨損程度而事先準備的基準石。

●青光白彩（閃光效應）（moonstone）

月長石切磨成凸圓面之後所呈現的朦朧淡藍閃光。其所呈現的閃光（schiller）是因為寶石內部層層交錯反射的光芒相互影響而來的。又稱為冰長石暈彩（Adularescence）。

●小鑽（melee）

主要用來指稱小顆鑽石。琢磨後每一顆不到 0.2 克拉。

●表面刮痕

呈現在寶石表面的斷口與裂隙。表面有刮痕的寶石可透過含浸的方式處理出現在內部的斷口與裂隙。而確認寶石是否經過含浸處理以及處理的程度是鑑定品質的重點。

●摩氏硬度（Moh's scale）

表示礦物硬度（不易刮傷）的參考標準。

●馬賽克圖案（mosaic）

僅見於明亮形與階梯形寶石的現象，是寶石美麗的根源。只要身體一擺動，就能夠展現出璀璨亮麗的深淺色彩與馬賽克圖案。

●鈉石光彩（Labradorescence）

顯現在拉長石上、宛如彩虹的光芒（暈彩）。龜裂與寶石的薄層會反射出七種顏色的光芒。

●多瑕（Rejection）

原意為拒絕，之後延伸為「無法成為寶石」以及「將數顆寶石去蕪存菁」之意。

●輪廓

從正上方看到的寶石形狀。輪廓的均衡與對稱會影響到寶石的美與價值。

寶石各部位名稱
（以圓明亮形鑽石為例）

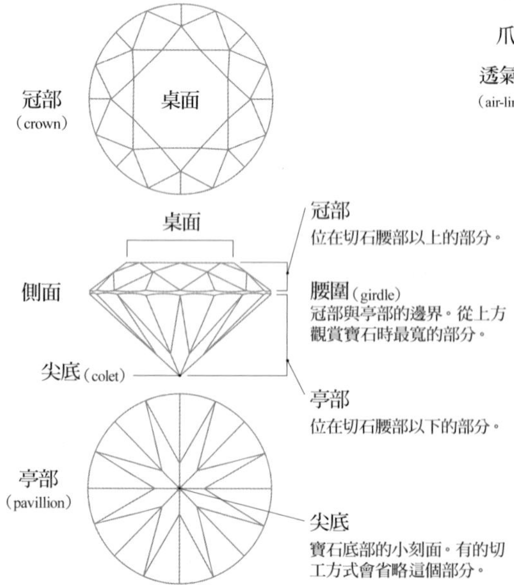

戒指各部位名稱

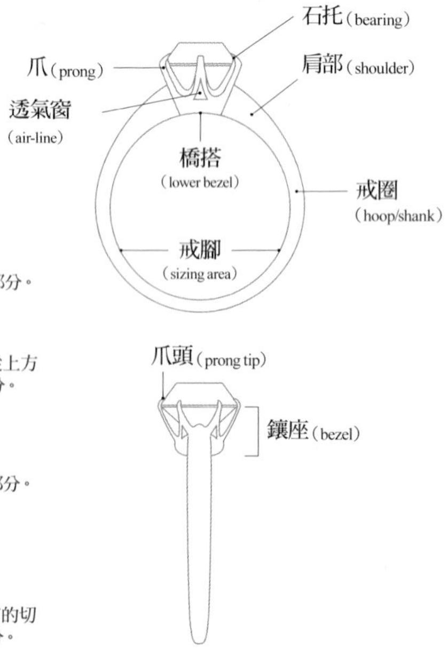

寶石人工加工處理

寶石可以分為除了切磨以外，其餘一律不經人手額外處理的A.「無處理」寶石，還有B.「市場上承認其寶石價值的加工處理方式」的寶石（下表 上）。這些為了展現寶石潛在美的處理方式依舊會受到自然影響，所以完成的結果並非千篇一律。不過這類原石數量有限，而其作為寶石的價值在市場上亦得到某個程度的認同。

相對於此，C.則是「市場上不承認其寶石價值的加工處理方式」的寶石（下表 下）。因為這些寶石可以利用人工加工處理的方式來量產，所以市場上幾乎不認同其作為寶石的價值。

加工處理方式當中，是否經過加熱（低溫）或放射線照射雖然無法判別，不過其他人工加工處理方式卻幾乎可以辨別判斷。

而本書中所標示的，是與寶石價值有關的處理方式。放射線照射搭配加熱的加工處理簡單稱為放射線照射，也就是以主要的處理方式來記載。另外，不管是可能性還是一時性，無論哪一種寶石，都不會使用油、蠟或塗料等方式來進行加工處理。

B. 市場上承認其寶石價值的加工處理方式

目的	種類	方法與內容	舉例
讓該礦物潛在擁有的素質發揮作用，將美整個展現出來（成品結果並非千篇一律，而是會受到自然影響）	輕度油浸或樹脂含浸	將寶石含浸在無色的無機油之中，讓刮痕變得不明顯，顏色、透明度與火光變得更顯眼明亮（寶石本身刮痕不多）	祖母綠
	加熱	在 300 ～ 1800℃這個加熱範圍內改善寶石的顏色。不過低溫加熱這個方式並無法改變內含物，因此難以判斷該寶石是否經過加熱處理；但如果是高溫加熱的話，內含物會因此產生變化，故可判斷出是否為無處理的寶石〔在加熱過程中，當作觸媒來使用的物質（硼砂）有時會殘留在縫隙之中。不過微量的殘留物質（Residue）並不會影響市場承認該寶石的價值〕	〔低溫加熱〕 海藍寶 丹泉石 〔高溫加熱〕 紅寶石、藍寶石

C. 市場上不承認其寶石價值的加工處理方式

目的	種類	方法與內容	舉例
利用人工加工的方式為美中不足的礦物與有機物著色，使其變得更美麗（改變顏色或改善透明度）。亦可能量產。	重度油脂或樹脂含浸	在真空或高壓等環境之下將寶石放入油脂中含浸（寶石本身裂縫多）	祖母綠
	著色含浸	將寶石放入用來著色的油脂中含浸，以增加透明度與色澤	祖母綠
	鉛玻璃填充	將鉛玻璃填充在寶石中，以提升透明度	紅寶石
	浸蠟優化處理	將寶石放入石蠟溶液中蒸煮，以加強光澤	橙玉
	整體樹脂含浸	將寶石整個含浸在樹脂中以提升透明度，加強耐久性	翡翠（又稱為 B 級玉） 紅珊瑚、土耳其石
	擴散加熱	添加微量元素，加熱著色	藍寶石
	放射線照射	照射放射線以增添色彩	藍色拓帕石
	染色	使用化學顏料以增添色彩	瑪瑙
	塗料	以蒸煮方式在表面著色	鑽石
	雷射鑽洞	利用雷射鑽洞，以去除內部的暗沉內含物（會留下孔洞）	鑽石
	高溫高壓（HPHT）	在高溫高壓的環境下改變顏色	鑽石
	夾層	與樹脂或玻璃貼合	夾層蛋白石 馬氏貝養殖珍珠

註 1：每一項製品均有符合其製造成本與流通成本的價值。

註 2：有些養殖珍珠會經過前處理、漂白、加熱、染色與放射線照射等加工處理。

參考文獻

•Max Bauer (1896), *Precious Stones*, Trans. By L. J. Spencer, Charles E. Tuttle Company, Rutland, Vermont, USA
•Gemological Institute of America (1995), *GEM REFERENCE GUIDE*, GIA, California, USA

•James E. Shigley, Brendan M. Laurs, A. J. A. (Bram) Janse, Sheryl Elen, and Dona M. Dirlam, *Gem localities of the 2000s in Gems & Gemology Fall 2010*, GIA

•Ulrich Henn, Claudio C. Milisenda, *Gemmological Tables*, German Gemmological Association, Germany (2004)

•Walter Schumann, *Gemstones of the world* (*Fourth Edition*), Sterling

• Gemological Institute of America, Gem Property, Chart A & B (1992)

• Edwin. W. Streeter, *GEMS*, Howlett & Son, Soho, London, W.

• Anna S. Sofianides, George E. Harlow, *GEMS & CRYSTALS*: *From the American Museum of Natural History* (*Rocks, Minerals and Gemstones*), Simon & Schuster

•Kurt Nassau, *Gemstone Enhancement* (1984), Butterworths

《ダイヤモンドー原石から装身具へ》諏訪恭一／アンドリュー・コクソン著（世界文化社）

《決定版 宝石 品質の見分け方と価値の判断のために》諏訪恭一著（世界文化社）

《岩石と宝石の大図鑑 — ROCK and GEM》ロナルド・ルイス ボネウィッツ著（誠文堂新光社）

《結晶と宝石（ポケットペディア）》エンマ・フォーア著 砂川一郎監修（紀伊國屋書店）

《指輪88 — 四千年を語る小さな文化遺産たち》宝官優夫／諏訪恭一共同監修（淡交社）

《天然石のエンサイクロペディア》飯田孝一著（亥辰舎）

《鉱物と宝石の魅力》松原聰・宮脇律朗著（ソフトバンククリエイティブ）

《砂白金～その歴史と科学～》弥永芳子著（文葉社）

《エプタ Vol.68、2014》39 頁、知られざる真珠の歴史（エプタ編集室）

《Pearls　A Natural History》（2005）赤松蔚、松月清郎（TBS）

謝辭

本書大部分的礦物、寶石與裝飾配件都是父子檔攝影師中村淳與中村一平所拍攝的。
這對父子與擔任創意總監這項職務的大前英史
從 2013 年 7 月開始在德國伊達爾 - 伯施泰因（Idar-Oberstein）拍攝礦物，
為此我要感謝康斯坦丁 ・ 懷德（Constantin Wild）與德國寶石學協會（Deutsche Gemmologische Gesellschaft）熱心協助我們拍攝多數寶石與相關礦物。
同時，若少了大前英史的指導與中村父子的熱情，本書恐怕也難以付梓。
提到礦物，我們還要向德國寶石學協會的 C. C. Milisenda 博士、
日本彩珠寶石研究所的飯田孝一、GIA Tokyo 的 Adburiyima Ahmadjan 博士、
東京寶石科學學會的渥美郁男，以及小川日出丸等人士提出的建言致謝。
另外，列出礦物顏色範圍的 GIA 色卡是一份有助於大家深入理解寶石的資料。
在此我要向允許我們使用這張色卡的 GIA 致謝。

最後，我還要向在編輯上付出不少心力、隸屬アーク ・ コミュニケーションズ株式會社的平澤香織、成田潔、宮坂敦子，以及ナツメ出版企劃株式會社的甲斐健一、田丸智子、森田直，以及木村結獻上謝意。

製作協助

【礦物、寶石、飾品資料提供】
Deutsches Edelsteinmuseum
German Gemmological Association
Museum Idar-Oberstein
W.Constantin Wild & Co.
株式会社ポーラ
株式会社ミキモト
ギメルトレーディング株式会社
諏訪貿易株式会社
田中貴金属ジュエリー株式会社
日本彩珠宝石研究所
翡翠原石館
真鶴町立遠藤貝類博物館
弥永北海道博物館
※除了上述單位，隨身佩戴的私人飾品以個人收藏之名刊載。

【照片提供】
Dr.Ahmadjan Abduriyim
株式会社東京宝石科学アカデミー
国立西洋美術館
高山俊郎
日本彩珠宝石研究所
山口遼

【其他協助製作人士】（敬稱省略）
◆海外
Andrew Coxon (England)
Anette Fuhr (Germany)
Constantin Wild (Germany)
Dr.Claudio C.Milisenda (Germany)
Dona M.Dirlam (USA ／ GIA)
Kathryn Kimmel (USA ／ GIA)
Pisit DurongKapitaya (Thailand)
Tommy Wu (H.K)
Wolfgang Kley (Germany)

◆日本
穐原かおる　淺井明彦　渥美郁男
Dr.Ahmadjan Abduriyim　飯田孝一
井上整子　上杉初　大山口巧
小川日出丸　鍵裕之博士　金子英子
河原宏子　岸あかね　久保大助
幸谷由利子　小宮幸子　笹岡智子
佐野貴司博士　柴田英子　下村道子
下村精作　杉本喜美子　諏訪和子
諏訪きよ　諏訪由子　副島淳一郎
田倉幸子　樽見昭次　靏見信行
中川葉子　中木美由紀　野中美智子
長谷川清　波多芳江　原田信之
張替孝哉　古屋正貴　宝官優夫
堀內信之　松川覚　松田沙月
松室明雄　御竿久子　峯岡寿
宮脇律郎博士　森孝仁　弥永芳子
山岸昇司　山崎忠秋　山本真土
横川道男

結語

寶石迷人之處在於非意圖之作，個個充滿了人工礦物望塵莫及、獨一無二的風格與美麗。其實絕大多數的寶石在最自然狀態下，就足以展現其亮麗優美的姿態，無奈人為加工著色的寶石在當今根本就是橫行天下，讓眾人難以辨識。有鑑於此，現在寶石產地與有無人工著色的追溯追蹤系統，已經開始比照明確標示食品產地與添加物這項義務，不僅內容日趨完善，同時也拉近了明確選擇寶石時代到來的腳步。

我從父親那邊學到不少東西，而當中一直牢記在心的一點，就是「切勿企圖將寶石的刮痕藏在爪子底下」。鑑定寶石品質本來就是一件不容易的事，更何況一般人若要判斷寶石又談何容易？既然如此，「身為一位寶石商就更不應該心懷叵測」，這是必須遵守的教誨。

市場上有時會出現以七折價，誇張一點甚至是一折價等價格販賣的寶石。這種情況根本就是在向世人宣告「我賣的東西不可靠」。明明是價值只有 1 萬日圓的商品，卻故意將售價提高到 10 萬日圓，然後再以七折價或一折價來販賣，這樣的行為根本就是在欺騙世人。所以當我們在購買寶石時，一定要選擇可為客戶詳細解說寶石的商店，實際將寶石拿在手上，穿戴比較，真正喜歡才買，這才是最重要的，而不是隨便挑選一家不打折扣，只會聽到店員「這非常適合你」的珠寶店。

世界各國在 20 世紀長久以來不斷地開發礦山，挖掘寶石。或許是受到濫墾濫伐的影響，在視環境保全為理所當然的今日，恣意開採比登天還難，進而讓寶石的產量也明顯地跟著銳減。

而 21 世紀是個非常重要的時代，因為全世界的人都必須思考該如何將手中的寶石當作大自然寄放的物品，妥善利用。如此想法，不正說明了真正體認到寶石的價值，並且要求寶石展現其真實價值的時代已經到來了嗎？

諏訪恭一

台灣自然圖鑑 044

寶石圖鑑
価値がわかる宝石図鑑

作者 諏訪恭一
翻譯 何姵儀
主編 徐惠雅
執行主編 許裕苗
版面編排 許裕偉

創辦人 陳銘民
發行所 晨星出版有限公司
台中市 407 工業區三十路 1 號
TEL：04-23595820 FAX：04-23550581
E-mail：service@morningstar.com.tw
行政院新聞局局版台業字第 2500 號
法律顧問 陳思成律師
初版 西元 2019 年 7 月 06 日
西元 2024 年 1 月 26 日（三刷）

讀者專線 TEL：02-23672044 / 04-23595819#212
FAX：02-23635741 / 04-23595493
E-mail：service@morningstar.com.tw
網路書店 http：//www.morningstar.com.tw
郵政劃撥 15060393（知己圖書股份有限公司）
印刷 上好印刷股份有限公司

定價 790 元

ISBN 978-986-443-869-3

國家圖書館出版品預行編目（CIP）資料

寶石圖鑑 / 諏訪恭一作；何姵儀翻譯 . -- 初版 . -- 臺中市：晨星，2019.07
面； 公分 . -- (台灣自然圖鑑；44)
譯自：価値がわかる宝石図鑑
ISBN 978-986-443-869-3(平裝)

1. 寶石

357.8　　108005079